非线性系统的事件触发控制及其应用

刘腾飞　张朋朋　姜钟平　著

U0263662

科学出版社

北京

内 容 简 介

本书系统性地介绍非线性系统事件触发控制的理论和方法，涵盖事件触发采样机制和事件触发控制器设计两个方面，兼顾自触发控制和周期采样控制的相关研究，并将数值仿真和物理实验验证相结合，涉及严格反馈型系统、输出反馈型系统、非完整链式系统以及移动机器人等多种被控对象。本书大部分内容是作者近年来的研究结果。作者在本书撰写过程中尽量降低了对预备知识的要求，第 2 章专门介绍分析和设计时用到的工具。本书力争将相关方法和结果图文并茂地展现出来。

本书可供自动控制、机器人、应用数学等领域的科研人员，以及从事网络化、分布式、非线性控制等理论与方法以及网络化控制系统、信息物理融合系统、工业互联网等典型复杂系统控制相关课题研究的研究生参考。

图书在版编目(CIP)数据

非线性系统的事件触发控制及其应用 / 刘腾飞，张朋朋，姜钟平著.
北京：科学出版社，2025.3. -- ISBN 978-7-03-080771-7

I. TP271

中国国家版本馆 CIP 数据核字第 2024YY3062 号

责任编辑：姜　红　常友丽 / 责任校对：韩　杨
责任印制：徐晓晨 / 封面设计：无极书装

科 学 出 版 社 出版
北京东黄城根北街 16 号
邮政编码：100717
http://www.sciencep.com

北京华宇信诺印刷有限公司印刷
科学出版社发行　各地新华书店经销
＊

2025 年 3 月第 一 版　　开本：720 × 1000　1/16
2025 年 3 月第一次印刷　　印张：14
字数：282 000

定价：128.00 元
(如有印装质量问题，我社负责调换)

前　　言

　　事件触发控制根据实际控制效果确定反馈量和控制量的更新时刻和更新方式，在尽量保全控制性能的前提下，减少反馈次数，提高控制系统运行效率。事件触发控制的应用可追溯至 20 世纪 60 年代。随着嵌入式和网络化控制系统的发展，事件触发控制的理论研究从 20 世纪 90 年代开始再次引起重视。尤其是过去十余年，事件触发控制是控制理论的热点研究方向之一，并随着感知、通信、计算以及系统集成技术的不断进步被广泛应用于复杂工业过程、运动体以及机器人的控制中。随着应用需求的不断提高和理论研究的不断深入，事件触发控制使一些长期悬而未决的控制理论难题重新暴露出来，带来了新的挑战。

　　当要求更好的控制性能时（比如更大的工作范围、更高的控制精度等），常常需要将控制系统中的非线性因素充分考虑进来。非线性系统实现事件触发控制的一大难点在于如何协调设计事件触发采样机制和事件触发控制器。一方面，事件触发采样机制要与原闭环系统性能匹配，采样阈值过大可能导致采样误差超出原闭环系统的承受范围，而采样阈值过小又会导致单位时间采样次数增多，甚至出现无限快采样，与事件触发控制的初衷相悖。另一方面，事件触发控制器要具备足够的鲁棒裕度才能容忍事件触发采样所引入的测量反馈误差，这只有结合被控对象的特性和事件触发控制的要求对控制器进行鲁棒化再设计才能实现。需要指出的是，对于非线性的闭环系统，即使在没有采样误差时能够在期望工作点全局渐近稳定，常常也只能保证在足够小的范围内对足够小的采样误差具有鲁棒性；有时，对一些强非线性系统，即使收敛的测量误差都有可能导致闭环系统的解发散。如何设计控制器使闭环系统对测量反馈误差具有全局鲁棒性是非线性控制领域公认的难题。

　　本书的大部分内容取材于作者近五年来的研究结果。在简要回顾非线性系统事件触发控制的若干基本问题以及相关概念和工具的基础上，本书从事件触发采样机制和事件触发控制器设计两个方面开展研究，以非线性小增益定理作为工具提出了事件触发控制问题的鲁棒控制描述、动态事件触发采样机制以及严格反馈型、输出反馈型、非完整链式系统、移动机器人等典型被控对象的控制器设计方法，尝试更好地解决非线性系统的事件触发控制问题。作者在本书撰写过程中尽量降低了对预备知识的要求，但是仍建议在阅读本书之前了解自动控制和非线性系统的基本概念。期待本书能够有助于读者认识非线性系统事件触发控制的基本思想和方法，并进一步应用于解决理论研究和工程实践中的相关问题。

　　本书总体组织如下：第 1 章通过典型例子介绍非线性系统事件触发控制的特点以及难点问题；第 2 章介绍李雅普诺夫稳定性、输入到状态稳定性、非线性小增益定理等非线性系统分析与控制的基本研究工具；第 3 章介绍非线性系统事件触发控制的基本设计方法；第 4 章研究存在外部干扰和动态不确定性时的事件触发控制问题；第 5 章研究严格反馈型不确定非线性被控对象的事件触发状态反馈镇定问题；第 6 章研究输出反馈型不确定非线性被控对象的事件触发输出反馈镇定问题；第 7 章研究不确定非完整被控对象的事件触发状态反馈镇定问题；第 8 章研究不确定非完整被控对象的事件触发输出反馈镇定问题；第 9 章研究非完整移动机器人的事件触发轨迹跟踪控制问题；主要结果中用到的技术引理和部分命题的证明则在附录中给出。

　　研究生秦正雁、王雨田、李欢欢、王梦溪、徐景威、金正红、吴思、郭雅婷等参与了书稿的部分检查工作。东北大学流程工业综合自动化国家重点实验室、同济大学上海自主智能无人系统科学中心、同济大学自主智能无人系统全国重点实验室对本书的写作给予了大力支持，在此表示感谢。本书的相关研究工作得到了国家自然科学基金（项目号：U1911401、62088101、62273262、62325303、62333004、62303352、62495093）、博士后创新人才支持计划（项目号：BX20220235）、中国博士后科学基金面上资助（项目号：2022M712411）、上海市市级科技重大专项（项目号：2021SHZDZX0100）、上海市 2023 年度"科技创新行动计划"启明星项目扬帆专项（项目号：23YF1449500）的资助，在此一并致谢。

　　事件触发控制研究领域发展迅速，书中难免有疏漏之处，恳请读者批评指正。

刘腾飞，东北大学
张朋朋，同济大学
姜钟平，纽约大学

目　　录

常用符号表

$\mathbb{R}$	实数集
$\mathbb{R}_+$	非负实数集
$\mathbb{R}^n$	n 维欧几里得空间
$\mathbb{Z}$	整数集
$\mathbb{Z}_+$	非负整数集
$\mathbb{N}$	自然数集
x^{T}	向量 $x \in \mathbb{R}^n$ 的转置
$|x|$	向量 $x \in \mathbb{R}^n$ 的欧几里得范数
$|A|$	矩阵 $A \in \mathbb{R}^n \times \mathbb{R}^m$ 的诱导欧几里得范数
$\mathrm{sgn}(x)$	实数 x 的符号函数：若 $x > 0$，则 $\mathrm{sgn}(x) = 1$；若 $x = 0$，则 $\mathrm{sgn}(x) = 0$；若 $x < 0$，则 $\mathrm{sgn}(x) = -1$
$\mathrm{mod}(a, b)$	实数 a 和非零实数 b 的欧几里得商的余数
$\|u\|_\Delta$	对于 $u : \mathbb{R}_+ \to \mathbb{R}^n$，$\|u\|_\Delta = \operatorname*{ess\,sup}_{t \in \Delta} |u(t)|$，其中，$\Delta \subseteq \mathbb{R}_+$
$\|u\|_\infty$	当 $\Delta = [0, \infty)$ 时的 $\|u\|_\Delta$
$=: \ (:=)$	定义为（被定义为）
$\equiv$	恒等于
$\gamma \circ \rho$	函数 $\gamma : \mathbb{R}_+ \to \mathbb{R}_+$ 和 $\rho : \mathbb{R}_+ \to \mathbb{R}_+$ 的复合函数，即 $\gamma \circ \rho(s) = \gamma(\rho(s))$，其中，$s \in \mathbb{R}_+$
$\lambda_{\max}$（$\lambda_{\min}$）	最大（最小）特征值
t^+（t^-）	$t^+ = \lim\limits_{\Delta \to 0}(t + \Delta)$，$t^- = \lim\limits_{\Delta \to 0}(t - \Delta)$，其中，$\Delta \in \mathbb{R}_+$
$\sup(E)$（$\inf(E)$）	集合 E 的上确界（下确界）
$\bigcap\limits_{i \in I} A_i$	集合 $\{A_i : i \in I\}$ 的交集
$\nabla V(x)$	自变量为 x 的函数 V 的梯度向量
Id	恒等函数

第 1 章 非线性系统的事件触发控制问题

1.1 非线性系统事件触发控制的若干例子

在通常的采样控制系统中，反馈量和控制量的更新往往是周期性的，其采样间隔一般由系统整体设计指标预先确定[1-4]。这类控制系统在采样时刻点之间是开环运行的，不会根据系统的实际运行状况调整采样间隔。为了保证系统在最坏情况下仍然具有基本的性能（比如稳定性），往往需要足够频繁的更新反馈量和控制量，这就可能会对计算、通信资源带来浪费[5]。

直观的解决办法是设计一种改良的控制系统，其能够根据系统的实际运行情况在线地调整采样间隔，在保证控制系统性能的前提下，尽量减少计算、通信资源的使用。这种控制方式称作事件触发控制。事件触发控制根据实际控制效果确定反馈量和控制量的更新时刻和更新方式。与周期性采样控制不同，事件触发控制由特定的事件来触发系统控制动作。比如，当新的事件发生时（比如误差信号超出阈值），控制系统就将此时的输出信号反馈给控制器并更新控制量。也就是说，在事件触发控制中，更新控制动作的时刻取决于系统实时状态，而不是预先设定的。图 1.1 给出了周期性采样控制和事件触发控制的对比。

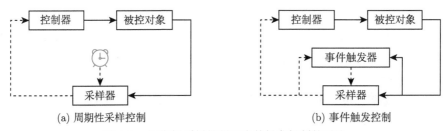

(a) 周期性采样控制 (b) 事件触发控制

图 1.1 周期性采样控制和事件触发控制的对比

事件触发控制对于降低资源浪费、提高实时性十分有效。不仅如此，对于一些特定的被控对象，事件触发控制能够达到比周期性采样控制更好的性能。比如，对于一些非线性被控对象，周期性采样控制往往仅能保证半全局的镇定（见文献 [6]），而事件触发控制能实现全局镇定[7]，见例 1.1。

例 1.1（周期性采样控制仅能保证半全局镇定，而事件触发控制可实现全局镇定） 考虑一阶非线性被控对象

$$\dot{x}(t) = x^3(t) + u(t) \tag{1.1}$$

其中，$x \in \mathbb{R}$ 是被控对象的状态，$u \in \mathbb{R}$ 是控制输入。当控制器能够连续获取状态 x 的值时，控制器

$$u(t) = -9x^3(t) \tag{1.2}$$

保证受控系统在原点处渐近稳定。当引入采样时，控制器(1.2)相应修正为

$$u(t) = -9x^3(t_k), \quad t \in [t_k, t_{k+1}), \quad k \in \mathbb{S} \subseteq \mathbb{Z}_+ \tag{1.3}$$

其中，t_k 表示采样时刻，$\mathbb{S}$ 表示采样时刻的序号的集合。定义 $t_0 = 0$。

下面通过与周期性采样控制对比，探讨事件触发控制的基本原理和优点。

首先考虑周期性采样控制的情形，即 $t_k = kT$，其中，$T > 0$ 表示采样间隔。在这种情况下，将控制器(1.3)代入被控对象(1.1)可得

$$\dot{x}(t) = x^3(t) - 9x^3(kT) \tag{1.4}$$

对于特定的 $k \in \mathbb{Z}_+$ 和 $T > 0$，假设 $x(t)$ 在 $t \in [kT, (k+1)T)$ 上有解。如果 $x(kT) > 0$，那么 $x(t) \leqslant x(kT)$ 对所有 $t \in [kT, (k+1)T)$ 都成立，并且有

$$x((k+1)T) = x(kT) + \int_{kT}^{(k+1)T} (x^3(\tau) - 9x^3(kT)) \, \mathrm{d}\tau$$
$$\leqslant x(kT) - 8x^3(kT)T \tag{1.5}$$

于是，如果 $x(kT) > 1/\sqrt{2T}$，那么 $x((k+1)T) < -3x(kT)$；如果 $x(kT) < -1/\sqrt{2T}$，那么 $x((k+1)T) > -3x(kT)$。根据上述讨论可知，如果 $|x(kT)| > 1/\sqrt{2T}$，那么 $|x((k+1)T)| > 3|x(kT)|$。也就是说，如果初始状态在 $|x(0)| > 1/\sqrt{2T}$ 范围之外，那么状态 x 会发散。

如下通过数值仿真来验证上述分析。在仿真中，选取初始条件 $x(0) = -2.5$、采样间隔 $T = 0.1$。图 1.2 给出了周期性采样控制时的闭环系统的状态轨迹和控制输入轨迹。由图 1.2 可知，闭环系统状态 x 在有限时间内发散。

由上述讨论可见，减小采样间隔 T 的值能够扩大控制器(1.3)的有效性范围。即便如此，非线性被控对象周期性采样控制仅能保证实现半全局镇定（semi-global stabilization）[8-10]。

接下来尝试设计一种事件触发采样机制来根据控制效果触发采样事件。定义采样误差

$$w(t) = x(t_k) - x(t), \quad t \in [t_k, t_{k+1}), \quad k \in \mathbb{S} \subseteq \mathbb{Z}_+ \tag{1.6}$$

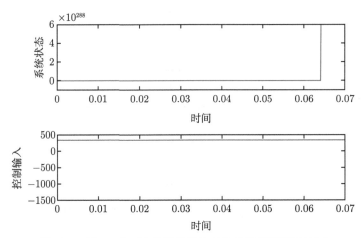

图 1.2　例 1.1中一阶非线性被控对象的周期性采样控制

那么事件触发的闭环系统可写作

$$\dot{x}(t) = x^3(t) - 9(x(t) + w(t))^3$$

$$:= g(x(t), w(t)) \tag{1.7}$$

如果把式(1.6)定义的采样误差 w 看作外部输入，那么其对受控系统的影响可以通过输入到状态稳定性来刻画。具体而言，能够构造出一个输入到状态稳定李雅普诺夫函数 $V(x) = 0.5x^2$，满足

$$V(x) \geqslant 2w^2 \Rightarrow \nabla V(x)g(x, w) \leqslant -0.4V^2(x) \tag{1.8}$$

于是，只要事件触发采样机制能够保证 $|w(t)|^2 \leqslant 0.49V(x(t))$ 对所有 $t \geqslant 0$ 都成立，上述系统就能实现全局渐近镇定（具体讨论见第 3 章）。因此，考虑设计如下事件触发采样机制[11]：当 $x(t_k) \neq 0$ 时，

$$t_{k+1} = \inf\{t > t_k : |x(t) - x(t_k)| \geqslant 0.49|x(t)|\}, \quad t_0 = 0 \tag{1.9}$$

上式 $0.49|x(t)|$ 是阈值信号。更早以及近期的一些文献，比如文献 [7]、[12]~[20]，所研究的就是这种根据被控对象状态在线判断采样时刻的方式。

　　图 1.3 给出了上述事件触发控制系统的数值仿真结果。仍然选取初始状态 $x(0) = -2.5$，事件触发控制能保证闭环系统的状态渐近收敛于原点。同时，由图 1.4 可见，事件触发控制的采样间隔总体而言要比周期性采样控制的采样间隔 $T = 0.05$ 要大，而控制效果是类似的。

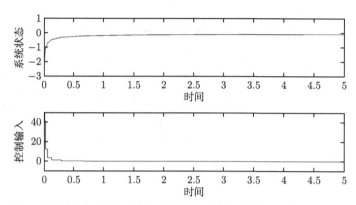

图 1.3　例 1.1中基于事件触发控制的一阶非线性被控对象的状态轨迹和控制输入轨迹

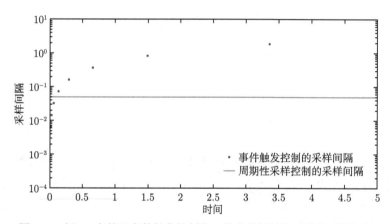

图 1.4　例 1.1中基于事件触发控制的一阶非线性被控对象的采样间隔

　　然而，实现事件触发控制在理论上面临着新的困难。比如，如果一个原本运行良好的周期性采样控制系统的采样间隔变得不一致，那么即使新的采样间隔都比原采样间隔小，也未必能够保证新的闭环系统的状态有界，见例 1.2。

　　例 1.2（非周期性的采样可能导致状态发散[21]）　考虑一个线性时不变被控对象和采样控制器

$$\dot{x}(t) = \begin{bmatrix} 1 & 3 \\ 2 & 1 \end{bmatrix} x(t) + \begin{bmatrix} 1 \\ 0.6 \end{bmatrix} u(t) \tag{1.10}$$

$$u(t) = -\begin{bmatrix} 1 & 6 \end{bmatrix} x(t_k), \quad t \in [t_k, t_{k+1}), \quad k \in \mathbb{N} \tag{1.11}$$

其中，$x = [x_1, x_2]^{\mathrm{T}} \in \mathbb{R}^2$ 是被控对象的状态，$u \in \mathbb{R}$ 是控制输入。如果采样间隔取固定值 T，即 $t_{k+1} - t_k = T$，并且 $T \in [0.18, 0.59]$，那么能够证明对于任意初始状

态，该采样控制系统的状态有界并趋近于原点。如果采样间隔仍然在 $[0.18, 0.59]$ 范围内，但并非固定值，那么采样控制系统的状态未必保持有界。图 1.5~图 1.7 给出的仿真结果显示，当采样间隔

$$t_{k+1} - t_k = \begin{cases} 0.18, & k = 0, 2, 4, \cdots \\ 0.59, & k = 1, 3, 5, \cdots \end{cases} \tag{1.12}$$

时，$x(0) = [0.5, -0.1]^{\mathrm{T}}$ 为初始状态的采样控制系统状态发散。

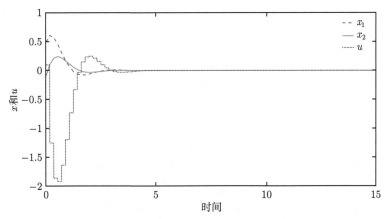

图 1.5 周期性采样控制系统的状态轨迹和控制输入轨迹（$T = 0.18$）

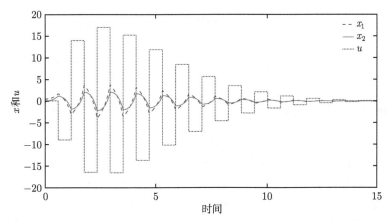

图 1.6 周期性采样控制系统的状态轨迹和控制输入轨迹（$T = 0.59$）

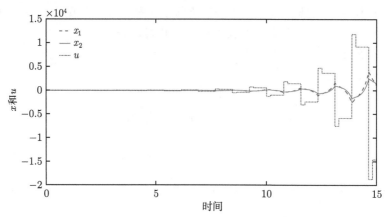

图 1.7 非周期性采样控制系统的状态轨迹和控制输入轨迹

　　事件触发控制不仅具有重要的实用价值，而且对控制理论发展带来了新的机遇和挑战。事件触发控制的早期理论结果主要考虑被控对象模型已知且外部干扰可忽略的情形。当存在动态不确定性和外部干扰被忽略的情形时，早期的事件触发采样机制往往不能够兼顾鲁棒性和收敛性。通常，实施事件触发控制的前提是被控对象具有一个已知的、对采样误差鲁棒的控制器。但是，对于非线性被控对象，现有的控制器设计方法通常要求反馈信号的光滑性，而难以直接处理事件触发采样所导致的非连续反馈。正是由于这些不断涌现的理论难点问题，事件触发控制得到了国际控制学界越来越多的关注，是近年来的研究热点之一。

1.2　非线性系统事件触发控制的特点

　　针对非线性被控对象的事件触发控制现有结果主要从事件触发采样机制和事件触发控制器两个方面开展研究。

1.2.1　事件触发采样机制设计

　　事件触发控制的初衷是根据控制系统实际运行情况在线触发采样从而达到节约计算、通信资源的目的。如果被控对象已经有了一个基于连续反馈的控制器，那么实现事件触发控制的关键就是合理设计事件触发采样机制，使得原控制器即便使用事件触发的采样反馈也能尽量保留连续反馈时的控制性能。然而，由于事件触发采样机制通常依赖于状态而不是显式地依赖于时间，往往反倒不能预先保证采样间隔有多大。事件触发采样机制如果设计得不合理，不仅不能节约计算、通信资源，甚至会出现无限快采样的现象[22]。无限快采样在工程中被称作"振颤"或"抖振"，会导致采样和执行机构高频抖动，既违背了事件触发控制的初衷，也不利于控制系统可靠运行。无限快采样的一个特殊情形，是采样时刻趋近于一个有限的时刻，称作芝诺（Zeno）现象。

如果被控对象模型已知、干扰可以忽略，并且动力学满足宽泛的增长条件，那么只需设计事件触发采样机制，使得采样误差始终处于控制器的鲁棒裕度之中就能够避免出现无限快采样，并且闭环系统保留连续反馈时的稳定特性。

然而，当外部干扰难以忽略时，即使指数衰减的外部干扰也可能使常规的事件触发采样机制性能恶化。

例 1.3（指数衰减的外部干扰导致无限快采样） 考虑如下线性时不变被控对象：

$$\dot{z}(t) = -az(t) \tag{1.13}$$

$$\dot{x}(t) = z(t) + u(t) \tag{1.14}$$

其中，$z \in \mathbb{R}$ 和 $x \in \mathbb{R}$ 是被控对象的状态，$u \in \mathbb{R}$ 是控制输入，a 是正的常数。假设仅有 x 的反馈量可用于控制设计。

在本例中，对于 x-子系统，信号 z 也可看作是外部干扰。式(1.13)说明信号 z 指数趋近于零。显然，控制器

$$u(t) = -x(t) \tag{1.15}$$

能够使受控系统在原点处全局渐近稳定。当引入事件触发的采样机制时，以上控制器写作

$$u(t) = -x(t_k), \quad t \in [t_k, t_{k+1}), \quad k \in \mathbb{S} \subseteq \mathbb{Z}_+ \tag{1.16}$$

对于任意 $k \in \mathbb{S}$，当 $t \in [t_k, t_{k+1})$ 时，定义采样误差

$$w(t) = x(t_k) - x(t) \tag{1.17}$$

在此基础上，将式(1.16)代入式(1.14)，可得

$$\dot{x}(t) = -x(t) - w(t) + z(t) \tag{1.18}$$

如果采样误差 w 满足

$$|w(t)| \leqslant 0.2|x(t)|, \quad \forall t \geqslant 0 \tag{1.19}$$

那么 x-子系统以 z 为输入是输入到状态稳定的，并且具有输入到状态稳定李雅普诺夫函数 $V(x) = 0.5x^2$，满足

$$V(x) \geqslant 12.5z^2 \Rightarrow \nabla V(x)\dot{x} \leqslant -2V(x) \tag{1.20}$$

为了使采样误差 w 满足式(1.19)，与事件触发采样机制(1.9)的设计思路一致，设计如下事件触发采样机制：

$$t_{k+1} = \inf\{t > t_k : |x(t) - x(t_k)| \geqslant 0.2|x(t)|\}, \quad t_0 = 0 \tag{1.21}$$

不难看出，

$$|w(t)| \leqslant \left| \int_{t_k}^{t} (z(\tau) - x(t_k))\,\mathrm{d}\tau \right| \leqslant 0.2|x(t)|, \quad t \in [t_k, t_{k+1}) \tag{1.22}$$

注意到满足式(1.13)的 $z(t)$ 可以解析地写作 $z(t) = z(t_k)\mathrm{e}^{-a(t-t_k)}$。取 $t - t_k = \Delta_k$。于是，

$$\left| \frac{z(t_k)(1 - \mathrm{e}^{-a\Delta_k})}{a} - x(t_k)\Delta_k \right| \leqslant 0.2|x(t)|, \quad t \in [t_k, t_{k+1}) \tag{1.23}$$

考虑到事件触发采样机制(1.21)能保证 $|x(t_k)| \leqslant 1.2|x(t)|$ 对所有 $t \in [t_k, t_{k+1})$ 都成立。因此，

$$\left| z(t_k)(1 - \mathrm{e}^{-a\Delta_k}) \right| \leqslant a(0.2 + 1.2\Delta_k)|x(t)|, \quad t \in [t_k, t_{k+1}) \tag{1.24}$$

由式(1.24)可知，给定正的常数 a，可以找到一个与 a 有关的初始状态 $x(0)$ 使得随着 $x(t)$ 趋近于零，Δ_k 将趋近于零。特别的，考虑初始状态 $z(0) \in [ce^a, \mathrm{sgn}(c)\infty)$ 和 $x(0) \in (0, -c)$，其中，$c \neq 0$。由式(1.13)~式(1.16)可见，存在一个正的常数 $T^* \in (0,1)$ 使得当 $t \to T^*$ 时 $x(t) \to 0$，并且 $|z(t)| \geqslant |c|$ 对所有 $t \in [0, T^*)$ 都成立。这就说明事件触发采样时刻聚集于时刻 $t = T^*$。也就是说，静态的采样机制(1.21)难以保证采样间隔存在正的下界。

选取正的常数 $a = 1$、初始状态 $z(0) = 1$ 和 $x(0) = -0.35$。图 1.8 给出的仿真结果验证了上述分析。不难看出，事件触发的采样时刻聚集于 $t = 0.347$ 时刻。

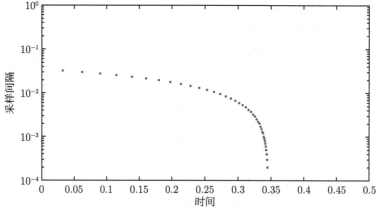

图 1.8　例 1.3 中受指数衰减外部干扰影响的线性被控对象事件触发控制：静态事件触发采样机制（出现无限快采样）

考虑 $z(0) \neq 0$ 和 $x(0) \neq 0$ 的情况，接下来分析给定状态初始值，总存在正的常数 a 使得上述事件触发采样机制能够避免出现无限快采样。

利用引理 A.3 可以证明，如果 $|x(t) - x(t_k)| \leqslant 0.16|x(t_k)|$，那么 $|x(t) - x(t_k)| \leqslant 0.2|x(t)|$。于是，

$$t_{k+1} \geqslant \inf \left\{ t > t_k : \left| \frac{z(t_k)(1 - \mathrm{e}^{-a\Delta_k})}{a} - x(t_k)\Delta_k \right| \geqslant 0.16|x(t_k)| \right\} \tag{1.25}$$

因此，当 $z(0) \neq 0$ 和 $x(0) \neq 0$ 时，有

$$t_1 \geqslant \inf \left\{ t > 0 : \frac{1 - \mathrm{e}^{-at}}{a} = \frac{|x(0)|(0.16 - t)}{|z(0)|} \right\} \tag{1.26}$$

考虑如下情况：

$$a \geqslant \frac{12|z(0)|}{|x(0)|}, \quad z(0) \neq 0, \quad x(0) \neq 0 \tag{1.27}$$

那么，由式(1.26)和式(1.27)可得 $t_1 \geqslant 0.07$。考虑到事件触发采样机制(1.21)能保证

$$|x(t)| \geqslant \frac{5|x(0)|}{6} \tag{1.28}$$

对所有 $t \in [t_0, t_1)$ 都成立。因此，如果 a 满足式(1.27)以及如下条件：

$$a \geqslant -\frac{100\ln\dfrac{5|x(0)|}{6|z(0)|}}{7}, \quad z(0) \neq 0, \quad x(0) \neq 0 \tag{1.29}$$

那么

$$|z(t_1)| \leqslant |z(0)|\mathrm{e}^{-0.07a} \leqslant \frac{5|x(0)|}{6} \leqslant |x(t_1)| \tag{1.30}$$

综上所述，如果 a 满足

$$a \geqslant \max \left\{ \frac{12|z(0)|}{|x(0)|}, -\frac{100\ln\dfrac{5|x(0)|}{6|z(0)|}}{7}, 3 \right\}, \quad z(0) \neq 0, \quad x(0) \neq 0 \tag{1.31}$$

就可以证明

$$|x(t)| \geqslant |z(t)| > 0 \tag{1.32}$$

对所有 $t \geqslant t_1$ 都成立。显然，由式(1.25)和式(1.32)可以证明采样间隔具有正的下界。也就是说，对于式(1.13)和式(1.14)构成的被控对象、控制器(1.16)及事件触发

采样机制(1.21)，当 $z(0) \neq 0$、$x(0) \neq 0$ 时，总能找到一个正的常数 a 避免出现无限快采样。

同时，由上述讨论也可以看出，给定正的常数 a，只有当初始状态满足特定的比例条件的时候，静态事件触发采样机制(1.21)才能避免出现无限快采样。直观而言，只要控制过程中可能出现 $z(t) \neq 0$ 而 $x(t) = 0$ 的情况，就可能出现无限快采样（此时，阈值信号为零，而状态的变化率不为零）。对于高阶被控对象，要设计静态事件触发采样机制来避免无限快采样就更为困难。

与图 1.8 仿真一致，选取初始状态 $z(0) = 1$ 和 $x(0) = -0.35$。利用条件(1.31)，选取正的常数 $a = 35$。图 1.9 给出的仿真结果验证了上述分析。不难看出，采样间隔具有正的下界。

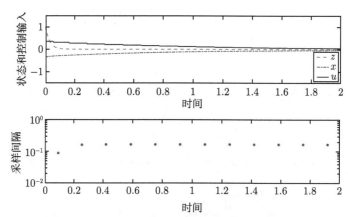

图 1.9　例 1.3 中受指数衰减外部干扰影响的线性被控对象事件触发控制：静态事件触发采样
机制（未出现无限快采样）

由式(1.13)所产生的 z 信号是指数收敛的。文献 [23]~[26] 通过在事件触发采样机制中引入一个动态的阈值信号来避免由部分状态反馈所导致的无限快采样。对于本例中的这个被控对象，当 $a = 1$ 时，设计如下动态的事件触发采样机制：

$$t_{k+1} = \inf\{t > t_k : |x(t) - x(t_k)| \geqslant \eta(t)\}, \ t_0 = 0 \tag{1.33}$$

$$\dot{\eta}(t) = -c\eta(t) \tag{1.34}$$

其中，$\eta(0) > 0$，c 是正的常数。与静态事件触发采样机制(1.21)不同，阈值信号 η 是由动态系统(1.34)生成的。

选取初始条件 $z(0) = 1$、$x(0) = -1$，动态事件触发采样机制中的参数 $c = 0.4$，阈值信号的初始状态 $\eta(0) = 0.5$。图 1.10 给出的仿真结果验证了事件触发采样机制(1.21)的有效性。仿真结果表明，由式(1.33)~式(1.34)构成的动态事件触发采样机制能保证采样间隔具有正的下界，并且被控对象的状态有界且趋近于原点。

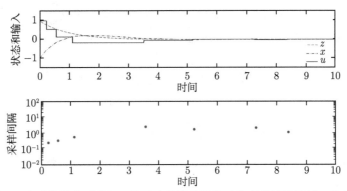

图 1.10 例 1.3 中受指数衰减外部干扰影响的线性被控对象事件触发控制: 具有指数收敛阈
值信号的动态事件触发采样机制

如果被控对象模型中包含非线性动力学, 那么以上设计的包含指数衰减阈值
信号的动态事件触发采样机制仍然不能保证避免出现无限快采样。与式(1.13)给
出的线性的 z-子系统不同, 考虑如下包含非线性动力学的 z-子系统:

$$\dot{z}(t) = -z^3(t) \tag{1.35}$$

此时, 信号 z 尽管仍然趋近于原点, 但并非指数收敛。

考虑由式(1.14)、式(1.16)、式(1.35)构成的闭环系统。选取初始条件 $z(0) = 1$、
$x(0) = -1$, 动态事件触发采样机制中的参数 $c = 0.4$, 阈值信号的初值 $\eta(0) = 0.5$。
图 1.11 给出了仿真结果来验证事件触发采样机制(1.33)是否仍然有效。显然, 采
样间隔总体上越来越小并趋近于 10^{-3} (10^{-3} 正是数值仿真的采样间隔), 也就是
说当外部干扰以非指数的速率收敛时, 阈值信号指数收敛的动态事件触发采样机
制不能避免无限快采样。

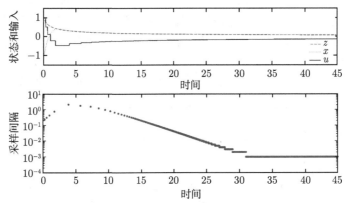

图 1.11 例 1.3 中受非指数衰减外部干扰影响的线性被控对象事件触发控制: 具有指数收敛
阈值信号的动态事件触发采样机制

由例 1.3 可知，静态事件触发采样机制和阈值信号指数收敛的动态事件触发采样机制都难以应对非指数衰减的外部干扰。

例 1.4 给出了处理未知干扰的两种方式。

例 1.4（常规的两类事件触发采样机制改进方法难以兼顾鲁棒性和收敛性）　考虑一阶非线性被控对象

$$\dot{x}(t) = x^3(t) + u(t) + d(t) \tag{1.36}$$

其中，$x \in \mathbb{R}$ 是状态，$u \in \mathbb{R}$ 是控制输入，$d \in \mathbb{R}$ 表示未知的外部干扰。假设 d 是分段连续且有界的信号。

对于被控对象(1.36)，设计采样控制器

$$u(t) = -8x^3(t_k) - 4x(t_k), \quad t \in [t_k, t_{k+1}), \quad k \in \mathbb{S} \tag{1.37}$$

当 $d \equiv 0$ 时，被控对象(1.36)简化成式(1.1)，那么能够设计一类静态事件触发采样机制来实现全局渐近镇定。具体地，设计如下静态事件触发采样机制：当 $x(t_k) \neq 0$ 时，

$$t_{k+1} = \inf\{t > t_k : |x(t) - x(t_k)| \geqslant 0.49|x(t)|\}, \quad t_0 = 0 \tag{1.38}$$

当 $d \neq 0$ 时，一种解决方案是在阈值信号中引入正的偏移量 ϵ [27-40]：

$$t_{k+1} = \inf\{t > t_k : |x(t) - x(t_k)| \geqslant \max\{0.49|x(t)|, \epsilon\}\}, \quad t_0 = 0 \tag{1.39}$$

事件触发采样机制(1.39)中的阈值信号 $\max\{0.49|x(t)|, \epsilon\}$ 恒为正，能够保证采样间隔具有正的下界。

下面通过数值仿真来验证事件触发采样机制(1.39)的性能。图 1.12～图 1.14 分别给出了用于仿真的外部干扰、闭环系统状态轨迹和采样间隔、控制输入信号的曲线。由图 1.13 可见，采样间隔和稳态控制误差都依赖于 ϵ，较小的 ϵ 导致较小的采样间隔和较小的控制误差，反之亦然。并且当未知的外部干扰衰减到零时，控制误差并未衰减到零。

下面给出处理未知外部干扰的另一种解决方式：事件触发采样和周期性采样相结合 [41-58]。针对被控对象(1.36)，设计如下事件触发采样机制：

$$t_{k+1} = \inf\{t \geqslant t_k + T_\Delta : |x(t) - x(t_k)| \geqslant 0.49|x(t_k)|\}, \quad t_0 = 0 \tag{1.40}$$

其中，$T_\Delta > 0$ 是常数。

接下来分析 $x(t)$ 在时间区间 $[t_k, t_{k+1})$ 上的运动轨迹。当 $x(t_k) > 0$ 且 $6x^3(t_k) + 4x(t_k) > \|d\|_{[0,\infty)}$ 时，能够直接证明 $x(t) \leqslant x(t_k)$ 对所有 $t \in [t_k, t_{k+1})$ 都成立，从而有

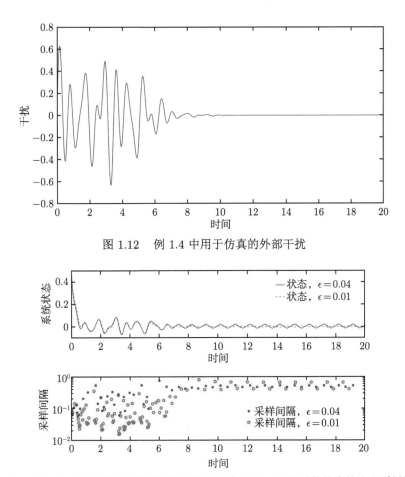

图 1.12 例 1.4 中用于仿真的外部干扰

图 1.13 例 1.4 中针对事件触发采样机制(1.39)中不同 ϵ 取值时的状态轨迹和采样间隔

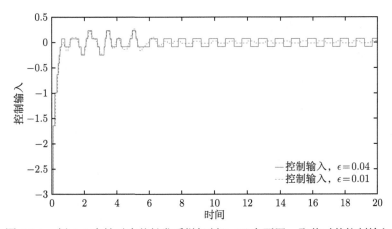

图 1.14 例 1.4 中针对事件触发采样机制(1.39)中不同 ϵ 取值时的控制输入

$$\dot{x}(t) = x^3(t) - 8x^3(t_k) - 4x(t_k) + d(t)$$

$$\leqslant x^3(t_k) - 8x^3(t_k) - 4x(t_k) + d(t)$$

$$\leqslant -x^3(t_k) \tag{1.41}$$

于是,

$$x(t_{k+1}) = \int_{t_k}^{t_{k+1}} \dot{x}(t)\mathrm{d}t + x(t_k)$$

$$\leqslant \int_{t_k}^{t_{k+1}} (-x^3(t_k))\mathrm{d}t + x(t_k)$$

$$= -(t_{k+1} - t_k)x^3(t_k) + x(t_k)$$

$$\leqslant -T_\Delta x^3(t_k) + x(t_k) \tag{1.42}$$

由上式可知, 对于特定的 $T_\Delta > 0$, 当 $6x^3(t_k) + 4x(t_k) > \|d\|_{[0,\infty)}$ 时, 总存在满足 $x(t_k) > x^* > 0$ 的常数 x^* 使得 $x(t_{k+1}) < -x(t_k)$。同样, 对于特定的 $T_\Delta > 0$, 当 $-6x^3(t_k) - 4x(t_k) > \|d\|_{[0,\infty)}$ 时, 总存在满足 $x(t_k) < -x^*$ 的常数 x^* 使得 $x(t_{k+1}) > -x(t_k)$。这就说明不存在采样间隔 $T_\Delta > 0$ 保证由式(1.36)~式(1.37)构成的闭环系统趋近于原点。

数值仿真验证了上述理论分析。图 1.15 给出了用于仿真的外部干扰。由图 1.16 可见, 当 $x(0)$ 或 T_Δ 较大时, 闭环系统状态 x 可能会发散。

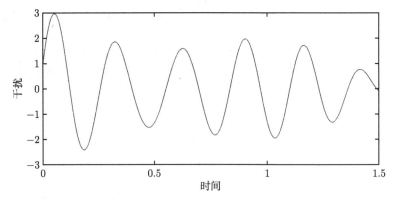

图 1.15　例 1.4 中对事件触发采样机制(1.40)仿真时的外部干扰

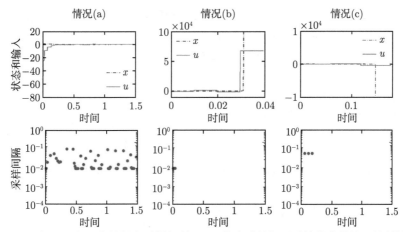

图 1.16 例 1.4 中对事件触发采样机制(1.40)仿真时的闭环系统状态轨迹、控制输入、采样间隔

情况 (a)：$x(0) = 2$、$T_\Delta = 0.01$。情况 (b)：$x(0) = 5$、$T_\Delta = 0.01$。情况 (c)：$x(0) = 2$、$T_\Delta = 0.06$

1.2.2 事件触发控制器设计

对于未事先设计好控制器的被控对象，要实现事件触发控制，首先要设计对采样误差具有一定容忍度的控制器。对于线性时不变被控对象，渐近镇定控制器对测量误差具有天然的鲁棒性。然而对于非线性被控对象，即使没有测量误差时受控系统在原点处渐近稳定，很小的甚至趋近于零的测量误差都可能导致受控系统的性能恶化[59-60]。例 1.5 和例 1.6 说明设计对采样误差鲁棒的控制器并非易事。

例 1.5（无测量误差情况下的全局镇定控制器不能保证对测量误差的全局鲁棒性） 考虑如下一阶非线性被控对象：

$$\dot{x} = x^2 + u \tag{1.43}$$

其中，$x \in \mathbb{R}$ 是状态，$u \in \mathbb{R}$ 是控制输入。如果没有测量（采样）误差，那么能够设计一个基于反馈线性化的控制器 $u = -x^2 - 0.1x$。此时，受控系统动力学满足 $\dot{x} = -0.1x$，其在原点处渐近稳定。如果状态的测量值受到加性的测量误差 w 影响，那么所设计的反馈控制器需要修改成

$$u = -(x+w)^2 - 0.1(x+w) \tag{1.44}$$

此时的受控系统为

$$\dot{x} = -(0.1 + 2w)x - w^2 - 0.1w \tag{1.45}$$

如果将测量误差 w 看作外部输入，通常会要求 $|w|$ 足够小来保证状态 x 的有界性。

例 1.6 来自文献 [60] 中的第 6 章，在精确状态反馈下，控制器能保证全局稳定性，但其不能保证对状态测量误差的全局鲁棒性。

例 1.6　（无测量误差情况下的全局镇定控制器不能保证对测量误差的全局鲁棒性）　考虑如下一阶非线性被控对象：

$$\dot{x} = xe^{x^2} + u \tag{1.46}$$

其中，$x \in \mathbb{R}$ 是状态，$u \in \mathbb{R}$ 是控制输入。

设计具有精确状态反馈的控制器：

$$u = -kxe^{x^2} \tag{1.47}$$

其中，k 是常数且满足 $k > 1$。不难验证，由被控对象(1.46)和控制律(1.47)构成的受控系统在原点处全局渐近稳定。

如果 x 的测量值存在误差 w，那么控制器(1.47)应修正为

$$u = -k(x+w)e^{(x+w)^2} \tag{1.48}$$

此时的受控系统可写作

$$\begin{aligned}
\dot{x} &= xe^{x^2} - k(x+w)e^{(x+w)^2} \\
&= e^{x^2}\left(x - k(x+w)e^{2xw+w^2}\right)
\end{aligned} \tag{1.49}$$

给定一个任意小的常值测量误差 $w \neq 0$，总存在一个初始值 $x(0)$ 使受控系统状态轨迹在有限时间内趋于无穷，见图 1.17。

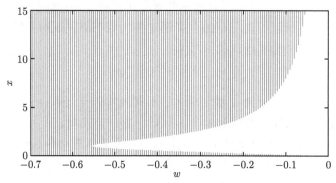

图 1.17　例 1.6 中当 $k = 5$、w 取不同值时，非线性被控对象(1.46)的稳定域

1.3　非线性系统事件触发控制的难点问题

事件触发控制的思想在一些控制应用中早已出现[61-65]。事件触发控制的理论研究在 20 世纪末再次引起重视[66-69]，相关的应用包括运动控制[70-71]、内燃机控制[72]、微电网[73-82]、电力系统[83-87]、飞行器[88-90]、移动机器人[91-102]、水

面/水下航行器[103-107] 等。早期结果考虑的被控对象以单变量或线性时不变系统为主[108-111]，之后拓展到了非线性被控对象[7,12,112-142]、随机被控对象[37,143-152]、偏微分方程描述的被控对象[153-159] 等。同时，控制目标也从镇定推广到了跟踪控制[28,31,160-170]、协同控制[15,33,35,52,171-211] 等。

迄今为止，非线性被控对象的事件触发控制尚有诸多难点问题亟待系统性研究。尤其是当外部干扰、不确定性以及被控对象动力学的非线性难以忽略时，研究如下问题对于实现事件触发控制尤为重要。

（1）鲁棒事件触发采样机制设计。动力学的不确定性（比如未建模动态、模型降阶误差、观测器误差等）以及外部干扰在物理系统中广泛存在[212]。在事件触发控制中，这些不确定因素与事件触发控制器相互作用，可能会破坏系统原本具有的稳定性，或者导致系统执行控制动作的时间间隔越来越小而最终发生抖振使控制系统失效[22]。只有明确动力学不确定性和外部干扰对事件触发控制器的相互作用关系，才能更好地实现对不确定性和外部干扰鲁棒的事件触发非线性控制。作者在此方面的初步研究结果包括文献 [24]、[213]~[222]。

（2）典型不确定非线性被控对象的事件触发控制器设计。非线性控制理论针对不同类型的被控对象系统性地发展出了各种典型控制方法。比如，针对具有下三角结构的非线性被控对象产生了许多具有实际意义的控制方法和思想，如反步法等。但是，当状态反馈要通过事件触发采样来获取或实现时，现有的不少非线性控制方法便不再有效。其中一个根本原因是，现有的控制器设计方法往往要求反馈信号具有光滑性，而事件触发的采样信号是非连续的。当事件触发采样机制引入反馈回路时，控制器必须能够克服事件触发所引入的测量反馈误差的影响。作者在此方面的初步研究结果包括文献 [11]、[91]、[94]、[96]、[112]、[223]~[225]。

第 2 章　非线性系统事件触发控制的基本研究工具

李雅普诺夫稳定性[226-228]、输入到状态稳定性[229-235] 和非线性小增益定理[236-256] 等基本概念和工具在已有的非线性系统事件触发控制研究中不可或缺,对于本书的研究也起到至关重要的作用。本章将简要介绍这些概念和工具。

2.1　部分常用概念

2.1.1　利普希茨连续

本节给出利普希茨连续性的定义以及本书后续使用的相关概念。

定义 2.1　对于 $\mathcal{X} \subseteq \mathbb{R}^n$, $\mathcal{Y} \subseteq \mathbb{R}^m$, 考虑函数 $f : \mathcal{X} \to \mathcal{Y}$。如果存在非负的常数 L_f 使得

$$|f(x_1) - f(x_2)| \leqslant L_f |x_1 - x_2| \tag{2.1}$$

对任意 $x_1, x_2 \in \mathcal{X}$ 都成立, 那么就称 f 在 $\mathcal{X}$ 上是利普希茨连续的或利普希茨的。

定义 2.2　考虑函数 $f : \mathcal{X} \to \mathcal{Y}$, 其中, $\mathcal{X} \subseteq \mathbb{R}^n$ 是一个开的连通集, $\mathcal{Y} \subseteq \mathbb{R}^m$。如果对于每个 $x \in \mathcal{X}$ 都存在一个邻域 $\mathcal{X}_0 \subseteq \mathcal{X}$ 使得 f 在 $\mathcal{X}_0$ 上是利普希茨的, 那么就称 f 在 $\mathcal{X}$ 上是局部利普希茨的。

定义 2.3　考虑函数 $f : \mathcal{X} \to \mathcal{Y}$, 其中, $\mathcal{X} \subseteq \mathbb{R}^n$, $\mathcal{Y} \subseteq \mathbb{R}^m$。如果 f 在任意有界且封闭的集合 $\mathcal{D} \subseteq \mathcal{X}$ 上是利普希茨的, 那么就称 f 是在任意紧集上是利普希茨的。

为了简化表达, 在不引起混淆的情况下, 本书将在任意紧集上利普希茨连续也称作局部利普希茨。

2.1.2　比较函数

利用比较函数来定义李雅普诺夫稳定性和输入到状态稳定性等概念。下面介绍三类比较函数。

定义 2.4　如果函数 $\alpha : \mathbb{R}_+ \to \mathbb{R}_+$ 满足 $\alpha(0) = 0$ 且 $\alpha(s) > 0$ 对所有 $s > 0$ 都成立, 那么就称 α 为正定函数。

定义 2.5　如果一个连续函数 $\alpha : \mathbb{R}_+ \to \mathbb{R}_+$ 严格递增且满足 $\alpha(0) = 0$, 那么就称其为 $\mathcal{K}$ 类函数, 并记作 $\alpha \in \mathcal{K}$; 进一步地, 如果当 $s \to \infty$ 时, $\alpha(s) \to \infty$, 那么就称 α 为 $\mathcal{K}_\infty$ 类函数, 并记作 $\alpha \in \mathcal{K}_\infty$。

定义 2.6 考虑一个连续函数 $\beta : \mathbb{R}_+ \times \mathbb{R}_+ \to \mathbb{R}_+$。如果对于每个特定的 $t \in \mathbb{R}_+$，$\beta(\cdot, t)$ 均是一个 $\mathcal{K}$ 类函数，并且对于每个特定的 $s \in \mathbb{R}_+$，$\beta(s, \cdot)$ 递减且满足 $\lim_{t \to \infty} \beta(s, t) = 0$，那么就称 β 为 $\mathcal{KL}$ 类函数，并记作 $\beta \in \mathcal{KL}$。

2.2 李雅普诺夫稳定性与李雅普诺夫稳定定理

稳定性是对控制系统的第一要求[257]。俄国数学家李雅普诺夫在 1892 年发表的论文《运动稳定性的一般问题》中给出了稳定性分析的两种方法：间接法和直接法[258-259]。间接法属于小范围稳定性分析方法，通过分析局部线性化系统的稳定性来判断原非线性系统的稳定性。直接法通过为系统构造一个标量函数（即李雅普诺夫函数）并分析该函数导数的定号性来判断系统的稳定性。如今，直接法已成为非线性控制理论中研究系统稳定性的主要工具[228,260-261]。本节主要回顾李雅普诺夫稳定性和李雅普诺夫稳定定理的基本结果。

考虑系统

$$\dot{x} = f(x) \tag{2.2}$$

其中，$x \in \mathbb{R}^n$ 是状态，$f : \mathbb{R}^n \to \mathbb{R}^n$ 是局部利普希茨的函数。假设原点是该系统的一个平衡点，即 $f(0) = 0$。当然，如果平衡点 x_e 不是原点，那么可以通过坐标变换 $x' = x - x_e$ 把平衡点移到原点处。因此假设平衡点在原点处并不失一般性。

李雅普诺夫稳定性的标准定义是以 "ϵ-δ" 条件给出的[227-228]。为便于跟后续介绍的输入到状态稳定性作对比，定义 2.7 使用比较函数 $\alpha \in \mathcal{K}$ 和 $\beta \in \mathcal{KL}$ 给出了李雅普诺夫稳定性的定义。关于李雅普诺夫稳定性的标准定义和定义 2.7 之间的等价关系的证明可见文献 [228] 中附录 C.6。在文献 [227] 中定义 2.9 和定义 24.2 也有相关讨论。

定义 2.7 系统(2.2)在原点处：

（1）实用稳定，如果存在常数 $0 < c < \delta$ 使得对任意初始状态 $|x(0)| \leqslant c$，

$$|x(t)| \leqslant \delta \tag{2.3}$$

对所有 $t \geqslant 0$ 都成立。

（2）稳定，如果存在 $\alpha \in \mathcal{K}$ 和常数 $c > 0$ 使得对任意初始状态 $|x(0)| \leqslant c$，

$$|x(t)| \leqslant \alpha(|x(0)|) \tag{2.4}$$

对所有 $t \geqslant 0$ 都成立。

（3）全局稳定（globally stable, GS），如果对任意初始状态 $x(0) \in \mathbb{R}^n$，性质(2.4)对所有 $t \geqslant 0$ 都成立。

（4）渐近稳定（asymptotically stable，AS），如果存在 $\beta \in \mathcal{KL}$ 和常数 $c > 0$ 使得对任意 $|x(0)| \leqslant c$，

$$|x(t)| \leqslant \beta(|x(0)|, t) \tag{2.5}$$

对所有 $t \geqslant 0$ 都成立。

（5）全局渐近稳定（globally asymptotically stable，GAS），如果对任意初始状态 $x(0) \in \mathbb{R}^n$，性质(2.5)对所有 $t \geqslant 0$ 都成立。

在原点处全局渐近稳定可理解为在原点处稳定，并且在原点处具有全局收敛的性质，即对所有 $x(0) \in \mathbb{R}^n$ 都有 $\lim\limits_{t \to \infty} x(t) = 0$。全局渐近稳定不仅仅是全局收敛[228]。

定理 2.1 给出了李雅普诺夫稳定和渐近稳定的充分条件。利用该条件判断稳定性称作李雅普诺夫第二方法或称作直接法。

定理 2.1　设原点是系统(2.2)的一个平衡点，并设 $\Omega \subset \mathbb{R}^n$ 是原点的一个邻域。如果一个连续可导的函数 $V: \Omega \to \mathbb{R}_+$ 满足

$$V(0) = 0 \tag{2.6}$$

$$V(x) > 0, \quad \forall x \in \Omega \backslash \{0\} \tag{2.7}$$

$$\nabla V(x) f(x) \leqslant 0, \quad \forall x \in \Omega \tag{2.8}$$

那么系统(2.2)在原点处稳定。进一步地，如果

$$\nabla V(x) f(x) < 0, \quad \forall x \in \Omega \backslash \{0\} \tag{2.9}$$

那么系统(2.2)在原点处渐近稳定。

满足式(2.6)~式(2.8)的函数 V 称为李雅普诺夫函数。如果其进一步满足式(2.9)，那么称其为严格李雅普诺夫函数[262]。需要注意的是，不能直接将定理 2.1 中的 Ω 替换为 $\mathbb{R}^n$ 来保证全局渐近稳定，见文献 [227] 第 109 页的例子。

定理 2.2 给出了由李雅普诺夫函数 V 判定全局渐近稳定所需的附加条件。

定理 2.2　设原点是系统(2.2)的一个平衡点。如果一个连续可导的函数 $V: \mathbb{R}^n \to \mathbb{R}_+$ 满足

$$V(0) = 0 \tag{2.10}$$

$$V(x) > 0, \quad \forall x \in \mathbb{R}^n \backslash \{0\} \tag{2.11}$$

$$|x| \to \infty \Rightarrow V(x) \to \infty \tag{2.12}$$

$$\nabla V(x) f(x) < 0, \quad \forall x \in \mathbb{R}^n \backslash \{0\} \tag{2.13}$$

那么系统(2.2)在原点处全局渐近稳定。

函数 V 满足条件(2.10)～条件(2.12)等价于函数 V 正定且径向无界，存在比较函数 $\underline{\alpha}, \overline{\alpha} \in \mathcal{K}_\infty$ 使得

$$\underline{\alpha}(|x|) \leqslant V(x) \leqslant \overline{\alpha}(|x|) \tag{2.14}$$

对所有 $x \in \mathbb{R}^n$ 都成立。同时，条件(2.13)等价于存在一个连续且正定的函数 α 使得

$$\nabla V(x) f(x) \leqslant -\alpha(V(x)) \tag{2.15}$$

对所有 $x \in \mathbb{R}^n$ 都成立。详细讨论见文献 [228] 中的引理 4.3。

定理 2.1 和定理 2.2 分别给出了渐近稳定和全局渐近稳定的充分条件。李雅普诺夫逆定理则给出了这两个条件分别针对渐近稳定和全局渐近稳定的必要性。相关定理证明见文献 [228]。

2.3 输入到状态稳定性

桑泰格（E. D. Sontag）在文献 [230]、[263] 中提出了输入到状态稳定性（input-to-state stability，ISS）的概念，主要用于刻画系统外部输入对稳定特性的影响。正如使用李雅普诺夫函数来刻画李雅普诺夫稳定性一样，同样可使用输入到状态稳定李雅普诺夫函数来描述输入到状态稳定性。文献 [229] 给出了输入到状态稳定性和输入到状态稳定李雅普诺夫函数存在性之间的等价关系。此外，文献 [229]、[232]、[264] 系统性研究了输入到状态稳定性与鲁棒稳定性、耗散性等性质之间的关系。由输入到状态稳定性还衍生出了许多其他相关概念，比如输入/输出到状态稳定性（input-output-to-state stability，IOSS）[265]、输入到输出稳定性（input-to-output stability，IOS）[266-267]、积分输入到状态稳定性（integral-input-to-state stability，iISS）[231,268] 等。同时，输入到状态稳定性的概念也从连续时不变系统推广到了时变系统[269-271]、离散系统[234,272-275]、随机系统[276-278] 等。输入到状态稳定性已被广泛应用于解决非线性控制相关的许多控制问题，比如神经网络控制[279]、编队控制[280-281]、避障控制[282]、逆最优控制[283]、采样控制[8,284]、模型预测控制[285-286] 等。

2.3.1 基本概念

考虑系统

$$\dot{x} = f(x, d) \tag{2.16}$$

其中，$x \in \mathbb{R}^n$ 是状态，$d \in \mathbb{R}^m$ 表示外部输入，$f : \mathbb{R}^n \times \mathbb{R}^m \to \mathbb{R}^n$ 是局部利普希茨的函数且满足 $f(0, 0) = 0$。把 d 看作时间的函数，假设 d 在局部可测且本质有界。

在文献 [263] 中，输入到状态稳定性用 "+" 表述 [见式(2.19)]。为便于讨论，本书后续主要使用 "max" 来定义输入到状态稳定性。关于这两种定义的等价性，稍后作简要讨论。

定义 2.8   如果存在 $\beta \in \mathcal{KL}$ 和 $\gamma \in \mathcal{K}$ 使得对于任意的初始状态 $x(0)$ 和可测且局部本质有界的外部输入 d，系统(2.16)的状态轨迹 $x(t)$ 满足

$$|x(t)| \leqslant \max\{\beta(|x(0)|, t), \gamma(\|d\|_\infty)\} \tag{2.17}$$

对所有 $t \geqslant 0$ 都成立，那么系统(2.16)是输入到状态稳定的。

上述定义中，γ 称为系统的输入到状态稳定增益。需要注意的是，如果系统输入恒为零，即 $d \equiv 0$，那么定义 2.8 中的输入到状态稳定的系统在原点处全局渐近稳定。考虑到因果性，$x(t)$ 由初始状态 $x(0)$ 和过去的输入 $\{d(\tau) : 0 \leqslant \tau \leqslant t\}$ 决定。因此，式(2.17)中的 $\|d\|_\infty$ 可替换为 $\|d\|_{[0,t]}$。

因为

$$\max\{a, b\} \leqslant a + b \leqslant \max\{(1 + 1/c)a, (1 + c)b\} \tag{2.18}$$

对任意 $a, b \geqslant 0$ 和 $c > 0$ 都成立，所以式(2.17)中 "max" 形的输入到状态稳定性描述可等价地写作

$$|x(t)| \leqslant \beta'(|x(0)|, t) + \gamma'(\|d\|_\infty) \tag{2.19}$$

其中，$\beta' \in \mathcal{KL}$，$\gamma' \in \mathcal{K}$。

直观而言，性质(2.19)说明 $x(t)$ 将收敛到由 $|x| \leqslant \gamma'(\|d\|_\infty)$ 所定义的一个原点邻域内，即

$$\overline{\lim_{t \to \infty}} |x(t)| \leqslant \gamma'(\|d\|_\infty) \tag{2.20}$$

如图 2.1所示，γ' 常称作系统的渐近增益，其所描述的是系统的 "稳态响应"。与之对应，β' 所描述的则是系统的 "暂态响应"。

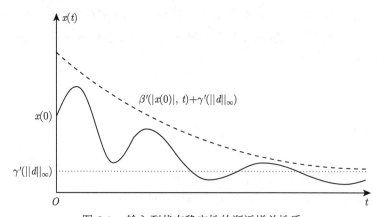

图 2.1   输入到状态稳定性的渐近增益性质

直观而言,既然 $\overline{\lim\limits_{t\to\infty}} |x(t)|$ 的值仅由 t 较大的情况决定,那么就可以将式(2.20)中的 $\gamma'(\|d\|_\infty)$ 替换为 $\gamma'(\overline{\lim\limits_{t\to\infty}} |d(t)|)$ 或 $\overline{\lim\limits_{t\to\infty}} \gamma'(|d(t)|)$。详细讨论见文献 [232]、[233]。

当系统(2.16)简化为线性时不变系统时,如下定理给出了输入到状态稳定性的等价条件。

定理 2.3 线性时不变系统

$$\dot{x} = Ax + Bd \tag{2.21}$$

以 d 为输入是输入到状态稳定的,当且仅当 A 是赫尔维茨矩阵。

由定义 2.8 可见,如果一个系统是输入到状态稳定的,那么它必定是正向完备的。也就是说,对于任意初始状态 $x(0)$ 和任意可测且局部本质有界的输入 d,系统的解 $x(t)$ 对所有的 $t \geqslant 0$ 都有定义。

定义 2.9 如果存在 $\sigma_1, \sigma_2 \in \mathcal{K}$ 使得对于任意初始状态 $x(0)$ 和任意可测且局部本质有界的输入 d,系统(2.16)的解 $x(t)$ 对所有的 $t \geqslant 0$ 都满足

$$|x(t)| \leqslant \max\{\sigma_1(|x(0)|), \sigma_2(\|d\|_\infty)\} \tag{2.22}$$

那么称系统(2.16)是一致有界输入有界状态稳定的。

输入到状态稳定的一个必要条件是一致有界输入有界状态（uniformly bounded-input bounded-state，UBIBS）。这一性质刻画了系统的外部稳定性。注意到定义 2.6 中 $\mathcal{KL}$ 函数的定义。如果系统(2.16)是输入到状态稳定的,并且满足性质(2.17),那么只要取 $\sigma_1(s) = \beta(s,0)$ 和 $\sigma_2(s) = \gamma(s)$ 即可证明性质(2.22)。

实际上,一个输入到状态稳定的系统等价于该系统同时具有一致有界输入有界状态性质和渐近增益性质[232]。这一结论可用于输入到状态稳定小增益定理的证明。

2.3.2 输入到状态稳定李雅普诺夫函数

针对系统(2.16),文献 [229] 给出了输入到状态稳定性和输入到状态稳定李雅普诺夫函数存在性之间的等价关系。

定理 2.4 系统(2.16)是输入到状态稳定的,当且仅当存在一个连续可导的函数 $V : \mathbb{R}^n \to \mathbb{R}_+$ 满足:

（1）存在 $\underline{\alpha}, \overline{\alpha} \in \mathcal{K}_\infty$ 使得

$$\underline{\alpha}(|x|) \leqslant V(x) \leqslant \overline{\alpha}(|x|) \tag{2.23}$$

对所有 $x \in \mathbb{R}^n$ 都成立。

（2）存在 $\gamma \in \mathcal{K}$ 和正定函数 α 使得

$$V(x) \geqslant \gamma(|d|) \Rightarrow \nabla V(x)f(x,d) \leqslant -\alpha(V(x)) \tag{2.24}$$

对所有 $x \in \mathbb{R}^n$、$d \in \mathbb{R}^m$ 都成立。

如果函数 V 满足条件(2.23)和条件(2.24)，那么就称其为输入到状态稳定李雅普诺夫函数。而相应的函数 γ 称为基于李雅普诺夫的输入到状态稳定增益。式(2.24)称为输入到状态稳定李雅普诺夫函数的增益裕度描述。显然，如果满足条件(2.24)，那么系统状态 x 将最终收敛到区域 $V(x) \leqslant \gamma(\|d\|_\infty)$ 中。如果 $d \equiv 0$，那么定理 2.4 的充分性部分跟李雅普诺夫稳定定理的全局渐近稳定判据是一致的。

可以证明，增益裕度形式的输入到状态稳定李雅普诺夫函数描述(2.24)等价于如下耗散形式的输入到状态稳定李雅普诺夫函数描述：

$$\nabla V(x)f(x,d) \leqslant -\alpha'(V(x)) + \gamma'(|d|) \tag{2.25}$$

其中，$\alpha' \in \mathcal{K}_\infty$，$\gamma' \in \mathcal{K}$。

关于输入到状态稳定的文献 [263] 给出了定理 2.4 充分性的证明，其必要性证明由文献 [229] 给出。

2.4　非线性小增益定理

过去 30 年，关联非线性系统的稳定性分析和控制器设计引起了控制学界的广泛关注。小增益，即回路增益小于 1（线性增益）或为恒等函数（非线性增益），是确保关联系统稳定性的一个重要思想。小增益定理已经成为关联系统稳定性分析和控制器设计的一个基本工具。小增益定理最初考虑的是线性（有限）增益的情况。文献 [287]、[288]、[289] 分别从输入-输出和李雅普诺夫理论两个角度给出了小增益定理的结果。文献 [239]、[290] 推广了线性（有限）增益的结果，提出了仿射增益的概念，并在此基础上给出了由非仿射增益刻画的小增益定理。在一系列关于输入到状态稳定性和输入到输出稳定性工作的基础上，文献 [240] 建立了状态空间中的非线性小增益定理，该结果同时给出了初始状态和外部输入对系统影响的完整刻画。在此基础上，文献 [241] 建立了非线性小增益定理的李雅普诺夫函数描述。近十年来，小增益定理还被进一步推广到更一般的非线性系统。如文献 [246] 利用向量李雅普诺夫函数给出了包含时滞的非线性系统的小增益定理。小增益定理作为关联系统稳定性分析和控制器设计的基本工具，在鲁棒镇定、自适应控制、观测器设计、输出调节及许多具体系统的控制中有着不可替代的作用[243]。非线性小增益定理被收录于多部非线性系统与控制教材（如文献 [228]、[291]）。

本节主要回顾由常微分方程描述的连续时间关联系统的结果。相应的离散时间系统结果见文献 [234]、[249]、[292]、[293]，混杂系统结果见文献 [236]、[250]、[251]、[254]、[294]~[296]，时滞系统的结果见文献 [246]、[297]~[304]，偏微分方程描述的系统的相关结果见文献 [157]、[247]、[305]、[306]。

2.4.1 基于轨迹的非线性小增益定理

考虑包含两个子系统的关联系统（图 2.2）：

$$\dot{x}_1 = f_1(x, d_1) \tag{2.26}$$

$$\dot{x}_2 = f_2(x, d_2) \tag{2.27}$$

其中，$x_1 \in \mathbb{R}^{n_1}$ 和 $x_2 \in \mathbb{R}^{n_2}$ 是状态，$x = [x_1^{\mathrm{T}}, x_2^{\mathrm{T}}]^{\mathrm{T}}$，$d_1 \in \mathbb{R}^{m_1}$ 和 $d_2 \in \mathbb{R}^{m_2}$ 是外部输入，$f_1 : \mathbb{R}^{n_1+n_2} \times \mathbb{R}^{m_1} \to \mathbb{R}^{n_1}$ 和 $f_2 : \mathbb{R}^{n_1+n_2} \times \mathbb{R}^{m_2} \to \mathbb{R}^{n_2}$ 是局部利普希茨函数且满足 $f_1(0,0) = 0$ 和 $f_2(0,0) = 0$。记 $d = [d_1^{\mathrm{T}}, d_2^{\mathrm{T}}]^{\mathrm{T}}$。假设外部输入 d 可测且局部本质有界。

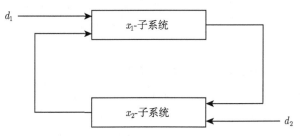

图 2.2　一个存在外部输入的关联系统

对于 $i = 1, 2$，假设 x_i-子系统以 x_{3-i} 和 d_i 为输入是输入到状态稳定的，并且对任意初始状态 $x_i(0)$ 和任意可测且局部本质有界的输入 x_{3-i} 和 d_i，存在 $\beta_i \in \mathcal{KL}$ 和 $\gamma_{i(3-i)}, \gamma_{di} \in \mathcal{K}$ 使得

$$|x_i(t)| \leqslant \max\{\beta_i(|x_i(0)|, t), \gamma_{i(3-i)}(\|x_{3-i}\|_\infty), \gamma_{di}(\|d_i\|_\infty)\} \tag{2.28}$$

对所有 $t \geqslant 0$ 都成立。

非线性小增益定理指出，如果满足

$$\gamma_{12} \circ \gamma_{21} < \mathrm{Id} \tag{2.29}$$

那么由式(2.26)和式(2.27)构成的关联系统以 d 为输入是输入到状态稳定的。此处，$\gamma_{12} \circ \gamma_{21} < \mathrm{Id}$ 所表示的是 $\gamma_{12}(\gamma_{21}(s)) < s$ 对所有 $s > 0$ 都成立。

定理 2.5　考虑由式(2.26)和式(2.27)构成的关联系统。假设每个子系统都是输入到状态稳定的且满足性质(2.28)。若小增益条件(2.29)成立，则该关联系统以 d 为输入是输入到状态稳定的。

定理 2.5 是文献 [240] 中输入到输出稳定非线性小增益定理的简化形式。文献 [242] 进一步扩展了文献 [240] 中的结果。文献 [245]、[248]、[250]、[251] 给出了更具一般性的复杂系统（如混杂系统、时滞泛函微分方程系统）的非线性小增益定理。

需要指出的是，对于任意 $\gamma_{12}, \gamma_{21} \in \mathcal{K}$，都有如下等价性：

$$\gamma_{12} \circ \gamma_{21} < \mathrm{Id} \Leftrightarrow \gamma_{21} \circ \gamma_{12} < \mathrm{Id} \tag{2.30}$$

这个等价性可以用反证法证明。若右侧不成立，则一定存在一个 $s > 0$ 满足 $\gamma_{21}(\gamma_{12}(s)) \geqslant s$ 和 $\gamma_{12}(\gamma_{21}(\gamma_{12}(s))) \geqslant \gamma_{12}(s)$。定义 $s' = \gamma_{12}(s)$，可以推出 $\gamma_{12}(\gamma_{21}(s')) < s'$ 不成立。也就是说，若右侧不成立则左侧不成立。"$\Rightarrow$" 得证。根据对称性，"$\Leftarrow$" 亦得证。

如果增益函数 γ_{12} 和 γ_{21} 中有一个等于零，那么如上关联系统就简化为串联系统，这类系统天然满足小增益条件。如果进一步有 $d_1 = d_2 \equiv 0$，那么定理 2.5 就简化为文献 [228] 中的引理 4.7，其用于判断串联系统在平衡点处的全局渐近稳定性。

2.4.2　基于李雅普诺夫的非线性小增益定理

如果关联系统中的每个子系统均具有一个输入到状态稳定李雅普诺夫函数，并且各个子系统之间由李雅普诺夫函数描述的关联增益满足小增益条件，那么该关联系统是输入到状态稳定的，并且能够利用子系统的输入到状态稳定李雅普诺夫函数为整个关联系统构造输入到状态稳定李雅普诺夫函数。

对于由式(2.26)和式(2.27)构成的关联系统，假设每个 x_i-子系统都有一个连续可导的输入到状态稳定李雅普诺夫函数 $V_i : \mathbb{R}^{n_i} \to \mathbb{R}_+$，满足：

（1）存在 $\underline{\alpha}_i, \overline{\alpha}_i \in \mathcal{K}_\infty$ 使得

$$\underline{\alpha}_i(|x_i|) \leqslant V_i(x_i) \leqslant \overline{\alpha}_i(|x_i|) \tag{2.31}$$

对所有 $x_i \in \mathbb{R}^{n_i}$ 都成立。

（2）存在 $\gamma_{i(3-i)}, \gamma_{di} \in \mathcal{K}$ 及正定函数 α_i 使得

$$V_i(x_i) \geqslant \max\{\gamma_{i(3-i)}(V_{3-i}(x_{3-i})), \gamma_{di}(|d_i|)\}$$

$$\Rightarrow \nabla V_i(x_i) f_i(x, d_i) \leqslant -\alpha_i(V_i(x_i)) \tag{2.32}$$

对所有 $x \in \mathbb{R}^{n_1+n_2}$、$d_i \in \mathbb{R}^{m_i}$ 都成立。

定理 2.6 给出了基于输入到状态稳定李雅普诺夫函数的非线性小增益定理。

定理 2.6　考虑由式(2.26)和式(2.27)构成的关联系统。假设每个 x_i-子系统有一个输入到状态稳定李雅普诺夫函数 V_i 且满足性质(2.31)和性质(2.32)。如果小增益条件

$$\gamma_{12} \circ \gamma_{21} < \mathrm{Id} \tag{2.33}$$

成立，那么由式(2.26)和式(2.27)构成的关联系统是输入到状态稳定的。

定理 2.6 的证明见文献 [241]。

2.4.3　多回路非线性小增益定理

小增益的思想同样适用于由多个子系统通过多个关联回路构成的系统。本节介绍基于输入到状态稳定李雅普诺夫函数描述的多回路非线性小增益定理。

考虑包含 N 个子系统的关联系统

$$\dot{x}_i = f_i(x, d_i), \quad i = 1, 2, \cdots, N \tag{2.34}$$

其中，$x_i \in \mathbb{R}^{n_i}$ 是子系统的状态，$x = [x_1^{\mathrm{T}}, \cdots, x_N^{\mathrm{T}}]^{\mathrm{T}}$，$d_i \in \mathbb{R}^{m_i}$ 是外部输入。为了便于讨论，记 $d = [d_1^{\mathrm{T}}, \cdots, d_N^{\mathrm{T}}]^{\mathrm{T}}$、$f(x, d) = [f_1^{\mathrm{T}}(x, d_1), \cdots, f_N^{\mathrm{T}}(x, d_N)]^{\mathrm{T}}$、$n = \sum\limits_{i=1}^{N} n_i$、$m = \sum\limits_{i=1}^{N} m_i$。假设 $f_i : \mathbb{R}^n \times \mathbb{R}^{m_i} \to \mathbb{R}^{n_i}$ 是局部利普希茨的函数且满足 $f_i(0, 0) = 0$，外部输入 $d : \mathbb{R}_+ \to \mathbb{R}^m$ 可测且局部本质有界。

假设每个 x_i-子系统（$i = 1, 2, \cdots, N$）都有一个连续可导的输入到状态稳定李雅普诺夫函数 $V_i : \mathbb{R}^{n_i} \to \mathbb{R}_+$，满足：

（1）存在 $\underline{\alpha}_i, \overline{\alpha}_i \in \mathcal{K}_\infty$ 使得

$$\underline{\alpha}_i(|x_i|) \leqslant V_i(x_i) \leqslant \overline{\alpha}_i(|x_i|) \tag{2.35}$$

对所有 $x_i \in \mathbb{R}^{n_i}$ 都成立。

（2）存在 $\gamma_{ij} \in \mathcal{K} \cup \{0\}$（$j = 1, 2, \cdots, N$、$j \neq i$）、$\gamma_{di} \in \mathcal{K} \cup \{0\}$ 和正定函数 α_i 使得

$$V_i(x_i) \geqslant \max_{j \neq i} \{\gamma_{ij}(V_j(x_j)), \gamma_{di}(|d_i|)\}$$

$$\Rightarrow \nabla V_i(x_i) f_i(x, d_i) \leqslant -\alpha_i(V_i(x_i)) \tag{2.36}$$

对所有 $x \in \mathbb{R}^n$、$d_i \in \mathbb{R}^{m_i}$ 都成立。

以各个子系统作为节点，非零的增益关联作为有向连接，上述关联系统的增益关联结构可以用有向图表示，称之为增益有向图。借助于增益有向图，可以使用

图论中的路径、可达性和简单环等概念来描述关联系统中的增益关联结构。图 2.3 所示为一个包含 3 个子系统的关联系统的增益有向图，图中的各个节点直接标记为各个子系统的李雅普诺夫函数，各个有向连接对应于各个子系统之间的非零关联增益。

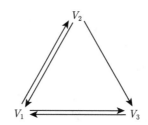

图 2.3   动态网络的增益有向图

定理 2.7 给出了基于输入到状态稳定李雅普诺夫函数描述的多回路小增益定理。

定理 2.7   考虑关联系统(2.34)，其每个 x_i-子系统都具有一个连续可导的输入到状态稳定李雅普诺夫函数 V_i，并满足性质(2.35)和性质(2.36)。如果增益有向图中的每一个简单环 $(V_{i_1}, V_{i_2}, \cdots, V_{i_r}, V_{i_1})$ 都满足如下条件：

$$\gamma_{i_1 i_2} \circ \gamma_{i_2 i_3} \circ \cdots \circ \gamma_{i_r i_1} < \mathrm{Id} \tag{2.37}$$

其中，$r = 2, 3, \cdots, N$，并且对于 $j, j' = 1, 2, \cdots, N$，若 $j \neq j'$，则 $i_j \neq i_{j'}$，那么关联系统(2.34)是输入到状态稳定的。

定理 2.7 的证明见文献 [252]。假设系统 $\dot{x} = f(x, d)$（$x \in \mathbb{R}^n$ 是状态、$d \in \mathbb{R}^m$ 是外部输入）是输入到状态稳定的且具有一个满足如下条件的输入到状态稳定李雅普诺夫函数 $V : \mathbb{R}^n \to \mathbb{R}_+$：

$$V(x) \geqslant \gamma(|d|) \Rightarrow \nabla V(x) f(x, d) \leqslant -\alpha(V(x)), \quad \text{a.e.} \tag{2.38}$$

其中，$\gamma \in \mathcal{K}$，α 是一个正定函数。此处，"a.e." 表示"几乎处处"（almost everywhere）。那么，对于任意一个局部利普希茨的 $\sigma \in \mathcal{K}_\infty$，

$$\bar{V}(x) =: \sigma(V(x)) \tag{2.39}$$

是一个几乎处处连续可导的函数，并且存在一个连续的正定函数 $\bar{\alpha}$ 使得

$$\bar{V}(x) \geqslant \sigma \circ \gamma(|d|) \Rightarrow \nabla \bar{V}(x) f(x, d) \leqslant -\bar{\alpha}(\bar{V}(x)), \quad \text{a.e.} \tag{2.40}$$

对关联系统中每个子系统的李雅普诺夫函数均进行这种变换，能够证明多回路小增益条件等价于所有增益均小于恒等函数。

定理 2.8 如果关联系统(2.34)中的每个 x_i-子系统都有一个连续可导的输入到状态稳定李雅普诺夫函数 V_i,并且满足性质(2.35)和性质(2.36)。那么,对于 $i = 1, 2, \cdots, N$,存在局部利普希茨的 $\sigma_i \in \mathcal{K}_\infty$,使得

$$\bar{V}_i(x_i) = \sigma_i(V_i(x_i)) \tag{2.41}$$

是 x_i-子系统(2.34)的一个输入到状态稳定李雅普诺夫函数,满足

$$\bar{V}_i(x_i) \geqslant \max_{j \neq i} \left\{ \bar{\gamma}_{ij}(\bar{V}_j(x_j)), \bar{\gamma}_{di}(|d_i|) \right\}$$

$$\Rightarrow \nabla \bar{V}_i(x_i) f_i(x, d_i) \leqslant -\alpha_i'(\bar{V}_i(x_i)) \quad \text{a.e.} \tag{2.42}$$

其中,$\bar{\gamma}_{ij} \in \mathcal{K} \cup \{0\}$ 且满足 $\bar{\gamma}_{ij} < \text{Id}$,$\bar{\gamma}_{di} = \sigma_i \circ \gamma_{di}$,$\alpha_i'$ 是正定函数。

在满足多回路小增益条件的情况下,直接利用文献 [254] 的主要结果可以证明定理 2.8。

第 3 章 非线性系统事件触发控制的基本设计方法

本章介绍不确定非线性被控对象事件触发控制的基本设计方法，主要考虑不受外部干扰影响的非线性被控对象，探讨使用非线性小增益方法来设计静态的和动态的事件触发采样机制。本章的设计和分析思路以及所提及的概念在后续各章节将会多次用到。

3.1 问 题 描 述

考虑如下非线性被控对象和采样控制器：

$$\dot{x}(t) = f(x(t), u(t)) \tag{3.1}$$

$$u(t) = \kappa(x(t_k)), \quad t \in [t_k, t_{k+1}), \quad k \in \mathbb{S} \subseteq \mathbb{Z}_+ \tag{3.2}$$

其中，$x \in \mathbb{R}^n$ 是状态，$u \in \mathbb{R}^m$ 是控制输入，被控对象动力学 $f : \mathbb{R}^n \times \mathbb{R}^m \to \mathbb{R}^n$ 和控制器 $\kappa : \mathbb{R}^n \to \mathbb{R}^m$ 均是局部利普希茨的函数且满足 $f(0, \kappa(0)) = 0$。采样时刻序列 $\{t_k\}_{k \in \mathbb{S}}$ 由合理设计的事件触发采样机制决定，其中，$\mathbb{S}$ 表示所有采样时刻的序号的集合。

如果事件触发采样机制仅依赖于状态，而未直接引入采样间隔下界，那么就不能直接保证事件触发控制过程中的采样间隔有下界，甚至不能保证采样间隔不会在有限时间内趋近于零。相应地，也就不能直接保证事件触发控制的闭环系统状态一直有定义，即不能保证闭环系统的前向完备性[307]。即使采样间隔有正的下界，也不能保证闭环系统状态不会在有限时间内发散至无穷。因此，预先假设状态轨迹 $x(t)$ 向右有定义的最大区间是 $[0, T_{\max})$，其中，$0 < T_{\max} \leqslant \infty$。注意到，采样时刻 t_k 可能有限时间聚集或闭环系统状态 x 可能有限时间发散，考虑如下三种情况：

（1）$\mathbb{S} = \mathbb{Z}_+$ 且 $\lim\limits_{k \to \infty} \lim t_k < \infty$，此种情况说明出现了芝诺（Zeno）现象[308-309]；

（2）$\mathbb{S} = \mathbb{Z}_+$ 且 $\lim\limits_{k \to \infty} t_k = \infty$，此种情况说明 $x(t)$ 在区间 $[0, \infty)$ 上有定义；

（3）$\mathbb{S}$ 是一个有限集合 $\{0, \cdots, k^*\}$，其中，$k^* \in \mathbb{Z}_+$。也就是说，存在有限个采样时刻。在这种情况下，$t_{k^*} < T_{\max}$。为便于讨论，记 $t_{k^*+1} = T_{\max}$。

根据上述讨论，闭环系统状态 $x(t)$ 对所有 $t \in \bigcup\limits_{k \in \mathbb{S}} [t_k, t_{k+1})$ 都有定义。

本章通过合理设计事件触发采样机制保证 $\inf\limits_{k\in\mathbb{S}}\{t_{k+1}-t_k\}>0$，从而避免情况（1）。在此基础上，通过稳定性分析保证情况（3）中的 $T_{\max}=\infty$。

定义采样误差

$$w(t)=x(t_k)-x(t),\quad t\in[t_k,t_{k+1}),\quad k\in\mathbb{S} \tag{3.3}$$

那么控制器(3.2)可以等价地写作

$$u(t)=\kappa(x(t)+w(t)) \tag{3.4}$$

将控制器(3.4)代入被控对象(3.1)可得受控系统

$$\dot{x}(t)=f(x(t),\kappa(x(t)+w(t)))$$
$$:=\bar{f}(x(t),x(t)+w(t)) \tag{3.5}$$

与式(3.5)相对应，事件触发控制的闭环系统可以由图 3.1 中的框图来表示。如果将事件触发环节看作是摄动，那么事件触发控制的闭环系统可以看作是一个鲁棒控制系统。

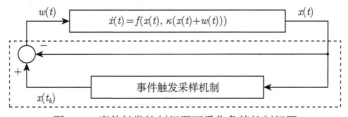

图 3.1 事件触发控制问题可看作鲁棒控制问题

从鲁棒控制的观点来看，事件触发控制器 κ 应当对采样误差 w 鲁棒。在此基础上，在事件触发控制过程中，如果采样误差 w 以某种特定方式趋近于原点，那么直观上能保证闭环系统状态也趋近于原点。同时，根据前述讨论，还应当保证事件触发的采样间隔具有正的下界，从而避免无限快采样：

$$\inf_{k\in\mathbb{S}}\{t_{k+1}-t_k\}>0 \tag{3.6}$$

3.2 基于李雅普诺夫的事件触发采样机制设计

假设存在一个对采样误差鲁棒的控制器，使用输入到状态稳定李雅普诺夫函数来描述该鲁棒性。

假设 3.1 假设受控系统(3.5)以 w 为输入是输入到状态稳定的，并且具有一个连续可导的输入到状态稳定李雅普诺夫函数 $V:\mathbb{R}^n\to\mathbb{R}_+$，满足：

（1）存在 $\underline{\alpha}, \overline{\alpha} \in \mathcal{K}_\infty$ 使得

$$\underline{\alpha}(|x|) \leqslant V(x) \leqslant \overline{\alpha}(|x|) \tag{3.7}$$

对所有 $x \in \mathbb{R}^n$ 都成立。

（2）存在 $\gamma \in \mathcal{K}$ 和连续正定函数 α 使得

$$V(x) \geqslant \gamma(|w|) \Rightarrow \nabla V(x) f(x, \kappa(x + w)) \leqslant -\alpha(V(x)) \tag{3.8}$$

对所有 $x \in \mathbb{R}^n$、$w \in \mathbb{R}^n$ 都成立。

在满足假设 3.1 的情况下，如果所设计的事件触发采样机制能够保证

$$|w(t)| \leqslant \rho(|x(t)|), \quad \forall t \geqslant 0 \tag{3.9}$$

其中，$\rho \in \mathcal{K}$ 满足

$$\underline{\alpha}^{-1} \circ \gamma \circ \rho < \mathrm{Id} \tag{3.10}$$

那么利用输入到状态稳定的鲁棒稳定性质（或者利用非线性小增益思想）就能保证闭环系统状态 x 有界且趋近于原点。

基于上述讨论，设计如下事件触发采样机制：当 $x(t_k) \neq 0$ 时，

$$t_{k+1} = \inf\{t > t_k : |x(t) - x(t_k)| \geqslant \rho(|x(t)|)\}, \ t_0 = 0 \tag{3.11}$$

其中，$\rho(|x(t)|)$ 表示阈值信号。

如果 $x(t_k) = 0$，那么之后便不再触发采样事件，并认定此情况下 $t_{k+1} = \infty$。注意到，在假设 $f(0, \kappa(0)) = 0$ 情况下，如果 $x(t_k) = 0$，那么 $f(x(t_k), \kappa(x(t_k))) = 0$，则对所有 $t \in [t_k, \infty)$，闭环系统状态都将保持在原点处。

根据上述事件触发采样机制，给定 t_k 和 $x(t_k) \neq 0$，t_{k+1} 是 t_k 之后第一个满足下式的时刻：

$$\rho(|x(t_{k+1})|) - |x(t_{k+1}) - x(t_k)| = 0 \tag{3.12}$$

对于任意 $x(t_k) \neq 0$，$\rho(|x(t_k)|) - |x(t_k) - x(t_k)| > 0$ 总成立，并且 $x(t)$ 对时间 t 连续。因此，上述事件触发采样机制能保证

$$\rho(|x(t)|) - |x(t) - x(t_k)| \geqslant 0 \tag{3.13}$$

对所有 $t \in [t_k, t_{k+1})$ 都成立。由采样误差的定义(3.13)可知，

$$|w(t)| \leqslant \rho(|x(t)|) \tag{3.14}$$

对所有 $t \in [t_k, t_{k+1})$ 都成立。因为不能保证 $\bigcup\limits_{k \in \mathbb{S}} [t_k, t_{k+1}) = \mathbb{R}_+$，所以尚不能保证式(3.14)对所有 $t \geqslant 0$ 都成立。

定理 3.1 基于输入到状态稳定增益 γ 给出事件触发采样机制(3.11)中 ρ 的选取范围，其能够保证 $\inf\limits_{k\in\mathbb{S}}\{t_{k+1} - t_k\} > 0$，从而保证 $\bigcup\limits_{k\in\mathbb{S}}[t_k, t_{k+1}) = \mathbb{R}_+$。在此基础上能够证明事件触发的闭环系统状态有界且趋近于原点。

定理 3.1 考虑事件触发控制系统(3.5)。在满足假设 3.1 的情况下，如果 $\underline{\alpha}^{-1}\circ\gamma$ 是局部利普希茨的函数，那么存在 $\rho\in\mathcal{K}_\infty$ 使得：

（1）ρ 满足式(3.10)；

（2）ρ 是局部利普希茨的函数；

（3）ρ^{-1} 是局部利普希茨的函数。

如果采样时刻由采样机制(3.11)触发产生，那么对于任意初始状态 $x(0)$，

$$|x(t)| \leqslant \breve{\beta}(|x(0)|, t) \tag{3.15}$$

对所有 $t\geqslant 0$ 都成立，其中 $\breve{\beta}\in\mathcal{KL}$，并且式(3.6)成立。

证明 由于 $\underline{\alpha}^{-1}\circ\gamma\in\mathcal{K}$ 是局部利普希茨的函数，因此可以找到一个局部利普希茨的 $\bar{\gamma}\in\mathcal{K}_\infty$ 满足 $\bar{\gamma} > \underline{\alpha}^{-1}\circ\gamma$。取 $\rho = \bar{\gamma}^{-1}$，可得 $\underline{\alpha}^{-1}\circ\gamma\circ\rho < \bar{\gamma}\circ\bar{\gamma}^{-1} < \mathrm{Id}$，并且 $\rho^{-1} = \bar{\gamma}$ 是局部利普希茨的。

针对 t_k 时刻的状态 $x(t_k)$，作如下定义：

$$\Theta_1(x(t_k)) = \{x\in\mathbb{R}^n : |x - x(t_k)| \leqslant \rho\circ(\mathrm{Id}+\rho)^{-1}(|x(t_k)|)\} \tag{3.16}$$

$$\Theta_2(x(t_k)) = \{x\in\mathbb{R}^n : |x - x(t_k)| \leqslant \rho(|x|)\} \tag{3.17}$$

直接利用引理 A.3，可以证明 $\Theta_1(x(t_k)) \subseteq \Theta_2(x(t_k))$。图 3.2 给出了一个实例，其中 $x = [x_1, x_2]^{\mathrm{T}}\in\mathbb{R}^2$。

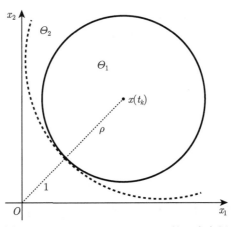

图 3.2 $\Theta_1(x(t_k)) \subseteq \Theta_2(x(t_k))$ 的一个实例

给定满足定理 3.1 中条件（1）～条件（3）的函数 ρ，可直接证明 $(\rho\circ(\mathrm{Id}+\rho)^{-1})^{-1}$ $= (\mathrm{Id}+\rho)\circ\rho^{-1} = \rho^{-1}+\mathrm{Id}$ 是局部利普希茨的，并且存在一个连续的、正定的函数 $\breve{\rho}:\mathbb{R}_+\to\mathbb{R}_+$，使得 $(\rho^{-1}+\mathrm{Id})(s)\leqslant\breve{\rho}(s)s:=\hat{\rho}(s)$，其中 $s\in\mathbb{R}_+$。利用 $\hat{\rho}$ 的定义，可得 $s = (\breve{\rho}\circ\hat{\rho}^{-1}(s))\,\hat{\rho}^{-1}(s)$，进一步可得 $\hat{\rho}^{-1}(s) = s/(\breve{\rho}\circ\hat{\rho}^{-1}(s)) := \bar{\rho}(s)s$。此处可直接验证 $\bar{\rho}:\mathbb{R}_+\to\mathbb{R}_+$ 是连续的、正定的函数。因此，

$$\rho\circ(\mathrm{Id}+\rho)^{-1}(s) = (\rho^{-1}+\mathrm{Id})^{-1}(s) \geqslant \hat{\rho}^{-1}(s) = \bar{\rho}(s)s \tag{3.18}$$

性质(3.18)隐含着如下性质：如果

$$|x-x(t_k)| \leqslant \bar{\rho}(|x(t_k)|)|x(t_k)| \tag{3.19}$$

那么 $x\in\Theta_1(x(t_k))$。此外，对于任意 $x\in\Theta_1(x(t_k))$，利用 $\bar{f}$ 的局部利普希茨性质，可得

$$\begin{aligned}
|f(x,\kappa(x(t_k)))| &= |\bar{f}(x,x(t_k))| \\
&= |\bar{f}(x-x(t_k)+x(t_k),x(t_k))| \\
&\leqslant L_{\bar{f}}\left(|[x^{\mathrm{T}}-x^{\mathrm{T}}(t_k),x^{\mathrm{T}}(t_k)]^{\mathrm{T}}|\right)|[x^{\mathrm{T}}-x^{\mathrm{T}}(t_k),x^{\mathrm{T}}(t_k)]^{\mathrm{T}}| \\
&\leqslant \bar{L}(|x(t_k)|)|x(t_k)| \tag{3.20}
\end{aligned}$$

此处 $L_{\bar{f}}$ 和 $\bar{L}$ 是定义在 $\mathbb{R}_+$ 上连续的、正定的函数。最后一个不等式应用了性质(3.19)。

那么闭环系统状态从 $x(t_k)$ 出发到处于 $\Theta_1(x(t_k))$ 区域的边界所需的最小时间 $T_k^{\min}$ 可由下式估算：

$$T_k^{\min} \geqslant \frac{\bar{\rho}(|x(t_k)|)|x(t_k)|}{\bar{L}(|x(t_k)|)|x(t_k)|} = \frac{\bar{\rho}(|x(t_k)|)}{\bar{L}(|x(t_k)|)} \tag{3.21}$$

对于任意 $x(t_k)$，上述定义都成立，并且严格大于零。

由于 $\Theta_1(x(t_k))\subseteq\Theta_2(x(t_k))$，并且 $x(t)$ 对时间 t 是连续的，因此从 $x(t_k)$ 出发到处于 $\Theta_2(x(t_k))$ 区域的边界所需的最小间隔时间不小于 $T_k^{\min}$。

直接利用式(3.21)，可得

$$T_0^{\min} \geqslant \frac{\bar{\rho}(|x(0)|)}{\bar{L}(|x(0)|)} \tag{3.22}$$

如果 $\mathbb{S} = \{0\}$，那么 $w(t)$ 连续且满足式(3.14)。现在考虑 $\mathbb{S}\neq\{0\}$ 的情况。假设对于一个特定的 $k\in\mathbb{Z}_+\backslash\{0\}$，当 $t\in[0,t_k)$ 时，事件触发采样机制(3.11)能保

证 $w(t)$ 分段连续且满足式(3.14)。在满足式(3.8)的条件下，利用输入到状态稳定性的鲁棒稳定性质，可得

$$|x(t)| \leqslant \breve{\beta}(|x(0)|, t) \tag{3.23}$$

对所有 $t \in [0, t_k)$ 都成立，其中，$\breve{\beta} \in \mathcal{KL}$。由于 $x(t)$ 关于 t 连续，所以 $x(t_k) = \lim\limits_{t \to t_k^-} x(t)$。因此，$|x(t_k)| \leqslant \breve{\beta}(|x(0)|, 0)$。与式(3.21)相结合，可得

$$T_k^{\min} \geqslant \min \left\{ \frac{\bar{\rho}(|x|)}{\bar{L}(|x|)} : |x| \leqslant \breve{\beta}(|x(0)|, 0) \right\} \tag{3.24}$$

这表明 $w(t)$ 在 $t \in [0, t_{k+1})$ 上是分段连续的且满足式(3.14)。利用归纳法，对于任意 $k \in \mathbb{S}$，$w(t)$ 在 $t \in [0, t_{k+1})$ 上是分段连续的且满足式(3.14)。如果 $\mathbb{S}$ 是无限集，那么利用式(3.22)可得 $\lim\limits_{k \to \infty} t_{k+1} = \infty$；如果 $\mathbb{S}$ 是有限集，即 $\{0, \cdots, k^*\}$，那么 $t_{k^*+1} = \infty$。在上述两种情况下，$w(t)$ 在 $t \in [0, \infty)$ 上是分段连续的且式(3.14)成立。由输入到状态稳定性的鲁棒稳定性质可知，式(3.23)对所有 $t \in [0, \infty)$ 都成立。 □

定理 3.1 的证明可进一步推出一种自触发控制策略。在自触发控制系统中，利用 t_k 和 $x(t_k)$ 计算得到 t_{k+1}，而不需要连续检测 $x(t)$。自触发控制的一些相关结果见文献 [11]、[95]、[310]~[317]。假设由式(3.1)和式(3.4)构成的受控系统满足假设 3.1。利用性质(3.21)，给定 t_k 和 $x(t_k)$，t_{k+1} 可以由下式计算：

$$t_{k+1} = \frac{\bar{\rho}(|x(t_k)|)}{\bar{L}(|x(t_k)|)} + t_k \tag{3.25}$$

基于定理 3.1 的证明，给定任意特定的初始状态 $x(0)$，可直接验证采样间隔具有正的下界，并且闭环系统状态 $x(t)$ 最终渐近趋近于原点。

例 3.1 利用定理 3.1 来解决线性被控对象的事件触发控制问题。

例 3.1 考虑如下线性被控对象：

$$\dot{x} = Ax + Bu \tag{3.26}$$

其中，$x \in \mathbb{R}^n$ 是状态，$u \in \mathbb{R}^m$ 是控制输入，A 和 B 是具有相应维数的实矩阵。如果被控对象(3.26)是可控的，那么存在实矩阵 K 使得 $A - BK$ 是赫尔维茨的。设计控制器

$$u = -K(x + w) \tag{3.27}$$

那么受控系统可写作

$$\dot{x} = Ax - BK(x + w) = (A - BK)x - BKw \tag{3.28}$$

根据线性系统的李雅普诺夫定理（见文献 [318] 中定理 5.5），对于任意给定的对称矩阵 $Q > 0$，存在唯一的对称矩阵 $P > 0$ 满足

$$(A - BK)^\mathrm{T} P + P(A - BK) = -Q \tag{3.29}$$

定义 $V(x) = x^\mathrm{T} P x$，其满足性质(3.7)和性质(3.8)，其中

$$\underline{\alpha}(s) = \lambda_{\min}(P)s^2, \quad \overline{\alpha}(s) = \lambda_{\max}(P)s^2$$

$$\gamma(s) = \frac{4\lambda_{\max}(P)|PBK|^2}{(1-c)^2(\lambda_{\min}(Q))^2}s^2, \quad \alpha(s) = -c\frac{\lambda_{\min}(Q)}{\lambda_{\max}(P)}s$$

其中，c 是正的常数且满足 $0 < c < 1$。因为 $\underline{\alpha}$ 和 γ 均为二次函数，所以 $\underline{\alpha}^{-1} \circ \gamma$ 是线性函数。

例 3.2　考虑如下非线性被控对象和采样控制器：

$$\dot{x}(t) = ax^2(t) + b\sin(x(t)) + u(t) \tag{3.30}$$

$$u(t) = -(8|x(t_k)| + 4)x(t_k), \; t \in [t_k, t_{k+1}), \; k \in \mathbb{S} \tag{3.31}$$

其中，$x \in \mathbb{R}$ 是状态，$u \in \mathbb{R}$ 是控制输入，a 和 b 是未知的常数且满足 $1 < a < 2$ 和 $0.5 < b < 1$。

定义 $V(x) = |x|$。不难验证假设 3.1 成立，并且 $\underline{\alpha}(s) = s$、$\overline{\alpha}(s) = s$、$\gamma(s) = 2s$、$\alpha(s) = s$。

根据定理 3.1，设计如下事件触发采样机制：当 $x(t_k) \neq 0$ 时，

$$t_{k+1} = \inf\{t > t_k : |x(t) - x(t_k)| \geqslant 0.49|x(t)|\}, \quad t_0 = 0 \tag{3.32}$$

由图 3.3~图 3.5 的仿真结果可见，对于不确定非线性被控对象(3.30)及采样控制器(3.31)，事件触发采样机制(3.32)能够保证采样间隔具有正的下界，并且闭环系统状态 x 有界且趋近于原点。

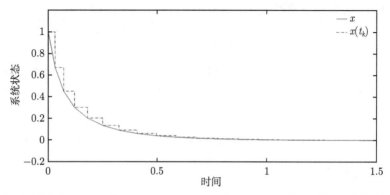

图 3.3　例 3.2 中闭环系统状态轨迹以及基于事件触发采样机制(3.32)的状态采样序列

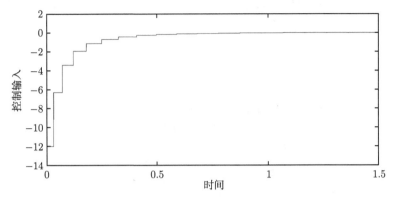

图 3.4   例 3.2 中基于事件触发采样机制(3.32)的控制输入

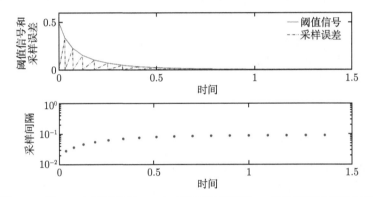

图 3.5   例 3.2 中阈值信号 $0.49|x(t)|$ 和采样误差 w 的轨迹以及采样间隔

3.3   基于轨迹的事件触发采样机制设计

输入到状态稳定李雅普诺夫函数能够直观保证一个系统的输入到状态稳定性，但即使一个系统是输入到状态稳定的，也未必能构造出一个易于分析的输入到状态稳定李雅普诺夫函数。利用输入到状态稳定与鲁棒稳定之间的关系，本节将介绍如何在不使用李雅普诺夫函数的情况下设计事件触发采样机制。

本节使用假设 3.2 替换假设 3.1。

假设 3.2   受控系统(3.5)以 w 为外部输入是输入到状态稳定的，并且存在 $\beta \in \mathcal{KL}$ 和 $\gamma \in \mathcal{K}$ 使得对于任意初始状态 $x(0)$ 和分段连续且有界的 w，

$$|x(t)| \leqslant \max \left\{ \beta(|x(0)|, t), \gamma(\|w\|_\infty) \right\} \tag{3.33}$$

对所有 $t \geqslant 0$ 都成立。

在满足假设 3.2 的情况下, 利用输入到状态稳定的鲁棒稳定性质, 能够证明如果事件触发采样机制能保证 $|w(t)| \leqslant \rho(|x(t)|)$ 对所有 $t \geqslant 0$ 都成立, 其中, $\rho \in \mathcal{K}$ 满足

$$\rho \circ \gamma < \mathrm{Id} \tag{3.34}$$

那么就能保证 $x(t)$ 有界且趋近于原点。本节中考虑的事件触发采样机制仍然定义为式(3.11), 但是其阈值信号中的函数 ρ 需要满足条件(3.34)。

定理 3.2 给出了 ρ 的选取范围, 其能保证 $\inf\limits_{k \in \mathbb{S}}\{t_{k+1} - t_k\} > 0$, 并进而保证 $\bigcup\limits_{k \in \mathbb{S}} [t_k, t_{k+1}] = \mathbb{R}_+$, 从而能够证明事件触发的闭环系统在原点处渐近稳定。

定理 3.2　考虑由式(3.5)和式(3.11)构成的事件触发控制系统。在满足假设 3.2 的情况下, 如果 γ 是局部利普希茨的函数, 那么存在 $\rho \in \mathcal{K}_\infty$ 使得:

(1) ρ 满足式(3.34);

(2) ρ 是局部利普希茨的函数;

(3) ρ^{-1} 是局部利普希茨的函数。

对于任意初始状态 $x(0)$,

$$|x(t)| \leqslant \hat{\beta}(|x(0)|, t) \tag{3.35}$$

对所有 $t \geqslant 0$ 都成立, 其中, $\hat{\beta} \in \mathcal{KL}$, 且式(3.6)成立。

定理 3.2 的证明与定理 3.1 的证明思路一致。

例 3.3 给出了如何利用定理 3.2 来解决一类线性被控对象的事件触发控制问题。

例 3.3　考虑例 3.1 中的线性被控对象(3.26)。假设此被控对象是可控的, 那么存在 K 使得 $A - BK$ 是赫尔维茨的, 从而可设计控制律 $u = -K(x + w)$, 保证对于任意初始状态 $x(0)$ 和分段连续且有界的 w, 受控系统的状态 x 满足

$$x(t) = \mathrm{e}^{(A-BK)t} x(0) - \int_0^t \mathrm{e}^{(A-BK)(t-\tau)} BK w(\tau) \mathrm{d}\tau \tag{3.36}$$

对所有 $t \geqslant 0$ 都成立。不难验证, 该受控系统满足假设 3.2 中的性质(3.33), 并且 $\beta(s, t) = (1 + 1/c)|\mathrm{e}^{(A-BK)t}|s$, $\gamma(s) = (1 + c)\left(\int_0^\infty |\mathrm{e}^{(A-BK)\tau}| \mathrm{d}\tau\right) s$, 此处 c 可取任意的正的常数。显然, γ 是局部利普希茨的函数。于是便可以使用定理 3.2 来解决该被控对象的事件触发控制问题。

定理 3.1 和定理 3.2 均未考虑外部干扰的影响。为了进一步研究干扰对事件触发控制的影响, 考虑如下非线性被控对象:

$$\dot{x}(t) = f(x(t), u(t), d(t)) \tag{3.37}$$

此处 $d \in \mathbb{R}^{n_d}$ 表示外部干扰，其他变量与式(3.1)中的定义一致。假设 d 是分段连续且有界的信号。仍然选取式(3.2)为控制器。在这种情况下，仍然期望实现事件触发控制。

将控制器(3.2)和采样误差(3.3)代入被控对象(3.37)，可得

$$\dot{x}(t) = f(x(t), \kappa(x(t) + w(t)), d(t))$$
$$:= \bar{f}(x(t), x(t) + w(t), d(t)) \tag{3.38}$$

与无干扰情况下的假设 3.1 相对应，对于受控系统(3.38)作如下假设。

假设 3.3　受控系统(3.38)以 w 和 d 为输入是输入到状态稳定的，并且存在 $\beta \in \mathcal{KL}$ 和 $\gamma, \gamma^d \in \mathcal{K}$，使得对于任意初始状态 $x(0)$ 和任意分段连续且有界的 w 和 d，

$$|x(t)| \leqslant \max \left\{ \beta(|x(0)|, t), \gamma(\|w\|_\infty), \gamma^d(\|d\|_\infty) \right\} \tag{3.39}$$

对所有 $t \geqslant 0$ 都成立。

在满足假设 3.3 的情况下，如果事件触发采样机制仍然能保证式(3.14)成立，那么利用输入到状态稳定性和鲁棒稳定性之间的关系，可以证明

$$|x(t)| \leqslant \max \left\{ \check{\beta}(|x(0)|, t), \check{\gamma}^d(\|d\|_\infty) \right\} \tag{3.40}$$

其中，$\check{\beta} \in \mathcal{KL}, \check{\gamma}^d \in \mathcal{K}$。由于 x 趋近于原点，由式(3.14)可知，$|w(t)|$ 的上界将趋近于零。但是，由于存在外部干扰 d，当 x 接近零时，受控系统动态 $f(x(t), \kappa(x(t) + w(t)), d(t))$ 可能不接近零。这说明采样间隔 $t_{k+1} - t_k$ 可能任意小。

在阈值信号中引入正的偏移量（早期结果见文献 [319]），将事件触发采样机制(3.11)替换为

$$t_{k+1} = \inf\{t > t_k : |x(t) - x(t_k)| \geqslant \max\{\rho(|x(t)|), \epsilon\}\}, \quad t_0 = 0 \tag{3.41}$$

此处，ρ 是 $\mathcal{K}_\infty$ 类函数且满足 $\rho \circ \gamma < \mathrm{Id}$，常数 $\epsilon > 0$。在这种情况下，与式(3.13)一致，对于任意 $k \in \mathbb{Z}_+$，当 $t \in [t_k, t_{k+1})$ 时，有

$$|x(t) - x(t_k)| < \max\{\rho(|x(t)|), \epsilon\} \tag{3.42}$$

那么利用输入到状态稳定的鲁棒稳定性质，可得

$$|x(t)| \leqslant \max \left\{ \check{\beta}(|x(0)|, t), \check{\gamma}(\epsilon), \check{\gamma}^d(\|d\|_\infty) \right\} \tag{3.43}$$

此处，$\check{\beta} \in \mathcal{KL}$，$\check{\gamma}, \check{\gamma}^d \in \mathcal{K}$。注意到，由于 $\epsilon > 0$，因此，这种事件触发采样机制能够直接保证 $t_{k+1} - t_k > 0$，并且不要求函数 ρ^{-1} 满足局部利普希茨的性质。

定理 3.3 考虑受控系统(3.38)。在满足假设 3.3 的情况下，对于任意特定的
初始状态 $x(0)$，事件触发采样机制(3.41)能够保证闭环系统状态 $x(t)$ 有界且收敛
于原点的一个邻域内，并且采样间隔具有正的下界。

当然，即使 $d \equiv 0$，这种事件触发控制系统也只能保证实际收敛性，即只能
保证闭环系统状态 $x(t)$ 收敛于原点附近的区域内 $|x| \leqslant \check{\gamma}(\epsilon)$。

3.4 动态事件触发采样机制设计

与静态事件触发采样机制相比，动态事件触发采样机制在阈值信号中引入一个包
含内部动力学的辅助变量以达到改善控制性能的目的（比如增大采样间隔）[320-323]。如
下是一类动态事件触发采样机制的一般形式：

$$t_{k+1} = \inf\{t > t_k : f_1(\eta(t), y(t), w(t)) \geqslant 0\}, \quad t_0 = 0 \tag{3.44}$$

$$\dot{\eta}(t) = f_2(\eta(t), y(t), w(t)) \tag{3.45}$$

其中，y 是被控对象的输出，$w(t) = y(t_k) - y(t)$ 表示采样误差，f_1 和 f_2 是合理
设计的函数。对于满足假设 3.1 的受控系统(3.5)，利用李雅普诺夫方法设计如下
f_1 和 f_2 能够实现全局渐近镇定：

$$f_1(\eta, y, w) = -\eta - \theta(\sigma \circ \alpha \circ \underline{\alpha}(|x|) - \gamma(|w|)) \tag{3.46}$$

$$f_2(\eta, y, w) = -\beta(\eta) + (\sigma \circ \alpha \circ \underline{\alpha}(|x|) - \gamma(|w|) \tag{3.47}$$

其中，$y = x$，$\theta \geqslant 0$，$\eta(0) \geqslant 0$，$\sigma \in (0, 1)$，$\beta \in \mathcal{K}_\infty$ 是局部利普希茨的函数。详
细证明见文献 [320]。与 3.2 节和 3.3 节中的静态事件触发采样机制相比，这种由
式(3.44)~式(3.47)构成的动态事件触发采样机制有助于增大采样间隔。

然而，当仅有部分状态的反馈量能够用于控制时，如果单纯将 y 取作可以测
量的部分状态，由式(3.44)~式(3.47)构成的事件触发采样机制不能直接避免无限
快采样。为解决这一问题，文献 [24]、[220] 利用小增益方法设计了一种动态事件
触发采样机制。具体而言，考虑如下受控系统：

$$\dot{z}(t) = h(z(t), x(t), w(t)) \tag{3.48}$$

$$\dot{x}(t) = f(x(t), z(t), w(t)) \tag{3.49}$$

其中，$z \in \mathbb{R}^m$ 和 $x \in \mathbb{R}^n$ 是被控对象状态，$h : \mathbb{R}^m \times \mathbb{R}^n \times \mathbb{R}^n \to \mathbb{R}^m$ 和 $f :$
$\mathbb{R}^n \times \mathbb{R}^m \times \mathbb{R}^n \to \mathbb{R}^n$ 表示受控系统动力学且满足 $h(0, 0, 0) = 0$ 和 $f(0, 0, 0) = 0$，
采样误差 w 已在式(3.3)中定义。在该被控对象中，x 和 z 分别代表状态中可测量
和不可测量的部分。

假设 3.4 假设受控 z-子系统和受控 x-子系统均是输入到状态稳定的且具有输入到状态稳定李雅普诺夫函数 $V_z : \mathbb{R}^m \to \mathbb{R}_+$ 和 $V_x : \mathbb{R}^n \to \mathbb{R}_+$，满足

$$\underline{\alpha}_z(|z|) \leqslant V_z(z) \leqslant \overline{\alpha}_z(|z|) \tag{3.50}$$

$$\underline{\alpha}_x(|x|) \leqslant V_x(x) \leqslant \overline{\alpha}_x(|x|) \tag{3.51}$$

$$V_z(z) \geqslant \max\{\gamma_z^x(V_x(x)), \gamma_z^w(|w|)\}$$

$$\Rightarrow \nabla V_z(z) h(z,x,w) \leqslant -\alpha_z(V_z(z)), \quad \text{a.e.} \tag{3.52}$$

$$V_x(x) \geqslant \max\{\gamma_x^z(V_z(z)), \gamma_x^w(|w|)\}$$

$$\Rightarrow \nabla V_x(x) f(x,z,w) \leqslant -\alpha_x(V_x(x)), \quad \text{a.e.} \tag{3.53}$$

其中，$\underline{\alpha}_{(\cdot)}, \overline{\alpha}_{(\cdot)}, \gamma_{(\cdot)}^{(\cdot)} \in \mathcal{K}_\infty$，$\alpha_z$ 和 α_x 是连续的正定函数。

定理 3.4 给出了由式(3.44)和式(3.45)构成的动态事件触发采样机制中函数 f_1 和 f_2 的明确表达式，其能保证 $\inf\limits_{k \in \mathbb{S}}\{t_{k+1} - t_k\} > 0$，从而保证事件触发的闭环系统状态有界且趋近于原点。

定理 3.4 考虑由式(3.48)和式(3.49)构成的受控系统与由式(3.44)式(3.45)构成的动态事件触发采样机制共同构成的关联系统。选取

$$f_1(\eta, y, w) = |w| - \eta \tag{3.54}$$

$$f_2(\eta, y, w) = -\Omega(\eta) \tag{3.55}$$

在满足假设 3.4 的情况下，如果：① 关联增益满足

$$\gamma_x^z \circ \gamma_z^x < \text{Id} \tag{3.56}$$

② $\eta(0) > 0$；③ $\Omega : \mathbb{R}_+ \to \mathbb{R}_+$ 是正定的且在任意紧集上均利普希茨连续的函数；④ 存在常数 $\Delta > 0$，$\Omega(s)/s$ 在区间 $s \in (0, \Delta]$ 上非减且满足

$$\Omega(s) \leqslant \min\{\partial\sigma_z(\sigma_z^{-1}(s))\alpha_z(\sigma_z^{-1}(s)), \partial\sigma_x(\sigma_x^{-1}(s))\alpha_x(\sigma_x^{-1}(s))\}, \quad \text{a.e.} \tag{3.57}$$

⑤ $(\sigma_z \circ \underline{\alpha}_z)^{-1}$ 和 $(\sigma_x \circ \underline{\alpha}_x)^{-1}$ 在任意紧集上是利普希茨的。那么采样间隔具有正的下界，闭环系统状态有界且趋近于原点。

证明 考虑由 z-子系统、x-子系统、η-子系统构成的关联系统。由式(3.44)和式(3.54)可知，η-子系统满足

$$|w(t)| \leqslant \eta(t) \tag{3.58}$$

对所有 $t \in \bigcup\limits_{k \in \mathbb{S}} [t_k, t_{k+1})$ 都成立。在满足假设 3.4 的情况下，如果 $w(t)$ 对所有 $t \geqslant 0$ 都有定义且满足小增益条件 $\gamma_x^z \circ \gamma_z^x <$ Id，那么关联系统在原点处渐近稳定。而且，利用基于李雅普诺夫的输入到状态稳定非线性小增益定理，可为关联系统构造如下一个李雅普诺夫函数：

$$V_0(z, x, \eta) = \max\left\{\hat{\gamma}_x^z(V_z(z)), V_x(x), \hat{\gamma}_x^w(\eta), \hat{\gamma}_x^z \circ \hat{\gamma}_z^w(\eta)\right\} \tag{3.59}$$

如果 $\gamma_{(\cdot)}^{(\cdot)}$ 非零，那么选取 $\hat{\gamma}_{(\cdot)}^{(\cdot)} \in \mathcal{K}_\infty$ 在 $(0, \infty)$ 是连续可导的且满足 $\hat{\gamma}_{(\cdot)}^{(\cdot)} > \gamma_{(\cdot)}^{(\cdot)}$；如果 $\gamma_{(\cdot)}^{(\cdot)} = 0$，那么选取 $\hat{\gamma}_{(\cdot)}^{(\cdot)} = 0$。同时，也要保证新选取的增益满足 $\hat{\gamma}_x^z \circ \hat{\gamma}_z^x <$ Id。

对于任意 $s \in \mathbb{R}_+$，定义 $\check{\gamma}_x^w(s) = \max(\hat{\gamma}_x^w(s), \hat{\gamma}_x^z \circ \hat{\gamma}_z^w(s))$。显然，$\check{\gamma}_x^w \in \mathcal{K}_\infty$ 是局部利普希茨的函数。因此，关联系统的李雅普诺夫函数(3.59)可替换成

$$\begin{aligned} V(z, x, \eta) &= (\check{\gamma}_x^w)^{-1}(V_0(z, x, \eta)) \\ &= \max\left\{(\check{\gamma}_x^w)^{-1} \circ \hat{\gamma}_x^z(V_z(z)), (\check{\gamma}_x^w)^{-1}(V_x(x)), \eta\right\} \\ &:= \max\left\{\sigma_z(V_z(z)), \sigma_x(V_x(x)), \eta\right\} \end{aligned} \tag{3.60}$$

注意到，σ_z 和 σ_x 在 $(0, \infty)$ 上是局部利普希茨的。

声明 3.1 说明，如果选取 $\bar{V}_z(z) = \sigma_z(V_z(z))$ 和 $\bar{V}_x(x) = \sigma_x(V_x(x))$ 分别是 z-子系统和 x-子系统的输入到状态稳定李雅普诺夫函数，那么关联增益小于 Id。该性质将用于分析事件触发的闭环系统的收敛速率，见声明 3.2 的证明。

声明 3.1　在满足假设 3.4 的情况下，如果关联增益满足条件(3.56)，那么存在小于恒等函数的 $\mathcal{K}_\infty$ 函数 $\bar{\gamma}_z^x$、$\bar{\gamma}_z^w$、$\bar{\gamma}_x^z$、$\bar{\gamma}_x^w$ 使得

$$\bar{V}_z(z) \geqslant \max\{\bar{\gamma}_z^x(\bar{V}_x(x)), \bar{\gamma}_z^w(|w|)\}$$
$$\Rightarrow \nabla\bar{V}_z(z)h(z, x, w) \leqslant -\bar{\alpha}_z(\bar{V}_z(z)) \quad \text{a.e.} \tag{3.61}$$
$$\bar{V}_x(x) \geqslant \max\{\bar{\gamma}_x^z(\bar{V}_z(z)), \bar{\gamma}_x^w(|w|)\}$$
$$\Rightarrow \nabla\bar{V}_x(x)f(x, z, w) \leqslant -\bar{\alpha}_x(\bar{V}_x(x)) \quad \text{a.e.} \tag{3.62}$$

其中，对于几乎所有的 $s > 0$，连续且正定的函数 $\bar{\alpha}_z$ 和 $\bar{\alpha}_x$ 分别满足

$$\bar{\alpha}_z(s) \leqslant \partial\sigma_z(\sigma_z^{-1}(s))\alpha_z(\sigma_z^{-1}(s)) \tag{3.63}$$

$$\bar{\alpha}_x(s) \leqslant \partial\sigma_x(\sigma_x^{-1}(s))\alpha_x(\sigma_x^{-1}(s)) \tag{3.64}$$

证明　此处仅证明性质(3.61)。性质(3.62)的证明思路与之相同。

由于 $\sigma_z \in \mathcal{K}_\infty$，因此 $\bar{V}_z$ 是正定且径向无界的函数。选取 $\bar{\gamma}_z^x, \bar{\gamma}_z^w \in \mathcal{K}_\infty$ 使得

$$(\breve{\gamma}_x^w)^{-1} \circ \hat{\gamma}_x^z \circ \gamma_z^x \circ \breve{\gamma}_x^w \leqslant \bar{\gamma}_z^x < \mathrm{Id} \tag{3.65}$$

$$(\hat{\gamma}_z^w)^{-1} \circ \gamma_z^w \leqslant \bar{\gamma}_z^w < \mathrm{Id} \tag{3.66}$$

增益条件 $(\breve{\gamma}_x^w)^{-1} \circ \hat{\gamma}_x^z \circ \gamma_z^x \circ \breve{\gamma}_x^w < (\hat{\gamma}_x^w)^{-1} \circ \breve{\gamma}_x^w = \mathrm{Id}$ 和 $(\hat{\gamma}_z^w)^{-1} \circ \gamma_z^w < \mathrm{Id}$ 能保证 $\bar{\gamma}_z^x$ 和 $\bar{\gamma}_z^w$ 的存在性。

性质 $\bar{V}_z(z) \geqslant \bar{\gamma}_z^x(\bar{V}_x(x))$ 表明 $\bar{V}_z(z) \geqslant (\breve{\gamma}_x^w)^{-1} \circ \hat{\gamma}_x^z \circ \gamma_z^x \circ \breve{\gamma}_x^w(\bar{V}_x(x))$。利用 $\bar{V}_z$ 和 $\bar{V}_x$ 的定义可得 $(\breve{\gamma}_x^w)^{-1} \circ \hat{\gamma}_x^z(V_z(z)) \geqslant (\breve{\gamma}_x^w)^{-1} \circ \hat{\gamma}_x^z \circ \gamma_z^x \circ \breve{\gamma}_x^w \circ (\breve{\gamma}_x^w)^{-1}(V_x(x))$，其说明 $V_z(z) \geqslant \gamma_z^x(V_x(x))$。同时，$\bar{V}_z(z) \geqslant \bar{\gamma}_z^w(|w|)$ 表明 $(\hat{\gamma}_z^w)^{-1} \circ \hat{\gamma}_x^z(V_z(z)) \geqslant (\hat{\gamma}_z^w)^{-1} \circ \gamma_z^w(|w|)$，从而可得 $V_z(z) \geqslant (\hat{\gamma}_x^z)^{-1} \circ \hat{\gamma}_x^z \circ (\hat{\gamma}_z^w)^{-1} \circ \gamma_z^w(|w|) \geqslant \gamma_z^w(|w|)$。由上述讨论，可得

$$\bar{V}_z(z) \geqslant \max\{\bar{\gamma}_z^x(\bar{V}_x(x)), \bar{\gamma}_z^w(|w|)\}$$

$$\Rightarrow V_z(z) \geqslant \max\{\gamma_z^x(V_x(x)), \gamma_z^w(|w|)\} \tag{3.67}$$

在此基础上，可利用性质(3.52)证明性质(3.61)。声明 3.1 证毕。 $\square$

为避免无限快采样且要保证 $\bigcup_{k \in \mathbb{S}}[t_k, t_{k+1}) = [0, \infty)$，$\eta$ 的递减速率要与 $V(z, x, \eta)$ 的递减速率保持一致。接下来讨论 $V(z, x, \eta)$ 的递减速率。

由 V 的定义(3.60)可知，$V(z(t), x(t), \eta(t))$ 的递减速率依赖于 $V_z(z(t))$、$V_x(x(t))$、$\eta(t)$。声明 3.2 给出了 $V(z(t), x(t), \eta(t))$ 递减速率大小的上界。

声明 3.2 考虑由 z-子系统(3.48)、x-子系统(3.49)、η-子系统(3.44)、条件(3.54)、条件(3.58)构成的关联系统。在满足假设 3.4 的情况下，如果满足小增益条件(3.56)，并且 Ω 是局部利普希茨且正定的，那么存在一个连续的、局部利普希茨的、正定的函数 α_V，使得对于任意 $V(z(0), x(0), \eta(0))$，

$$V(z(t), x(t), \eta(t)) \leqslant \eta(t) \tag{3.68}$$

对所有 $t \in \bigcup_{k \in \mathbb{S}}[t_k, t_{k+1})$ 都成立，其中，选取 $\eta(0) = V(z(0), x(0), \eta(0))$，$\eta(t)$ 是如下动态系统的解：

$$\dot{\eta}(t) = -\alpha_V(\eta(t)) \tag{3.69}$$

而且，如果存在一个正的常数 Δ 使得：① Ω 满足条件(3.57)；② 存在一个 $T^O \in \bigcup_{k \in \mathbb{S}}[t_k, t_{k+1})$ 使得 $V(z(t), x(t), \eta(t)) \leqslant \Delta$ 对所有 $T^O \leqslant t < \sup \bigcup_{k \in \mathbb{S}}[t_k, t_{k+1})$ 都成立。那么性质(3.68)对所有 $T^O \leqslant t < \sup \bigcup_{k \in \mathbb{S}}[t_k, t_{k+1})$ 都成立。

证明　结合基于李雅普诺夫的多回路非线性小增益定理和比较原理，可以证明性质(3.68)成立。

假设声明 3.2 中条件 ① 和 ② 成立，那么利用声明 3.1，可以证明性质(3.61)和性质(3.62)成立，并且

$$\bar{\alpha}_z = \bar{\alpha}_x = \Omega \tag{3.70}$$

对所有满足 $V(z, x, \eta) < \Delta$ 的 $[z^{\mathrm{T}}, x^{\mathrm{T}}, \eta]^{\mathrm{T}}$ 都成立。

定义 $v_1(t) = \bar{V}_z(z(t))$、$v_2(t) = \bar{V}_x(x(t))$、$v_3(t) = \eta(t)$、$v(t) = V(z(t), x(t), \eta(t))$，可得 $v(t) = \max\{v_1(t), v_2(t), v_3(t)\}$。

接下来证明

$$D^+ v(t) \leqslant -\Omega(v(t)) \tag{3.71}$$

对所有 $T^O \leqslant t < \sup \bigcup_{k \in \mathbb{S}} [t_k, t_{k+1})$ 都成立，其中

$$D^+ v(t) = \limsup_{h \to 0^+} \frac{v(t+h) - v(t)}{h} \tag{3.72}$$

考虑满足 $T^O \leqslant t < \sup \bigcup_{k \in \mathbb{S}} [t_k, t_{k+1})$ 的特定时刻 t。当 $v_1(t) = v(t) > 0$、$\bar{V}_z(z(t)) = V(z(t), x(t), \eta(t)) > 0$ 时，由于 $\bar{\gamma}_z^x < \mathrm{Id}$ 和 $\bar{\gamma}_z^w < \mathrm{Id}$，因此存在一个领域 $[p_z^{\mathrm{T}}, p_x^{\mathrm{T}}, p_\eta] \in \Theta$ 使得 $\bar{V}_z(p_z) \geqslant \max\{\bar{\gamma}_z^x(\bar{V}_x(p_x)), \bar{\gamma}_z^w(p_\eta)\}$ 和 $\nabla \bar{V}_z(p_z)$ 均存在。那么利用 $\bar{V}_z(z(t)), \bar{V}_x(x(t))$ 关于 t 的连续性，可以证明存在 $t' > t$ 使得

$$\bar{V}_z(z(\tau)) \geqslant \max\{\bar{\gamma}_z^x(\bar{V}_x(x(\tau))), \bar{\gamma}_z^w(|\eta(\tau)|)\} \geqslant \max\{\bar{\gamma}_z^x(\bar{V}_x(x(\tau))), \bar{\gamma}_z^w(|w(\tau)|)\} \tag{3.73}$$

对所有 $\tau \in (t, t')$ 都成立，其说明

$$\nabla \bar{V}_z(z(\tau)) h(z(\tau), x(\tau), w(\tau)) \leqslant -\Omega(\bar{V}_z(z(\tau))) \tag{3.74}$$

对所有 $\tau \in (t, t')$ 都成立。因此，

$$D^+ v_1(t) \leqslant -\Omega(v_1(t)) \tag{3.75}$$

同理，如果 $v_2(t) = v(t)$，那么

$$D^+ v_2(t) \leqslant -\Omega(v_2(t)) \tag{3.76}$$

同时，可直接验证 $D^+ v_3(t) = -\Omega(v_3(t))$ 成立。

当 $T^O \leqslant t < \sup \bigcup_{k \in \mathbb{S}} [t_k, t_{k+1})$ 时，定义 $I(t) = \{i \in \{1, 2, 3\} : v_i(t) = v(t)\}$，那么

$$
\begin{aligned}
D^+ v(t) &= \max\{D^+ v_i(t) : i \in I(t)\} \\
&\leqslant \max\{-\Omega(v_i(t)) : i \in I(t)\} \\
&= \max\{-\Omega(v_i(t)) : v_i(t) = v(t), i = 1, 2, 3\} \\
&= -\Omega(v(t))
\end{aligned}
\tag{3.77}
$$

性质(3.71)得证。最后，直接利用比较原理就能够证明声明 3.2 成立。声明 3.2 证毕。 □

利用 Ω 的正定性，可直接证明由式(3.45)和式(3.55)构成的动态系统生成的阈值信号 Ω 满足

$$
0 \leqslant \eta(t) \leqslant \eta(0)
\tag{3.78}
$$

对所有 $t \geqslant 0$ 都成立。并且，利用 Ω 局部利普希茨性质，可以证明存在正的常数 $\bar{c}$ 使得

$$
\Omega(s) \leqslant \bar{c} s
\tag{3.79}
$$

对所有 $0 \leqslant s \leqslant \eta(0)$ 都成立，并且满足

$$
\dot{\eta}(t) = -\Omega(\eta(t)) \geqslant -\bar{c}\eta(t)
\tag{3.80}
$$

直接利用比较原理（见文献 [228] 中的引理 3.4），可得

$$
\eta(\tau) \geqslant \eta(t) \mathrm{e}^{-\bar{c}(\tau - t)}
\tag{3.81}
$$

对所有 $\tau \geqslant t \geqslant 0$ 都成立。

由式(3.44)、式(3.45)、式(3.54)、式(3.55)构成的事件触发采样机制可知

$$
\begin{aligned}
\eta(t_{k+1}^-) &= |x(t_{k+1}) - x(t_k)| \\
&= \left| \int_{t_k}^{t_{k+1}} f(x(\tau), z(\tau), w(\tau)) \mathrm{d}\tau \right| \\
&\leqslant \int_{t_k}^{t_{k+1}} |f(x(\tau), z(\tau), w(\tau))| \, \mathrm{d}\tau
\end{aligned}
\tag{3.82}
$$

如果定理 3.4 中的所有条件均满足，那么由声明 3.2 可知，式(3.60)中定义的函数 V 满足性质(3.68)。利用 α_V 的正定性，可以证明对于任意初始条件 $V(z(0), x(0), \eta(0))$，

$$V(z(t), x(t), \eta(t)) \leqslant V(z(0), x(0), \eta(0)) \tag{3.83}$$

对所有 $t \in \bigcup_{k \in \mathbb{S}} [t_k, t_{k+1})$ 都成立。

如果 $V(z(0), x(0), \eta(0)) \leqslant \Delta$，那么取 $T^* = 0$；否则将 T^* 取作最先满足 $\eta(T^*) = \Delta$ 的时刻。此处 $\eta(t)$ 是以 $\eta(0) = V(z(0), x(0), \eta(0))$ 为初始条件的动态系统(3.69)的解。利用声明 3.2，可直接证明性质(3.68)对所有 $t \in \bigcup_{k \in \mathbb{S}} [t_k, t_{k+1})$ 都成立。

接下来通过讨论 $t_k \leqslant T^*$ 和 $t_k > T^*$ 两种情况来估计采样间隔的下界 $\Delta t_k = t_{k+1} - t_k$。

情况 1：$t_k \leqslant T^*$。在这种情况下，给定 $z(0)$、$x(0)$、$\eta(0)$ 和 T^*，将证明存在一个 $\Delta_0 > 0$ 使得 $\Delta t_k \geqslant \Delta_0$。同时，能够保证 $z(t)$、$x(t)$、$w(t)$ 对所有 $t \in [0, T^*]$ 都有定义，并且 $T^* \in \bigcup_{k \in \mathbb{S}} [t_k, t_{k+1})$。

性质(3.83)说明，存在一个依赖于初始状态且有限大的 $\Delta_s > 0$ 使得

$$\left| [z^{\mathrm{T}}(t), x^{\mathrm{T}}(t), \eta(t)]^{\mathrm{T}} \right| \leqslant \Delta_s \tag{3.84}$$

对所有 $t \in \bigcup_{k \in \mathbb{S}} [t_k, t_{k+1})$ 都成立。因此，可以证明存在一个 Δ_f 使得

$$|f(z(t), x(t), w(t))| \leqslant \Delta_f \tag{3.85}$$

对所有 $t \in \bigcup_{k \in \mathbb{S}} [t_k, t_{k+1})$ 都成立。利用性质(3.81)和性质(3.82)，可得

$$\eta(0)\mathrm{e}^{-\bar{c}(t_k + \Delta t_k)} \leqslant \int_{t_k}^{t_{k+1}} |f(x(\tau), z(\tau), w(\tau))|\,\mathrm{d}\tau$$

$$\leqslant (t_{k+1} - t_k)\Delta_f = \Delta t_k \Delta_f \tag{3.86}$$

即

$$\Delta t_k \mathrm{e}^{\bar{c}(t_k + \Delta t_k)} \geqslant \frac{\eta(0)}{\Delta_f} \tag{3.87}$$

如果 $t_k \leqslant T^*$，那么

$$\Delta t_k \mathrm{e}^{\bar{c}(T^* + \Delta t_k)} \geqslant \frac{\eta(0)}{\Delta_f} \tag{3.88}$$

可选取 Δ_0 满足 $\Delta_0 e^{\bar{c}(T^* + \Delta_0)} = \eta(0)/\Delta_f$。

情况 2: $t_k > T^*$。在这种情况下，给定 $z(T^*)$、$x(T^*)$ 和 $\eta(T^*)$，将证明存在一个 $\Delta_1 > 0$ 使得 $\Delta t_k \geqslant \Delta_1$。

利用性质(3.68)和 T^* 的定义，可得

$$V(z(t), x(t), \eta(t)) \leqslant \Delta \tag{3.89}$$

对所有 $T^* \leqslant t < \sup \bigcup_{k \in \mathbb{S}} [t_k, t_{k+1})$ 都成立。

选取 $\eta_1(T^*) = V(z(T^*), x(T^*), \eta(T^*))$。当 $t > T^*$ 时，考虑 $\eta_1(t)$ 满足

$$\dot{\eta}_1(t) = -\Omega(\eta_1(t)) \tag{3.90}$$

那么利用声明 3.2，可得 $V(z(t), x(t), \eta(t)) \leqslant \eta_1(t)$ 对所有 $T^* < t < \sup \bigcup_{k \in \mathbb{S}} [t_k, t_{k+1})$ 都成立。

同理，利用 V 的定义，可得 $V(z(t), x(t), \eta(t)) \geqslant \eta(t)$ 对所有 $t \in \bigcup_{k \in \mathbb{S}} [t_k, t_{k+1})$ 都成立。因此，

$$\eta(t) \leqslant V(z(t), x(t), \eta(t)) \leqslant \eta_1(t) \tag{3.91}$$

对所有 $T^* < t < \sup \bigcup_{k \in \mathbb{S}} [t_k, t_{k+1})$ 都成立。

与性质(3.81)的证明一致，可直接证明 $\eta_1(t)$ 对所有 $T^* < t < \sup \bigcup_{k \in \mathbb{S}} [t_k, t_{k+1})$ 都是正的。

定义

$$k_\eta = \frac{\eta_1(T^*)}{\eta(T^*)} \tag{3.92}$$

那么由性质(3.91)可得 $k_\eta \geqslant 1$。下面证明

$$\eta_1(t) \leqslant k_\eta \eta(t) \tag{3.93}$$

对所有 $T^* < t < \sup \bigcup_{k \in \mathbb{S}} [t_k, t_{k+1})$ 都成立。

由于 $\Omega(s)/s$ 在 $s \in (0, \Delta]$ 上是非减的，因此

$$\frac{\Omega(\eta_1)}{\eta_1} \geqslant \frac{\Omega(\eta_1/k_\eta)}{\eta_1/k_\eta} \tag{3.94}$$

这说明对于任意 $\eta_1 \in (0, \Delta]$，都有 $\Omega(\eta_1)/k_\eta \geqslant \Omega(\eta_1/k_\eta)$。那么利用 η_1 的定义(3.90)可得

$$\frac{1}{k_\eta}\dot{\eta}_1(t) = -\frac{1}{k_\eta}\Omega(\eta_1(t)) \leqslant -\Omega\left(\frac{1}{k_\eta}\eta_1(t)\right) \tag{3.95}$$

对所有 $T^* < t < \sup\bigcup_{k\in\mathbb{S}}[t_k, t_{k+1})$ 都成立。考虑系统(3.95)以 η_1/k_η 作为状态，以及由式(3.45)和式(3.55)构成的系统（以 η 作为状态），利用比较原理，可直接证明性质(3.93)成立。

如果 $(\sigma_z \circ \underline{\alpha}_z)^{-1}$ 和 $(\sigma_x \circ \underline{\alpha}_x)^{-1}$ 是局部利普希茨的函数，那么存在常数 $k_z, k_x > 0$ 使得

$$\eta_1(t) \geqslant V(z(t), x(t), \eta(t)) \geqslant \max\{k_z(|z(t)|), k_x(|x(t)|)\} \tag{3.96}$$

对所有 $T^* < t < \sup\bigcup_{k\in\mathbb{S}}[t_k, t_{k+1})$ 都成立。那么性质(3.93)说明

$$\eta(t) \geqslant \frac{1}{k_\eta}\max\{k_z(|z(t)|), k_x(|x(t)|)\} \tag{3.97}$$

对所有 $T^* < t < \sup\bigcup_{k\in\mathbb{S}}[t_k, t_{k+1})$ 都成立。

利用 f 的局部利普希茨性质，可以证明存在一个常数 $k_f > 0$ 使得

$$|f(z, x, w)| \leqslant k_f \max\{|z|, |x|, \eta\} \tag{3.98}$$

对所有满足 $V(z, x, \eta) \leqslant V(z(T^*), x(T^*), \eta(T^*))$ 的 (z, x, η) 都成立。

性质(3.82)、性质(3.97)、性质(3.98)共同说明

$$\begin{aligned}
\eta(t_{k+1}) &\leqslant (t_{k+1} - t_k)k_f \max_{t_k \leqslant \tau \leqslant t_{k+1}}\{|z(\tau)|, |x(\tau)|, \eta(\tau)\} \\
&\leqslant (t_{k+1} - t_k)k_f \max_{t_k \leqslant \tau \leqslant t_{k+1}}\{k_\eta\eta(\tau)/k_z, k_\eta\eta(\tau)/k_x, \eta(\tau)\} \\
&\leqslant \Delta t_k k_f \max\{k_\eta/k_z, k_\eta/k_x, 1\}\eta(t_k)
\end{aligned} \tag{3.99}$$

同时，注意到性质(3.81)能够保证

$$\eta(t_{k+1}) \geqslant \mathrm{e}^{-\bar{c}\Delta t_k}\eta(t_k) \tag{3.100}$$

因此，

$$\mathrm{e}^{-\bar{c}\Delta t_k} \leqslant \Delta t_k k_f \max\{k_\eta/k_z, k_\eta/k_x, 1\} \tag{3.101}$$

即

$$\Delta t_k \mathrm{e}^{\bar{c}\Delta t_k} \geqslant \frac{1}{k_f \max\{k_\eta/k_z, k_\eta/k_x, 1\}} \tag{3.102}$$

那么可选取 Δ_1 满足 $\Delta_1 \mathrm{e}^{\bar{c}\Delta_1} \geqslant 1/(k_f \max\{k_\eta/k_z, k_\eta/k_x, 1\})$。

下面考虑三种情况 ① $\mathbb{S} = \mathbb{Z}_+$ 和 $\lim\limits_{k\to\infty} t_k < \infty$；② $\mathbb{S} = \mathbb{Z}_+$ 和 $\lim\limits_{k\to\infty} t_k = \infty$；③ $\mathbb{S} = \{0, \cdots, k^*\}$, $k^* \in \mathbb{Z}_+$。

（1）在情况 ① 中，$\inf\limits_{k\in\mathbb{S}}\{t_{k+1} - t_k\} = 0$，其与性质(3.88)和性质(3.102)相冲突。因此，情况 ① 不可能发生。

（2）在情况 ② 中，$\bigcup\limits_{k\in\mathbb{S}}[t_k, t_{k+1}) = [0, \infty)$，其说明性质(3.68)对所有 $t \in [0, \infty)$ 都成立。

（3）在情况 ③ 中，由于 $t_{k^*+1} = T_{\max}$，因此 $\bigcup\limits_{k\in\mathbb{S}}[t_k, t_{k+1}) = [0, T_{\max})$，并且性质(3.68)对所有 $t \in [0, T_{\max})$ 都成立。利用解的连续性[324] 可得 $\bar{x}(t)$ 对所有 $t \in [0, \infty)$ 都有定义，即 $T_{\max} = \infty$。 □

定理 3.4中事件触发采样机制的阈值信号 η 是由式(3.45)和式(3.55)生成的，其系统动力学仅依赖于 η。为增大采样间隔，可以进一步利用被控对象的输出信息，并将函数 f_2 取作 $f_2(\eta, y, w) = -\Omega(\eta, y)$，其中，$\Omega : \mathbb{R}_+ \times \mathbb{R}^n \to \mathbb{R}_+$ 是正定的且在紧集上利普希茨的函数。详细讨论见文献 [24]。

第 4 章   鲁棒动态事件触发采样机制设计

本章研究当非线性控制系统受到动态不确定性和外部干扰作用时如何设计鲁棒动态事件触发采样机制，使得事件触发的闭环系统状态有界且趋近于与动态不确定性和干扰有关的误差范围内。

4.1   全局扇形域条件下的鲁棒事件触发控制

4.1.1   问题描述

考虑如下非线性被控对象：

$$\dot{x}(t) = f(x(t), u(t), d(t)) \tag{4.1}$$

其中，$d \in \mathbb{R}^{n_d}$ 表示外部干扰，其他各变量的定义与被控对象(3.1)一致。假设 d 是分段连续且有界的信号。

对于被控对象(4.1)，假设存在如下形式的事件触发控制器：

$$u(t) = \kappa(x(t_k)), \quad t \in [t_k, t_{k+1}), \quad k \in \mathbb{S} \subseteq \mathbb{Z}_+ \tag{4.2}$$

定义采样误差

$$w(t) = x(t_k) - x(t), \quad t \in [t_k, t_{k+1}), \quad k \in \mathbb{S} \tag{4.3}$$

那么控制器(4.2)可等价地写作

$$u(t) = \kappa(x(t) + w(t)) \tag{4.4}$$

将控制器(4.4)代入被控对象(4.1)可得

$$\dot{x}(t) = f(x(t), \kappa(x(t) + w(t)), d(t))$$

$$:= g(x(t), w(t), d(t)) \tag{4.5}$$

本章仅考虑如何设计兼顾鲁棒性和收敛性的事件触发采样机制。假设存在已知的、对采样误差鲁棒的控制器 κ 使得受控系统具有输入到状态稳定性。

假设 4.1　受控系统(4.5)以 w 和 d 为输入是输入到状态稳定的，并且具有一个连续可导的输入到状态稳定李雅普诺夫函数 $V_x : \mathbb{R}^n \to \mathbb{R}_+$，满足：

（1）存在常数 $\underline{\alpha}_x, \overline{\alpha}_x > 0$ 使得

$$\underline{\alpha}_x |x|^2 \leqslant V_x(x) \leqslant \overline{\alpha}_x |x|^2 \tag{4.6}$$

对所有 $x \in \mathbb{R}^n$ 都成立。

（2）存在常数 $\alpha_x, k_x^w, k_x^d > 0$ 使得

$$V_x(x) \geqslant \max\{k_x^w |w|^2, k_x^d |d|^2\}$$
$$\Rightarrow \nabla V_x(x) g(x, w, d) \leqslant -\alpha_x V_x(x) \tag{4.7}$$

对所有 $x \in \mathbb{R}^n$、$w \in \mathbb{R}^n$、$d \in \mathbb{R}^{n_d}$ 都成立。

本节考虑受控系统动力学满足如下扇形域条件的情形。

假设 4.2　存在正的常数 L_g^x、L_g^w、L_g^d 使得

$$|g(x, w, d)| \leqslant L_g^x |x| + L_g^w |w| + L_g^d |d| \tag{4.8}$$

对所有 $x \in \mathbb{R}^n$、$w \in \mathbb{R}^n$、$d \in \mathbb{R}^{n_d}$ 都成立。

针对受控系统(4.5)，本节设计一类动态事件触发采样机制来实现如下两个控制目标：

（1）存在常数 $T_\Delta > 0$ 使得

$$\inf_{k \in \mathbb{S}} \{t_{k+1} - t_k\} \geqslant T_\Delta \tag{4.9}$$

（2）事件触发的闭环系统以干扰 d 为输入是输入到状态稳定的。

4.1.2　主要结果

阈值信号中包含常数偏移量的事件触发采样机制（见例 1.4）能够解决受干扰影响时的事件触发采样机制可能出现的无限快采样问题，但其仅能够实现实用镇定。为实现输入到状态镇定，本章在阈值信号中引入一个新的动态估计项，用其代替常数偏移量。具体，考虑如下动态事件触发采样机制：

$$t_{k+1} = \inf\{t > t_k : |w(t)| \geqslant \max\{k_w^x |x(t)|, k_w^d \varsigma(t)\}\}, \quad t_0 = 0 \tag{4.10}$$

其中，增益 $k_w^x, k_w^d > 0$，信号 ς 定义为

$$\varsigma = \max\{\varsigma_1, \varsigma_2\} \tag{4.11}$$

其中的信号 $\varsigma_1 : \mathbb{R}_+ \to \mathbb{R}_+$ 由如下动态系统生成：

$$\dot{\varsigma}_1(t) = -\varphi(\varsigma_1(t)) \tag{4.12}$$

其中，$\varsigma_1(0) > 0$，$\varphi : \mathbb{R}_+ \to \mathbb{R}_+$ 是正定函数，信号 $\varsigma_2 : \mathbb{R}_+ \to \mathbb{R}_+$ 用来估计干扰 d 的影响。

正的且渐近收敛的信号 ς_1 能够保证阈值信号 ς 始终是正的。因此，事件触发采样机制(4.10)对所有 $x \in \mathbb{R}^n$ 和 $\varsigma \in \mathbb{R}_+$ 都有定义，从而在闭环系统分析时无须考虑 $x = 0$ 且 $\varsigma = 0$ 这一特殊情况。

实现事件触发控制目标的关键在于合理设计动态估计项 ς_2。下面通过一个例子来说明 ς_2 的设计思路。

例 4.1　考虑如下一阶线性被控对象：

$$\dot{x}(t) = x(t) + u(t) + d(t) \tag{4.13}$$

其中，$x \in \mathbb{R}$ 是状态，$u \in \mathbb{R}$ 是控制输入，$d \in \mathbb{R}$ 表示外部干扰。

设计事件触发控制器

$$u(t) = -2x(t_k), \quad t \in [t_k, t_{k+1}), \quad k \in \mathbb{S} \tag{4.14}$$

将控制器(4.14)代入被控对象(4.13)可得受控系统

$$\dot{x}(t) = x(t) - 2x(t_k) + d(t), \quad t \in [t_k, t_{k+1}), \quad k \in \mathbb{S} \tag{4.15}$$

那么，对于任意 $k \in \mathbb{S}$，当 $t_k \leqslant t < t_{k+1}$ 时，受控系统以 $x(t_k)$ 为初始条件时的解可表示为

$$x(t) = (2 - \mathrm{e}^{(t-t_k)})x(t_k) + \int_{t_k}^{t} \mathrm{e}^{(t-\tau)}d(\tau)\,\mathrm{d}\tau \tag{4.16}$$

从而可得

$$|x(t) - x(t_k)| \leqslant (\mathrm{e}^{(t-t_k)} - 1)|x(t_k)| + \mathrm{e}^{(t-t_k)} \int_{t_k}^{t} |d(\tau)|\,\mathrm{d}\tau \tag{4.17}$$

当 $t = t_{k+1}$ 时，受控系统状态 x 的连续性能够保证式(4.17)仍然成立。在式(4.17)中，$\int_{t_k}^{t} |d(\tau)|\,\mathrm{d}\tau$ 反映了干扰对系统的影响。受此启发，设计 ς_2 来估计干扰对受控系统的影响：

$$\varsigma_2(t) = \begin{cases} 0, & t = t_0 = 0 \\ \dfrac{\max\{|x(t) - x(t_k)| - (\mathrm{e}^{(t-t_k)} - 1)|x(t_k)|, 0\}}{(t - t_k)\mathrm{e}^{(t-t_k)}}, & t \in (t_k, t_{k+1}] \end{cases} \tag{4.18}$$

图 4.1给出了动态估计项的设计思想。

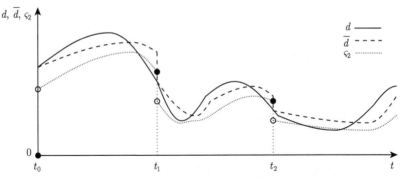

图 4.1 事件触发采样机制中动态估计值 ς_2

其中 $\bar{d}(t) = \displaystyle\int_{t_k}^{t} |d(\tau)|\,\mathrm{d}\tau/(t - t_k)$

图 4.2 给出了该事件触发控制系统的结构。

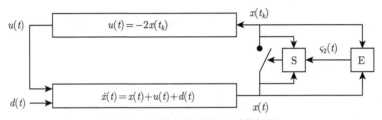

图 4.2 事件触发的闭环系统框图

其中 E 表示估计器(4.18)

由式(4.18)可知，当 $t \in [t_k, t_{k+1}]$ 时，受控系统状态轨迹满足

$$|x(t) - x(t_k)| \leqslant (\mathrm{e}^{(t-t_k)} - 1)|x(t_k)| + (t - t_k)\mathrm{e}^{(t-t_k)}\varsigma_2(t)$$

$$\leqslant (\mathrm{e}^{(t-t_k)} - 1)|x(t_k)| + (t - t_k)\mathrm{e}^{(t-t_k)}\varsigma(t)$$

$$\leqslant 2\max\{\mathrm{e}^{(t-t_k)} - 1, (t - t_k)\mathrm{e}^{(t-t_k)}\}\max\{|x(t_k)|, \varsigma(t)\} \quad (4.19)$$

对于任意 $k \in \mathbb{S}$，当 $t_k \leqslant t < t_{k+1}$ 时，事件触发采样机制(4.10)可直接保证

$$|x(t) - x(t_k)| \leqslant \max\{k_w^x|x(t)|, k_w^d\varsigma(t)\} \quad (4.20)$$

利用引理 A.3 可以证明，如果

$$|x(t) - x(t_k)| \leqslant \min\left\{\frac{k_w^x}{1 + k_w^x}, k_w^d\right\}\max\{|x(t_k)|, \varsigma(t)\}$$

$$\leqslant \max\left\{\frac{k_w^x}{1 + k_w^x}|x(t_k)|, k_w^d\varsigma(t)\right\} \quad (4.21)$$

那么条件(4.20)成立。在满足条件(4.19)和条件(4.21)的情况下，可以证明 t_{k+1} 不小于能够使

$$2 \max\{e^{(\tau - t_k)} - 1, (\tau - t_k)e^{(\tau - t_k)}\} \max\{|x(t_k)|, \varsigma(\tau)\}$$

$$\leqslant \min\left\{\frac{k_w^x}{1 + k_w^x}, k_w^d\right\} \max\{|x(t_k)|, \varsigma(\tau)\}, \quad \tau \in [t_k, t] \tag{4.22}$$

成立的最大的 t。

　　由信号 ς_1 的定义可知 ς 恒大于零，因此 $\max\{|x(t_k)|, \varsigma\}$ 非零。根据式(4.22)，选取 T_Δ 满足

$$2 \max\left\{e^{T_\Delta} - 1, T_\Delta e^{T_\Delta}\right\} = \min\left\{\frac{k_w^x}{1 + k_w^x}, k_w^d\right\} \tag{4.23}$$

由式(4.22)和式(4.23)可直接证明

$$\inf_{k \in \mathbb{S}}\{t_{k+1} - t_k\} \geqslant T_\Delta > 0 \tag{4.24}$$

这说明阈值信号中引入的动态估计项 ς_2 能保证采样间隔具有正的下界。这样就避免了无限快采样。

　　用 $x(t) + w(t)$ 替换式(4.15)中的 $x(t_k)$，可得

$$\dot{x}(t) = -x(t) - 2w(t) + d(t) \tag{4.25}$$

不难验证，受控系统(4.25)以 w 和 d 为输入是输入到状态稳定的。如图 4.3 所示，事件触发的闭环系统可看作是由式(4.25)和式(4.20)构成的关联系统。此外，由式(4.17)和式(4.18)可直接证明 ς_2 满足

$$\varsigma_2(t) \leqslant \frac{\displaystyle\int_{t_k}^{t} |d(\tau)|\,\mathrm{d}\tau}{t - t_k} = \operatorname*{avg}_{t_k \leqslant \tau \leqslant t} |d(\tau)| \tag{4.26}$$

此处 avg 表示函数的平均值。通过选取 k_w^x 满足小增益条件 $k_w^x \cdot k_x^w < 1$，即可保证闭环系统的输入到状态稳定性。

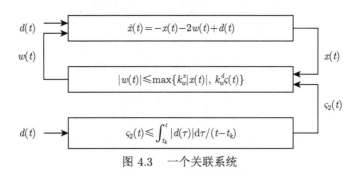

图 4.3　一个关联系统

利用例 4.1 中 ς_2 的设计思路,为受控系统(4.5)设计动态估计项

$$\varsigma_2(t) = \begin{cases} 0, & t = t_0 = 0 \\ \dfrac{\max\{|x(t) - x(t_k)| - L_g(E(t, t_k) - 1)|x(t_k)|, 0\}}{(t - t_k)L_g^d E(t, t_k)}, & t \in (t_k, t_{k+1}] \end{cases} \quad (4.27)$$

其中,$E(t, t_k) = \mathrm{e}^{(L_g^x + L_g^w)(t - t_k)}$,$L_g = L_g^x / (L_g^x + L_g^w)$。

估计算法(4.27)能够实施的关键是 $\lim\limits_{t \to t_k^+} \varsigma_2(t)$ 有定义。实际上,能够证明如

下性质:① $\lim\limits_{t \to t_k^+} \max\{|x(t) - x(t_k)| - L_g(E(t, t_k) - 1)|x(t_k)|, 0\} = 0$,$\lim\limits_{t \to t_k^+} (t -$

$t_k)L_g^d E(t, t_k) = 0$;② $\max\{|x(t) - x(t_k)| - L_g(E(t, t_k) - 1)|x(t_k)|, 0\}$ 和 $(t -$

$t_k)L_g^d E(t, t_k)$ 在 t_k 处的右导数存在;③ 当 t 趋于 t_k 时,$\dfrac{\mathrm{d}}{\mathrm{d}t}((t - t_k)L_g^d E(t, t_k)) \neq 0$。

在此基础上运用洛必达法则[325] 可直接证明 $\lim\limits_{t \to t_k^+} \varsigma_2(t)$ 的存在性。

定理 4.1给出了受控系统(4.5)动力学在满足全局扇形域约束条件时的输入到
状态镇定结果。

定理 4.1 在满足假设 4.1 和假设 4.2 的情况下,考虑由式(4.1)、式(4.2)、
式(4.10)~式(4.12)、式(4.27)构成的闭环系统。通过选取 k_w^x 满足

$$0 < k_w^x < \sqrt{\frac{\alpha_x}{k_x^w}} \quad (4.28)$$

通过选取 k_w^d 为任意的正的常数和 k_w^x 满足式(4.28),那么可实现 4.1.1节中的控制
目标(1)和(2)。

证明 首先证明存在正的常数 T_Δ 来实现 4.1.1 节中的控制目标(1),然后再
证明事件触发的闭环系统是输入到状态稳定的来实现 4.1.1 节中的控制目标(2)。

(a)采样间隔具有正的下界。

当 $t_k < t \leqslant t_{k+1}$ 时,由 ς_2 的定义(4.27)可知,受控系统(4.5)的解满足

$$\begin{aligned}
|x(t) - x(t_k)| &\leqslant \left(L_g \mathrm{e}^{L_g^{xw}(t - t_k)} - L_g\right)|x(t_k)| + (t - t_k)\mathrm{e}^{L_g^{xw}(t - t_k)} L_g^d \varsigma_2(t) \\
&\leqslant 2\max\left\{L_g \mathrm{e}^{L_g^{xw}(t - t_k)} - L_g, (t - t_k)\mathrm{e}^{L_g^{xw}(t - t_k)} L_g^d\right\} \\
&\quad \times \max\{|x(t_k)|, \varsigma_2(t)\} \\
&\leqslant 2\max\left\{L_g \mathrm{e}^{L_g^{xw}(t - t_k)} - L_g, (t - t_k)\mathrm{e}^{L_g^{xw}(t - t_k)} L_g^d\right\} \\
&\quad \times \max\{|x(t_k)|, \varsigma(t)\}
\end{aligned} \quad (4.29)$$

注意到,事件触发采样机制(4.10)可直接保证

$$|x(t) - x(t_k)| \leqslant \max\left\{ k_w^x |x(t)|, k_w^d \varsigma(t) \right\} \tag{4.30}$$

对所有 $t_k < t \leqslant t_{k+1}$ 都成立。于是，利用引理 A.3 可以证明，如果采样误差 w 在间隔 $[t_k, t]$ 内的上界限制在如下范围内：

$$|x(t) - x(t_k)| \leqslant \min\left\{ \frac{k_w^x}{1 + k_w^x}, k_w^d \right\} \max\{|x(t_k)|, \varsigma(t)\} \tag{4.31}$$

那么条件(4.30)就成立。因此，可以证明 t_{k+1} 不小于能够使

$$2\max\left\{ L_g \, \mathrm{e}^{L_g^{xw}(\tau - t_k)} - L_g, (\tau - t_k)\mathrm{e}^{L_g^{xw}(\tau - t_k)} L_g^d \right\} \max\{|x(t_k)|, \varsigma(\tau)\}$$

$$\leqslant \min\left\{ \frac{k_w^x}{1 + k_w^x}, k_w^d \right\} \max\{|x(t_k)|, \varsigma(\tau)\}, \quad \tau \in [t_k, t] \tag{4.32}$$

成立的最大的 t。

信号 ς_1 的定义保证 ς 恒大于零，因此 $\max\{|x(t_k)|, \varsigma\}$ 非零。根据式(4.32)，选取 T_Δ^* 满足

$$2\max\left\{ L_g \, \mathrm{e}^{L_g^{xw} T_\Delta^*} - L_g, T_\Delta^* \mathrm{e}^{L_g^{xw} T_\Delta^*} L_g^d \right\} = \min\left\{ \frac{k_w^x}{1 + k_w^x}, k_w^d \right\} \tag{4.33}$$

由式(4.32)和式(4.33)可直接证明

$$\inf_{k \in \mathbb{S}} \{t_{k+1} - t_k\} \geqslant T_\Delta^* \tag{4.34}$$

显然，$T_\Delta = T_\Delta^*$ 是采样间隔的一个正的下界。也就是说，$\inf\limits_{k \in \mathbb{S}}\{t_{k+1} - t_k\} \geqslant T_\Delta$。不仅如此，$T_\Delta$ 的大小不依赖于外部干扰。

（b）闭环系统的输入到状态稳定性。

由假设 4.2 和采样误差 w 在式(4.3)中的定义，对于任意 $k \in \mathbb{S}$，当 $t_k \leqslant t < t_{k+1}$ 时，可得

$$|\dot{x}(t)| \leqslant L_g^x |x(t)| + L_g^w |w(t)| + L_g^d |d(t)|$$

$$\leqslant L_g^x |x(t_k) - w(t)| + L_g^w |w(t)| + L_g^d |d(t)|$$

$$\leqslant (L_g^x + L_g^w)|w(t)| + L_g^x |x(t_k)| + L_g^d |d(t)|$$

$$:= L_g^{xw} |x(t) - x(t_k)| + L_g^x |x(t_k)| + L_g^d |d(t)| \tag{4.35}$$

由于 x 是时间 t 的连续函数，因此

$$D^+ |x(t_k) - x(t)| \leqslant |\dot{x}(t)|$$

$$\leqslant L_g^{xw}|x(t_k) - x(t)| + L_g^x|x(t_k)| + L_g^d|d(t)| \tag{4.36}$$

对所有 $t_k < t < t_{k+1}$ 都成立，其中

$$D^+|x(t_k) - x(t)| = \limsup_{h \to 0^+} \frac{|x(t_k) - x(t+h)| - |x(t_k) - x(t)|}{h} \tag{4.37}$$

对于任意 $k \in \mathbb{S}$，当 $t_k \leqslant t < t_{k+1}$ 时，利用比较原理（见文献 [228] 中的引理 3.4）可得

$$|x(t_k) - x(t)| \leqslant \int_{t_k}^t \mathrm{e}^{L_g^{xw}(t-\tau)}(L_g^x|x(t_k)| + L_g^d|d(\tau)|)\,\mathrm{d}\tau$$

$$\leqslant (L_g\,\mathrm{e}^{L_g^{xw}(t-t_k)} - L_g)|x(t_k)| + \mathrm{e}^{L_g^{xw}(t-t_k)}L_g^d \int_{t_k}^t |d(\tau)|\,\mathrm{d}\tau \tag{4.38}$$

再利用上述不等式两侧的连续性，当 $t = t_{k+1}$ 时，性质(4.38)仍成立。由式(4.27)和式(4.38)可得

$$\varsigma_2(t) \leqslant \frac{\displaystyle\int_{t_k}^t |d(\tau)|\,\mathrm{d}\tau}{t - t_k}$$

$$:= \operatorname*{avg}_{t_k \leqslant \tau \leqslant t} |d(\tau)|, \quad t \in (t_k, t_{k+1}], \quad k \in \mathbb{S} \tag{4.39}$$

对于任意 $k \in \mathbb{S}$，当 $t_k \leqslant t < t_{k+1}$ 时，事件触发采样机制(4.10)能保证

$$|x(t) - x(t_k)| \leqslant \max\{k_w^x|x(t)|, k_w^d\varsigma(t)\} \tag{4.40}$$

在满足条件(4.28)和条件(4.40)的情况下，对于任意 $k \in \mathbb{S}$，当 $t_k < t \leqslant t_{k+1}$ 时，性质(4.7)说明

$$V_x(x(t)) \geqslant \max\{k_x^w\,(k_w^d)^2(\varsigma(t))^2, k_x^d|d(t)|^2\}$$

$$\Rightarrow \nabla V_x(x(t))g(x(t), w(t), d(t)) \leqslant -\alpha_x V_x(x(t)) \tag{4.41}$$

在此基础上，将式(4.11)和式(4.39)代入式(4.41)中，对于任意的 $k \in \mathbb{S}$，当 $t_k < t \leqslant t_{k+1}$ 时，有

$$V_x(x(t)) \geqslant \max\{k_x^w\,(k_w^d)^2\varsigma_1^2(t), k_x^w\,(k_w^d)^2 \operatorname*{avg}_{t_k \leqslant \tau \leqslant t} |d(\tau)|^2, k_x^d|d(t)|^2\}$$

$$\Rightarrow \nabla V_x(x(t))g(x(t), w(t), d(t)) \leqslant -\alpha_x V_x(x(t)) \tag{4.42}$$

性质(4.35)保证采样间隔具有正的下界。也就是说，不会出现无限快采样。由于 $x(t)$ 在 $t \in [0, T_{\max})$ 上有界，利用解的连续性，可得 $T_{\max} = \infty$。由性质(4.6)和性质(4.42)可知，存在 $\beta \in \mathcal{KL}$ 和 $\gamma_{\varsigma_1}, \gamma_d > 0$ 使得

$$|x(t)| \leqslant \max\{\beta(|x(0)|, t), \gamma_{\varsigma_1}\|\varsigma_1\|_\infty, \gamma_d\|d\|_\infty\} \qquad (4.43)$$

对所有 $t \geqslant 0$ 都成立。这说明当式(4.7)中的 k_x^w 和式(4.10)中的 k_x^x 满足小增益条件(4.28)时，由受控系统(4.5)和事件触发采样机制(4.10)构成的关联系统以 x 为状态并以 (ς_1, d) 为输入是输入到状态稳定的。证明思路见文献 [229] 中引理 2.14。利用 2.4.1节中基于轨迹的非线性小增益定理能够证明存在 $\bar{\beta} \in \mathcal{KL}$ 和 $\bar{\gamma}_d \in \mathcal{K}$ 使得

$$|\bar{x}(t)| \leqslant \max\{\bar{\beta}(|\bar{x}(0)|, t), \bar{\gamma}_d(\|d\|_\infty)\} \qquad (4.44)$$

对所有 $t \geqslant 0$ 都成立，其中，$\bar{x} = [x^{\mathrm{T}}, \varsigma_1]^{\mathrm{T}}$。这说明当式(4.7)中的 k_x^w 和式(4.10)中的 k_w^x 满足小增益条件(4.28)时，由前述关联系统与 ς_1-子系统(4.12)构成的串联系统以 (x, ς_1) 为状态和以 d 为输入是输入到状态稳定的。　　□

　　从定理 4.1 的证明可以看出，存在一个已知的、正的常数 T_Δ 使得

$$|x(t) - x(t_k)| \leqslant \max\{k_w^x|x(t)|, k_w^d\varsigma(t)\} \qquad (4.45)$$

对所有 $t \in [t_k, t_k + T_\Delta]$ 都成立，并且只要采样间隔不大于 T_Δ 都能够保证闭环系统的输入到状态稳定性。于是，可直接引入 T_Δ 来辅助触发采样：

$$t_{k+1} = \inf\{t \geqslant t_k + T_\Delta : |w(t)| \geqslant \max\{k_w^x|x(t)|, k_w^d\varsigma(t)\}\}, \quad t_0 = 0 \qquad (4.46)$$

其中，$k_w^x > 0$ 满足条件(4.28)，$k_w^d > 0$ 是任意正的常数。当 $t \in [t_k + T_\Delta, t_{k+1}]$ 时，ς_2 仍然设计为式(4.27)。图 4.4给出了在事件触发采样机制中引入 T_Δ 的基本思想。

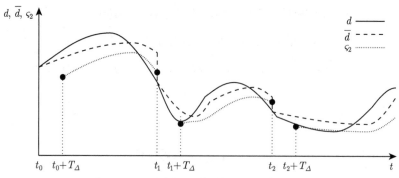

图 4.4　改进事件触发采样机制中信号 ς_2

其中，T_Δ 满足条件(4.47)，$\bar{d}(t) = \int_{t_k}^t |d(\tau)|\,\mathrm{d}\tau/(t - t_k)$

定理 4.2 在满足假设 4.1 和假设 4.2 的情况下，考虑由式(4.1)、式(4.2)、式(4.11)、式(4.12)、式(4.27)、式(4.46)构成的闭环系统。选取：① $k_w^x > 0$ 满足条件(4.28)；② k_w^d 为任意正的常数；③ T_Δ 满足

$$\phi(T_\Delta) = \min\left\{\frac{k_w^x}{1 + k_w^x}, k_w^d\right\} \tag{4.47}$$

其中，$\phi(T_\Delta) = 2\max\{L_g^x(\mathrm{e}^{(L_g^x + L_g^w)T_\Delta} - 1)/(L_g^x + L_g^w), L_g^d \mathrm{e}^{(L_g^x + L_g^w)T_\Delta} T_\Delta\}$。那么 4.1.1节中的控制目标（1）和（2）能够实现。

接下来通过仿真来验证事件触发采样机制(4.46)的有效性。考虑例 4.1 中的被控对象。选取 $k_w^x = 0.35$、$k_w^d = 1$、$T_\Delta = 0.1$、$\varphi(s) = s$。图 4.5～图 4.8 中给出了以 $x(0) = 2$ 和 $\varsigma_1(0) = 0.4$ 为初始条件的仿真结果，验证了事件触发采样机制(4.46)的有效性。

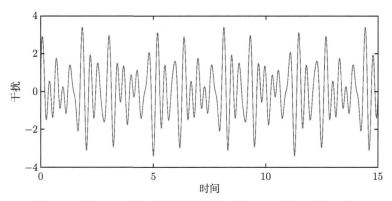

图 4.5 例 4.1 中用于事件触发采样机制(4.46)仿真的外部干扰

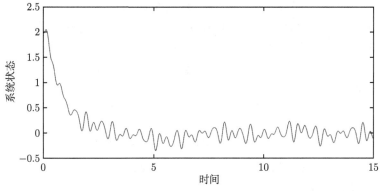

图 4.6 例 4.1 中基于事件触发采样机制(4.46)的闭环系统状态轨迹

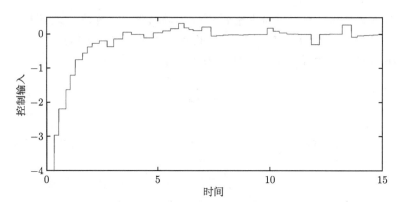

图 4.7 例 4.1 中基于事件触发采样机制(4.46)的控制输入

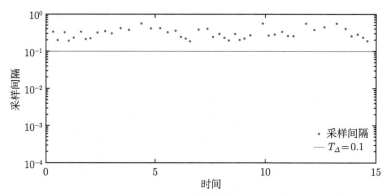

图 4.8 例 4.1 中基于事件触发采样机制(4.46)的采样间隔

4.2 非线性系统的鲁棒事件触发控制

4.1 节的讨论假设受控系统动力学 g 满足全局扇形域条件（假设 4.2），提出了一类动态事件触发采样机制，通过在阈值信号中引入动态估计项来估计扰动对闭环系统的影响，从而解决了存在外部干扰时的事件触发控制问题。本节进一步解决当受控系统动力学不满足全局扇形域条件时的事件触发控制问题。具体而言，使用如下的假设 4.3 替换假设 4.2。

假设 4.3 *存在正且非减的函数 $L_g^a : \mathbb{R}_+ \to \mathbb{R}_+$ 使得*

$$|g(x,w,d)| \leqslant L_g^a(\max\{|x|,|w|,|d|\})(\max\{|x|,|w|,|d|\}) \tag{4.48}$$

对所有 $x \in \mathbb{R}^n$、$w \in \mathbb{R}^n$、$d \in \mathbb{R}^{n_d}$ 都成立；并且存在正且非减的函数 $L_g^b : \mathbb{R}_+ \to \mathbb{R}_+$ 和一类 $\mathcal{K}_\infty$ 函数 ρ 使得

$$|g(x,w,d) - g(x,w,0)| \leqslant L_g^b(\max\{|x|,|w|\})\rho(|d|) \tag{4.49}$$

对所有 $x \in \mathbb{R}^n$、$w \in \mathbb{R}^n$、$d \in \mathbb{R}^{n_d}$ 都成立。

与假设 4.1 一致，假设受控系统(4.5)是输入到状态稳定的。

假设 4.4 受控系统(4.5)以 w 和 d 为输入是输入到状态稳定的，并且具有输入到状态稳定李雅普诺夫函数 $V_x : \mathbb{R}^n \to \mathbb{R}_+$，满足：

（1）存在 $\underline{\alpha}_x, \overline{\alpha}_x \in \mathcal{K}_\infty$ 使得

$$\underline{\alpha}_x(|x|) \leqslant V_x(x) \leqslant \overline{\alpha}_x(|x|) \tag{4.50}$$

对所有 $x \in \mathbb{R}^n$ 都成立。

（2）存在 $\gamma_x^w, \gamma_x^d \in \mathcal{K}_\infty$ 和正定函数 α_x 使得

$$V_x(x) \geqslant \max\{\gamma_x^w(|w|), \gamma_x^d(|d|)\}$$
$$\Rightarrow \nabla V_x(x) g(x, w, d) \leqslant -\alpha_x(V_x(x)) \tag{4.51}$$

对所有 $x \in \mathbb{R}^n$、$w \in \mathbb{R}^n$、$d \in \mathbb{R}^{n_d}$ 都成立。

受 4.1 节研究的启发，设计如下动态事件触发采样机制：

$$t_{k+1} = \inf\{t > t_k : |w(t)| \geqslant \max\{\gamma_w^x(|x(t)|), \gamma_w^d(\varsigma(t))\}\}, \quad t_0 = 0 \tag{4.52}$$

其中，γ_w^x 和 γ_w^d 是 $\mathcal{K}_\infty$ 函数，并且其对应的反函数是局部利普希茨的，信号 ς 定义为

$$\varsigma = \max\{\varsigma_1, \varsigma_2\} \tag{4.53}$$

其中，信号 $\varsigma_1 : \mathbb{R}_+ \to \mathbb{R}_+$ 由如下动态系统生成：

$$\dot{\varsigma}_1(t) = -\varphi(\varsigma_1(t)) \tag{4.54}$$

并且其初始值 $\varsigma_1(0) > 0$，此处 $\varphi : \mathbb{R}_+ \to \mathbb{R}_+$ 是正定函数。设计如下动态估计项：

$$\varsigma_2(t) = \begin{cases} 0, & t = t_0 = 0 \\ \dfrac{1}{(t - t_k)L_g^b(M(t, t_k))} \max\{|x(\tau) - x(t_k)|_{t_k}^t \\ \quad -(t - t_k)L_g^a(M(t, t_k))(M(t, t_k)), 0\}, & t \in (t_k, t_{k+1}] \end{cases} \tag{4.55}$$

其中，对于任意 $k \in \mathbb{S}$，$M(t, t_k) := \max\{|x(\tau)|_{t_k}^t, |w(\tau)|_{t_k}^t\}$，$|A(\tau)|_a^b$ 表示函数 A 在 $\tau \in [a, b]$ 区间（$0 \leqslant a \leqslant b$）的上确界。

定理 4.3 给出了不假设全局扇形域约束情况下基于动态事件触发采样机制实现输入到状态镇定的结果。

定理 4.3　在满足假设 4.3 和假设 4.4 的情况下，考虑由式(4.1)、式(4.2)、式(4.52)～式(4.55)构成的闭环系统。通过选取函数 γ_w^x 和 γ_w^d 满足：① $\gamma_w^x \in \mathcal{K}_\infty$ 且 $(\gamma_w^x)^{-1}$ 是局部利普希茨的函数；② γ_w^x 满足

$$\underline{\alpha}_x^{-1} \circ \gamma_x^w \circ \gamma_w^x < \mathrm{Id} \tag{4.56}$$

③ $\gamma_w^d \in \mathcal{K}_\infty$ 且 $(\gamma_w^d)^{-1}$ 是局部利普希茨的函数。那么能够实现 4.1.1 节中的控制目标（1）和（2）。

证明　同定理 4.1 的证明思路一致,仍然先证明存在正的常数 T_Δ 使得 $\inf\limits_{k \in \mathbb{S}}\{t_{k+1} - t_k\} \geqslant T_\Delta$，然后再证明事件触发的闭环系统是输入到状态稳定的。

（a）采样间隔具有正的下界。

定义

$$t'_{k+1} = \inf\left\{t > t_k : |w(\tau)|_{t_k}^t \geqslant \max\left\{\hat{\gamma}_w^x(|x(t_k)|), \gamma_w^d(\varsigma(t))\right\}\right\} \tag{4.57}$$

其中，$\hat{\gamma}_w^x(s) = \gamma_w^x \circ (\mathrm{Id} + \gamma_w^x)^{-1}(s)$。利用式(4.52)和式(4.57)不难验证，只要能够保证 $t'_{k+1} \leqslant t_{k+1}$，并且 $t'_{k+1} - t_k$ 具有正的下界，那么就能够证明 $\inf\limits_{k \in \mathbb{S}}\{t_{k+1} - t_k\}$ 具有正的下界。

利用引理 A.3 可直接证明,如果 $|x(\tau) - x(t_k)|_{t_k}^t \leqslant \max\{\hat{\gamma}_w^x(|x(t_k)|), \gamma_w^d(\varsigma(t))\}$，那么 $|x(t) - x(t_k)| \leqslant \max\{\gamma_w^x(|x(t)|), \gamma_w^d(\varsigma(t))\}$。因此可得

$$t'_{k+1} \leqslant t_{k+1} \tag{4.58}$$

接下来证明 $t'_{k+1} - t_k$ 具有正的下界。

对于任意 $k \in \mathbb{S}$, 当 $t_k \leqslant t < t'_{k+1}$ 时，由采样误差 w 在式(4.3)中的定义，可直接验证

$$|x(\tau)|_{t_k}^t = |x(t_k) - w(\tau)|_{t_k}^t$$
$$\leqslant |x(t_k)| + |w(\tau)|_{t_k}^t \tag{4.59}$$

对于任意 $k \in \mathbb{S}$, 当 $t_k \leqslant t < t'_{k+1}$ 时，由动态估计项 ς_2 在式(4.55)中的定义，可得

$$
\begin{aligned}
|w(\tau)|_{t_k}^t \leqslant\ & (t - t_k)L_g^a\left(\max\left\{|x(t_k)| + |w(\tau)|_{t_k}^t, |w(\tau)|_{t_k}^t\right\}\right)\\
& \times \max\left\{|x(t_k)| + |w(\tau)|_{t_k}^t, |w(\tau)|_{t_k}^t\right\}\\
& + (t - t_k)L_g^b\left(\max\left\{|x(t_k)| + |w(\tau)|_{t_k}^t, |w(\tau)|_{t_k}^t\right\}\right)\varsigma_2(t)\\
=:\ & (t - t_k)\Big(\hat{L}_g^a\left(\max\left\{|x(t_k)|, |w(\tau)|_{t_k}^t\right\}\right)\max\left\{|x(t_k)|, |w(\tau)|_{t_k}^t\right\}\\
& + \hat{L}_g^b\left(\max\left\{|x(t_k)|, |w(\tau)|_{t_k}^t\right\}\right)\varsigma_2(t)\Big)
\end{aligned} \tag{4.60}
$$

利用引理 A.4 可以证明，对于任意 $\hat{\gamma}_w^x, \gamma_w^d \in \mathcal{K}_\infty$，存在正且非减的连续函数 $\tilde{L}_g^a$ 和 L_g^c 使得

$$\hat{L}_g^a \left(\max\left\{|x(t_k)|, |w(\tau)|_{t_k}^t\right\}\right) \max\left\{|x(t_k)|, |w(\tau)|_{t_k}^t\right\}$$

$$\leqslant \tilde{L}_g^a \left(\max\left\{|x(t_k)|, |w(\tau)|_{t_k}^t\right\}\right) \max\left\{\hat{\gamma}_w^x(|x(t_k)|), |w(\tau)|_{t_k}^t\right\} \tag{4.61}$$

且

$$\varsigma_2(t) \leqslant L_g^c(\varsigma_2(t))\gamma_w^d(\varsigma_2(t)) \tag{4.62}$$

将式(4.61)和式(4.62)代入式(4.60)的右侧，可得

$$|w(\tau)|_{t_k}^t$$

$$\leqslant (t - t_k)\Big(\tilde{L}_g^a \left(\max\left\{|x(t_k)|, |w(\tau)|_{t_k}^t\right\}\right) \max\left\{\hat{\gamma}_w^x(|x(t_k)|), \gamma_w^d(\varsigma_2(t))\right\}$$

$$+ \hat{L}_g^b \left(\max\left\{|x(t_k)|, |w(\tau)|_{t_k}^t\right\}\right) L_g^c(\varsigma_2(t))\gamma_w^d(\varsigma_2(t))\Big)$$

$$:= (t - t_k)\Big(L_g \left(\max\left\{|x(t_k)|, |w(\tau)|_{t_k}^t, \varsigma_2(t)\right\}\right) \max\left\{\hat{\gamma}_w^x(|x(t_k)|), \gamma_w^d(\varsigma_2(t))\right\}\Big) \tag{4.63}$$

对所有 $t_k \leqslant t < t'_{k+1}$ 都成立，其中 L_g 是正且非减的连续函数。

下面讨论 ς_2 和 d 之间的关系，其目的是将式(4.63)中变量 ς_2 替换成干扰 d。对于任意 $k \in \mathbb{S}$，当 $t_k \leqslant t < t'_{k+1}$ 时，沿着闭环系统的任意轨迹都有

$$|w(\tau)|_{t_k}^t = \left|\int_{t_k}^\tau g(x(\tau), w(\tau), d(\tau))\,\mathrm{d}\tau\right|_{t_k}^t$$

$$\leqslant \int_{t_k}^t \left(|g(x(\tau), w(\tau), 0)| + |g(x(\tau), w(\tau), d(\tau)) - g(x(\tau), w(\tau), 0)|\right)\mathrm{d}\tau \tag{4.64}$$

假设 4.3 中性质(4.48)代入性质(4.64)的右侧，可得

$$|w(\tau)|_{t_k}^t \leqslant (t - t_k)L_g^a \left(\max\left\{|x(\tau)|_{t_k}^t, |w(\tau)|_{t_k}^t\right\}\right) \max\left\{|x(\tau)|_{t_k}^t, |w(\tau)|_{t_k}^t\right\}$$

$$+ L_g^b \left(\max\left\{|x(\tau)|_{t_k}^t, |w(\tau)|_{t_k}^t\right\}\right) \int_{t_k}^t \rho(|d(\tau)|)\,\mathrm{d}\tau \tag{4.65}$$

对所有 $t \geqslant t_k$ 都成立。对于任意 $k \in \mathbb{S}$，当 $t_k \leqslant t < t'_{k+1}$ 时，由式(4.55)和式(4.65)可得

$$|\varsigma_2(\tau)|_{t_k}^t \leqslant \left| \frac{\int_{t_k}^{\tau} \rho(|d(\tau)|)\,\mathrm{d}\tau}{\tau - t_k} \right|_{t_k}^t \leqslant \rho\left(|d(\tau)|_{t_k}^t\right) \tag{4.66}$$

注意到式(4.55)中已定义 $\varsigma_2(0) = 0$，因此

$$|\varsigma_2(t)| \leqslant \rho\left(\|d\|_{[0,t]}\right) \tag{4.67}$$

在满足假设 4.3 的情况下，利用文献 [229] 中引理 2.14，能够证明存在 $\mathcal{K}$ 类函数 ψ、$\gamma_x^{w'}$、$\gamma_x^{d'}$ 使得

$$|x(t)| \leqslant \psi(|x(0)|) + \max\left\{\gamma_x^{w'}(\|w\|_{[0,t]}), \gamma_x^{d'}(\|d\|_{[0,t]})\right\}$$

$$:= \Delta_{[0,t]} \tag{4.68}$$

对所有 $0 \leqslant t < T_{\max}$ 都成立。将式(4.67)和式(4.68)代入式(4.63)，可以证明存在正且非减的连续函数 $\hat{L}_g$ 使得

$$|w(\tau)|_{t_k}^t \leqslant (t - t_k)\hat{L}_g\left(\max\left\{\Delta_{[0,t]}, \|d\|_{[0,t]}\right\}\right) \times \max\left\{\hat{\gamma}_w^x(|x(t_k)|), \gamma_w^d(\varsigma(t))\right\} \tag{4.69}$$

对所有 $t_k \leqslant t \leqslant t_{k+1}'$ 都成立。由连续性可知，当 $t = t_{k+1}'$ 时，式(4.69)仍然成立。

对于任意 $k \in \mathbb{S}$，当 $t_k \leqslant t < t_{k+1}'$ 时，事件触发采样机制(4.57)可直接保证

$$|w(\tau)|_{t_k}^t \leqslant \max\left\{\hat{\gamma}_w^x(|x(t_k)|), \gamma_w^d(\varsigma(t))\right\} \tag{4.70}$$

因此，t_{k+1}' 不小于能够使

$$(\tau - t_k)\hat{L}_g\left(\max\left\{\Delta_{[0,t]}, \|d\|_{[0,t]}\right\}\right)\max\left\{\hat{\gamma}_w^x(|x(t_k)|), \gamma_w^d(\varsigma(\tau))\right\}$$

$$\leqslant \max\left\{\hat{\gamma}_w^x(|x(t_k)|), \gamma_w^d(\varsigma(\tau))\right\}, \quad \tau \in [t_k, t] \tag{4.71}$$

成立的最大的 t。

信号 ς_1 的定义(4.54)保证 ς 非零，因此 $\max\{\hat{\gamma}_w^x(|x(t_k)|), \gamma_w^d(\varsigma(t_{k+1}'))\}$ 非零。定义

$$T_\Delta = \frac{1}{\hat{L}_g\left(\max\left\{\Delta_{[0,t_{k+1}']}, \|d\|_{[0,t_{k+1}']}\right\}\right)} \tag{4.72}$$

那么

$$t_{k+1}' - t_k \geqslant T_\Delta > 0 \tag{4.73}$$

由于 $\hat{L}_g$ 是正的函数，因此可直接验证 $T_\Delta > 0$。进一步结合性质(4.58)，可以证明采样间隔具有正的下界。图 4.9 给出性质(4.69)~性质(4.71)中变量之间的关系。为便于讨论，标记 $\Theta_1(t) = |w(\tau)|_{t_k}^t$，$\Theta_2(t) = \max\left\{\hat{\gamma}_w^x(|x(t_k)|), \gamma_w^d(\varsigma(t))\right\}$，$\Theta_3(t) = (t - t_k)\hat{L}_g\Big(\max\left\{\Delta_{[0,t]}, \|d\|_{[0,t]}\right\}\Big)\max\left\{\hat{\gamma}_w^x(|x(t_k)|), \gamma_w^d(\varsigma(t))\right\}$。

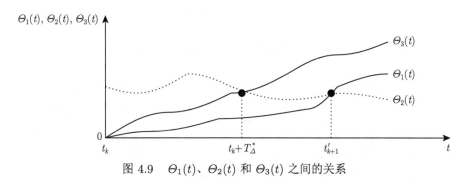

图 4.9　$\Theta_1(t)$、$\Theta_2(t)$ 和 $\Theta_3(t)$ 之间的关系

（b）闭环系统的输入到状态稳定性质。

对于任意 $k \in \mathbb{S}$，当 $t \in (t_k, t_{k+1}]$ 时，事件触发采样机制(4.52)可直接保证

$$|w(t)| \leqslant \max\left\{\gamma_w^x(|x(t)|), \gamma_w^d(\varsigma(t))\right\} \tag{4.74}$$

在满足条件(4.56)和条件(4.74)的情况下，性质(4.51)能够保证

$$V_x(x(t)) \geqslant \max\left\{\gamma_x^w \circ \gamma_w^d(\varsigma(t)), \gamma_x^d(|d(t)|)\right\}$$

$$\Rightarrow D^+ V_x(x(t))g(x(t), w(t), d(t)) \leqslant -\alpha_x(V_x(x(t))) \tag{4.75}$$

对所有 $t \in \bigcup_{k \in \mathbb{S}}(t_k, t_{k+1}]$ 都成立。

对于任意 $k \in \mathbb{S}$，当 $t \in (t_k, t_{k+1}]$ 时，由式(4.55)和式(4.65)可得

$$\varsigma(t) \leqslant \max\left\{\varsigma_1(t), \frac{\displaystyle\int_{t_k}^t \rho(|d(\tau)|)\,\mathrm{d}\tau}{t - t_k}\right\}$$

$$= \max\left\{\varsigma_1(t), \operatorname*{avg}_{t_k \leqslant \tau \leqslant t} \rho(|d(\tau)|)\right\} \tag{4.76}$$

将式(4.76)代入式(4.75)的右侧，可得

$$V_x(x(t)) \geqslant \max\left\{\gamma_x^d(|d(t)|), \bar{\gamma}_x^z(\varsigma_1(t)), \bar{\gamma}_x^z\left(\operatorname*{avg}_{t_k \leqslant \tau \leqslant t} \rho(|d(\tau)|)\right)\right\}$$

$$\Rightarrow D^+V_x(x(t))g(x(t),z(t),w(t),d(t)) \leqslant -\alpha_x(V_x(x(t))) \tag{4.77}$$

对所有 $t \in \bigcup\limits_{k\in\mathbb{S}}(t_k,t_{k+1}]$ 都成立，其中，$\bar{\gamma}_x^z(s) = \gamma_x^w \circ \gamma_x^d(s)$。

性质(4.73)保证采样间隔具有正的下界。也就是说，不会出现无限快采样。由于 $x(t)$ 在 $t \in [0,T_{\max}]$ 上有界，利用解的连续性，可得 $T_{\max}=\infty$。与性质(4.43)证明方法一致，由式(4.77)可直接证明存在 $\beta_x \in \mathcal{KL}$ 和 $\chi_x^{\varsigma_1}, \chi_x^d \in \mathcal{K}_\infty$ 使得

$$|x(t)| \leqslant \max\left\{\beta_x(|x(0)|,t), \chi_x^{\varsigma_1}(\|\varsigma_1\|_\infty), \chi_x^d(\|d\|_\infty)\right\} \tag{4.78}$$

对所有 $t \geqslant 0$ 都成立。这说明当式(4.51)中的 γ_x^w 和式(4.52)中的 γ_w^x 满足小增益条件(4.28)时，由受控系统(4.5)和事件触发采样机制(4.52)构成的关联系统以 x 为状态和以 (ς_1,d) 为输入是输入到状态稳定的。　　　　　　□

下面通过一个例子来验证事件触发采样机制(4.52)的有效性。

例 4.2　考虑如下非线性被控对象和采样控制器

$$\dot{x}(t) = x^2(t) + u(t) + d(t) \tag{4.79}$$

$$u(t) = -(9|x(t_k)|+9)x(t_k), \quad t \in [t_k,t_{k+1}), \quad k \in \mathbb{S} \tag{4.80}$$

其中，$x \in \mathbb{R}$ 是状态，$u \in \mathbb{R}$ 是控制输入，$d \in \mathbb{R}$ 表示外部干扰。

定义 $V_x(x) = 0.5x^2$。不难验证假设 4.3 和假设 4.4 成立，其中，$\underline{\alpha}_x(s) = \overline{\alpha}_x(s) = 0.5s^2, \gamma_x^w(s) = 2s^2, \gamma_x^d(s) = s, \alpha_x(s) = s, L_g^a(s) = 37s+19, L_g^b(s) \equiv 1, \rho(s) = s$。利用定理 4.3，将事件触发采样机制(4.52)中的增益取作 $\gamma_w^x(s) = 0.45s$ 和 $\gamma_w^d(s) = s$，选取 $\varphi(s) = s$。

借鉴现有的结果，如下给出两种处理未知干扰的事件触发采样机制（见例 1.4）：

$$t_{k+1}^\epsilon = \inf\{t > t_k^\epsilon : |w(k)| \geqslant 0.45|x(k)| + \epsilon\} \tag{4.81}$$

$$t_{k+1}^T = \inf\{t \geqslant t_k^T + T : |w(k)| \geqslant 0.45|x(k)|\} \tag{4.82}$$

本例将上述两个事件触发采样机制与本书提出的事件触发采样机制(4.52)对比。

数值仿真采用趋近于零的有界干扰来验证闭环系统的鲁棒性和状态最终的收敛性。

当 $x(0) = 10$ 时，图 4.10～图 4.13 给出了三种事件触发采样机制的仿真结果。可以看出，事件触发采样机制(4.52)的大多采样间隔比其他两种事件触发采样机制的采样间隔要大。另外，即使干扰趋近于零，事件触发采样机制(4.81)也无法实现渐近收敛。

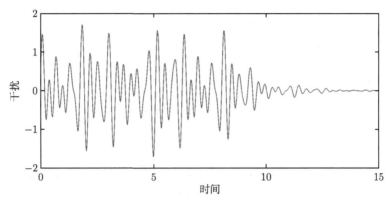

图 4.10　例 4.2 中用于事件触发采样机制(4.52)、事件触发采样机制(4.81)、事件触发采样机制(4.82)仿真的外部干扰

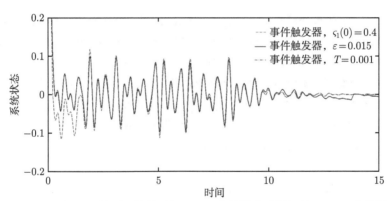

图 4.11　例 4.2 中基于事件触发采样机制(4.52)、事件触发采样机制(4.81)、事件触发采样机制(4.82)的闭环系统的状态轨迹

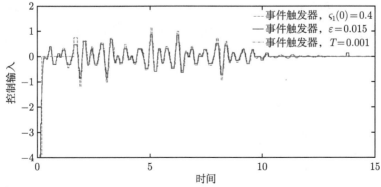

图 4.12　例 4.2 中基于事件触发采样机制(4.52)、事件触发采样机制(4.81)、事件触发采样机制(4.82)的控制输入

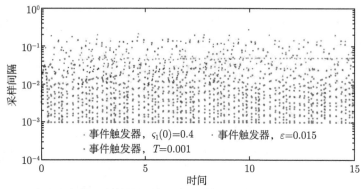

图 4.13　例 4.2 中基于事件触发采样机制(4.52)、事件触发采样机制(4.81)、事件触发采样机制(4.82)的采样间隔（扫封底二维码查看彩图）

　　表 4.1 使用 x 的最终边界（ultimate bound of x，UB-x）、最小采样间隔（minimum intersampling interval，Min-ISI）、平均采样间隔（average intersampling interval，AISI）来刻画三种事件触发采样机制的性能。对于 UB-x 和 AISI，事件触发采样机制(4.52)比事件触发采样机制(4.82)有明显优势。此外，当 $x(0)$ 或 T_Δ 较大时，事件触发采样机制(4.82)可能会导致 x 发散。事件触发采样机制(4.52)（$\varsigma_1(0) = 0.4$）与事件触发采样机制(4.81)（$\epsilon = 0.015$）具有相近的 Min-ISI 和 AISI，但事件触发采样机制(4.81)无法实现渐近收敛（UB-x=0.015）。仿真结果还表明，ϵ 越大，UB-x 越大。

表 4.1　基于事件触发采样机制(4.52)、事件触发采样机制(4.81)、事件触发采样机制(4.82) 的 UB-x、Min-ISI、AISI（仿真时间是 15s）

事件触发采样机制	UB-x	Min-ISI	AISI
(4.52) $\varsigma_1(0) = 0.4$, $x(0) = 10$	$\leqslant 0.005$	0.0048	0.064
(4.52) $\varsigma_1(0) = 0.4$, $x(0) = 20$	$\leqslant 0.005$	0.0026	0.061
(4.52) $\varsigma_1(0) = 0.4$, $x(0) = 45$	$\leqslant 0.005$	0.0013	0.061
(4.81) $\epsilon = 0.015$, $x(0) = 10$	0.015	0.0048	0.064
(4.81) $\epsilon = 0.015$, $x(0) = 20$	0.015	0.0026	0.059
(4.81) $\epsilon = 0.015$, $x(0) = 45$	0.015	0.0013	0.063
(4.81) $\epsilon = 0.050$, $x(0) = 10$	0.040	0.0048	0.140
(4.81) $\epsilon = 0.100$, $x(0) = 10$	0.070	0.0048	0.200
(4.82) $T = 0.001$, $x(0) = 10$	$\leqslant 0.005$	0.0010	0.010
(4.82) $T = 0.005$, $x(0) = 10$	$\leqslant 0.005$	0.0050	0.017
(4.82) $T = 0.005$, $x(0) = 45$	∞	—	—
(4.82) $T = 0.018$, $x(0) = 20$	∞	—	—
(4.82) $T = 0.018$, $x(0) = 10$	$\leqslant 0.005$	0.0180	0.032

4.3 存在动态不确定性的情形

4.1节和 4.2节仅考虑了被控对象包含外部干扰的情形。由于动态不确定性（比如未建模动态、模型降阶误差、观测器误差等）在各类物理被控对象的动态模型中广泛存在，基于可测状态反馈解决事件触发鲁棒控制问题同样具有重要意义。考虑如下非线性被控对象和采样控制器：

$$\dot{z}(t) = h(z(t), x(t), d(t)) \tag{4.83}$$

$$\dot{x}(t) = f(x(t), z(t), u(t), d(t)) \tag{4.84}$$

$$u(t) = \kappa(x(t_k)), \quad t \in [t_k, t_{k+1}), \quad k \in \mathbb{S} \subseteq \mathbb{Z}_+ \tag{4.85}$$

其中，$z \in \mathbb{R}^{n_z}$ 和 $x \in \mathbb{R}^n$ 是状态，$u \in \mathbb{R}^m$ 是控制输入，$d \in \mathbb{R}^{n_d}$ 表示未知的外部干扰，$h : \mathbb{R}^{n_z} \times \mathbb{R}^n \times \mathbb{R}^{n_d} \to \mathbb{R}^{n_z}$ 和 $f : \mathbb{R}^n \times \mathbb{R}^{n_z} \times \mathbb{R}^m \times \mathbb{R}^{n_d} \to \mathbb{R}^n$ 表示被控对象动力学且满足 $h(0,0,0) = 0$ 和 $f(0,0,0,0) = 0$，$\kappa : \mathbb{R}^n \to \mathbb{R}^m$ 表示反馈控制器。考虑仅状态 x 的反馈量可用于控制的情形。

实际上，z-子系统通常表示未建模动态或不可测动力学，并且其能够涵盖控制系统中的零动力学和观测误差动力学等[240,326]。当 $z \equiv 0$ 时，x-子系统称为标称系统。

利用 w 的定义(4.3)，受控 x-子系统可等价地写作

$$\dot{x}(t) = f(x(t), z(t), \kappa(x(t) + w(t)), d(t))$$

$$:= g(x(t), z(t), w(t), d(t)) \tag{4.86}$$

本节考虑受控 x-子系统动力学满足如下假设的情况。

假设 4.5 存在正且非减的函数 $L_g^a, L_g^b : \mathbb{R}_+ \to \mathbb{R}_+$ 和一个 $\mathcal{K}_\infty$ 类函数 ρ 使得

$$|g(x,z,w,d)| \leqslant L_g^a(\max\{|x|,|z|,|w|,|d|\}) \max\{|x|,|z|,|w|,|d|\} \tag{4.87}$$

$$|g(x,z,w,d) - g(x,0,w,0)| \leqslant L_g^b(\max\{|x|,|w|\})\rho(\max\{|z|,|d|\}) \tag{4.88}$$

对所有 $x \in \mathbb{R}^n$、$z \in \mathbb{R}^{n_z}$、$w \in \mathbb{R}^n$、$d \in \mathbb{R}^{n_d}$ 都成立。

事件触发的闭环系统可视作为 z-子系统(4.83)、受控 x-子系统(4.86)和事件触发采样器构成的关联系统，见图 4.14。假设 z-子系统和受控 x-子系统均是输入到状态稳定的。

假设 4.6 z-子系统(4.83)和受控 x-子系统(4.86)均是输入到状态稳定的，具有连续可导的输入到状态稳定李雅普诺夫函数 $V_z : \mathbb{R}^{n_z} \to \mathbb{R}_+$ 和 $V_x : \mathbb{R}^n \to \mathbb{R}_+$，并且满足以下条件。（1）$V_z$ 满足：① 存在 $\underline{\alpha}_z, \overline{\alpha}_z \in \mathcal{K}_\infty$ 使得

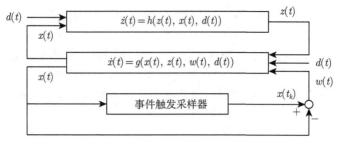

图 4.14　　事件触发的闭环系统框图

$$\underline{\alpha}_z(|z|) \leqslant V_z(z) \leqslant \overline{\alpha}_z(|z|) \tag{4.89}$$

对所有 $z \in \mathbb{R}^{n_z}$ 都成立；② 存在 $\gamma_z^x, \gamma_z^d \in \mathcal{K}_\infty$ 和正定函数 α_z 使得

$$V_z(z) \geqslant \max\{\gamma_z^x(V_x(x)), \gamma_z^d(|d|)\}$$

$$\Rightarrow \nabla V_z(z)h(z,x,d) \leqslant -\alpha_z(V_z(z)) \tag{4.90}$$

对所有 $z \in \mathbb{R}^{n_z}$、$x \in \mathbb{R}^n$、$d \in \mathbb{R}^{n_d}$ 都成立。

（2）V_x 满足：① 存在 $\underline{\alpha}_x, \overline{\alpha}_x \in \mathcal{K}_\infty$ 使得

$$\underline{\alpha}_x(|x|) \leqslant V_x(x) \leqslant \overline{\alpha}_x(|x|) \tag{4.91}$$

对所有 $x \in \mathbb{R}^n$ 都成立；② 存在 $\gamma_x^z, \gamma_x^w, \gamma_x^d \in \mathcal{K}_\infty$ 和正定函数 α_x 使得

$$V_x(x) \geqslant \max\{\gamma_x^z(V_z(z)), \gamma_x^w(|w|), \gamma_x^d(|d|)\}$$

$$\Rightarrow \nabla V_x(x)g(x,z,w,d) \leqslant -\alpha_x(V_x(x)) \tag{4.92}$$

对所有 $x \in \mathbb{R}^n$、$z \in \mathbb{R}^{n_z}$、$w \in \mathbb{R}^n$、$d \in \mathbb{R}^{n_d}$ 都成立。

在前两节的基础上，对于由式(4.83)~式(4.85)构成的非线性被控对象，本节期望设计一类动态事件触发采样机制来实现如下两个控制目标：

（1）存在常数 $T_\Delta > 0$ 使得

$$t_{k+1} - t_k \geqslant T_\Delta \tag{4.93}$$

对所有 $k \in \mathbb{S}$ 都成立。

（2）事件触发的闭环系统以干扰 d 为输入是输入到状态稳定的。

4.3.1　动态事件触发采样机制设计

当被控对象动力学仅包含干扰时，4.1节和 4.2节设计了一类动态事件触发采样机制来实现输入到状态镇定。当被控对象也包含动态不确定性时，由于标称系统和动态不确定性相互关联，即便所设计的事件触发控制算法能够镇定标称系统

且动态不确定性也稳定，但是仍然不能保证整个闭环系统的稳定性，也难以避免无限快采样。为解决上述问题，利用前两节中事件触发采样机制的设计思路，在阈值信号中引入一个动态估计项来估计干扰和不可测状态对闭环系统的影响。具体地，设计如下事件触发采样机制：

$$t_{k+1} = \inf\left\{ t > t_k : |w(t)| \geqslant \max\left\{ \gamma_w^x(|x(t)|), \gamma_w^d(\varsigma(t)) \right\} \right\}, \quad t_0 = 0 \tag{4.94}$$

其中，$\gamma_w^x, \gamma_w^d \in \mathcal{K}_\infty$，并且其反函数是局部利普希茨的，信号 ς 定义为

$$\varsigma = \max\{\varsigma_1, \varsigma_2\} \tag{4.95}$$

其中，$\varsigma_1 : \mathbb{R}_+ \to \mathbb{R}_+$ 由如下动态系统生成：

$$\dot{\varsigma}_1(t) = -\varphi(\varsigma_1(t)) \tag{4.96}$$

其中，$\varsigma_1(0) > 0$，$\varphi : \mathbb{R}_+ \to \mathbb{R}_+$ 是连续的正定函数。设计如下动态估计项：

$$\varsigma_2(t) = \begin{cases} 0, & t = t_0 = 0 \\ \dfrac{1}{(t - t_k)L_g^b(M(t, t_k))} \max\Big\{ |x(\tau) - x(t_k)|_{t_k}^t \\ \quad -(t - t_k)L_g^a(M(t, t_k))(M(t, t_k)), 0 \Big\}, & t \in (t_k, t_{k+1}] \end{cases} \tag{4.97}$$

其中，L_g^a 和 L_g^b 已在假设 4.5 中定义，$M(t, t_k) = \max\{|x(\tau)|_{t_k}^t, |w(\tau)|_{t_k}^t\}$。

图 4.15 给出了由式(4.83)、式(4.86)、式(4.94)~式(4.97)构成的关联系统。假设 4.6 中已给出了增益 γ_x^z、γ_x^w、γ_x^d、γ_z^x、γ_z^d 的定义。事件触发采样机制(4.94)中的增益 γ_w^x 和 γ_w^d 由如下推论给出。

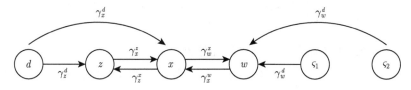

图 4.15　事件触发的闭环系统可看成一个关联系统

推论 4.1　假设 z 和 d 分段连续且有界。在满足假设 4.5 和假设 4.6 的情况下，考虑由 x-子系统(4.84)、控制器(4.85)、采样机制(4.94)、条件(4.95)~条件(4.97)构成的闭环系统。通过选取：① $\gamma_w^x \in \mathcal{K}_\infty$ 且 $(\gamma_w^x)^{-1}$ 是局部利普希茨的函数；② $\gamma_w^d \in \mathcal{K}_\infty$ 且 $(\gamma_w^d)^{-1}$ 是局部利普希茨的函数；③ γ_w^x 满足小增益条件

$$\underline{\alpha}_x^{-1} \circ \gamma_x^w \circ \gamma_w^x < \mathrm{Id} \tag{4.98}$$

能够证明闭环 x-子系统以 x 为状态并以 (z, d, ς_1) 为输入是输入到状态稳定的, 并且采样间隔具有正的下界。

证明　推论 4.1 的证明思路与定理 4.3 一致, 能够证明采样间隔具有正的下界 T_Δ 使得

$$\inf_{k \in \mathbb{S}} \{t_{k+1} - t_k\} \geqslant T_\Delta \tag{4.99}$$

同时, 也能够证明事件触发的闭环 x-子系统(4.86)是输入到状态稳定的, 即

$$V_x(x(t)) \geqslant \max \left\{ \gamma_x^z(V_z(z(t))), \gamma_x^d(|d(t)|), \bar{\gamma}_x^z(\varsigma_1(t)), \right.$$

$$\left. \bar{\gamma}_x^z \left(\operatorname*{avg}_{t_k \leqslant \tau \leqslant t} \rho_1(|z(\tau)|) \right), \bar{\gamma}_x^z \left(\operatorname*{avg}_{t_k \leqslant \tau \leqslant t} \rho_1(|d(\tau)|) \right) \right\}$$

$$\Rightarrow D^+ V_x(x(t)) g(x(t), z(t), w(t), d(t)) \leqslant -\alpha_x(V_x(x(t))) \tag{4.100}$$

对所有 $t \in \bigcup_{k \in \mathbb{S}} (t_k, t_{k+1}]$ 都成立, 其中, $\bar{\gamma}_x^z(s) = \gamma_x^w \circ \gamma_w^d(s)$, $\rho_1(s) = 2\rho(s)$。

性质(4.99)保证采样间隔具有正的下界。也就是说, 避免了无限快采样。由于 $x(t)$ 在 $t \in [0, T_{\max})$ 上有界, 利用解的连续性, 可得 $T_{\max} = \infty$。回顾性质(4.43)的证明方法, 由性质(4.100)能够证明存在 $\beta_x \in \mathcal{KL}$ 和 $\chi_x^{\varsigma_1}, \chi_x^z, \chi_x^d \in \mathcal{K}$ 使得

$$|x(t)| \leqslant \max \left\{ \beta_x(|x(0)|, t), \chi_x^{\varsigma_1}(\|\varsigma_1\|_\infty), \chi_x^z(\|z\|_\infty), \chi_x^d(\|d\|_\infty) \right\} \tag{4.101}$$

对所有 $t \geqslant 0$ 都成立。　　　　　　　　　　　　　　　　　　　　　　　　□

由性质(4.97)可知, 动态估计项 ς_2 引入了时滞, 并且时滞大小等于采样间隔。需要注意的是, 采样间隔可能没有固定的上界。因此, 事件触发采样机制引入的时滞可能没有固定的上界。

4.3.2　基于非线性小增益定理的稳定性分析

事件触发的闭环 x-子系统和 z-子系统均是输入到状态稳定的, 其互相关联构成了整个闭环系统。直观而言, 利用非线性小增益定理可直接分析闭环系统的稳定性。然而, 动态估计项 ς_2 引入的无上界时滞导致现有的非线性小增益定理不再适用。为解决此问题, 定理 4.4 中给出了新的小增益条件。

定理 4.4　在满足假设 4.5 和假设 4.6 的情况下, 考虑由 z-子系统(4.83)、x-子系统(4.84)、控制器(4.85)、采样机制(4.94)、条件(4.95)~条件(4.97)构成的闭环系统。如果: ① γ_x^z 和 γ_z^x 满足

$$\gamma_x^z \circ \gamma_z^x < \mathrm{Id} \tag{4.102}$$

② γ_w^x 和 γ_w^d 满足条件(4.98)和

$$\rho_1 \circ \underline{\alpha}_z^{-1} \circ \gamma_x^{z-1} \circ \gamma_x^w \circ \gamma_w^d < \text{Id} \qquad (4.103)$$

那么可实现假设 4.6 后面内容中指出的控制目标（1）和（2）。

证明 由式(4.83)、式(4.86)、式(4.94)~式(4.97)所定义的闭环系统可以看作是由受控 x-子系统和 z-子系统(4.83)构成的关联系统。定义 $\mu_z(t) = \underset{t_k \leqslant \tau \leqslant t}{\text{avg}} \rho_1(|z(\tau)|)$ 和 $\mu_d(t) = \underset{t_k \leqslant \tau \leqslant t}{\text{avg}} \rho_1(|d(\tau)|)$，其中，$t \in (t_k, t_{k+1}]$。将 μ_z 和 μ_d 看作外部输入，定义输入到状态稳定李雅普诺夫函数：

$$V(\bar{x}) = \max\left\{V_x(x), \sigma(V_z(z))\right\} \qquad (4.104)$$

其中，$\bar{x} = [x^{\mathrm{T}}, z^{\mathrm{T}}]^{\mathrm{T}}$，$\sigma \in \mathcal{K}_\infty$ 是连续可微的函数且满足 $\sigma(s) > \gamma_x^z(s)$ 和 $\sigma^{-1}(s) > \gamma_z^x(s)$。由式(4.90)、式(4.100)、式(4.102)可得

$$V(\bar{x}) \geqslant \max\left\{\bar{\gamma}_x^z(|\mu_z|), \bar{\gamma}_x^z(|\mu_d|), \bar{\gamma}_x^z(\varsigma_1), \chi_d(|d|)\right\} \qquad (4.105a)$$

$$\Rightarrow D^+ V(\bar{x}) F(x, z, w, d) \leqslant -\alpha(V(\bar{x})) \qquad (4.105b)$$

其中，$\bar{\gamma}_x^z$ 已在式(4.100)中定义，$\chi_d(s) = \max\{\gamma_x^d(s), \sigma \circ \gamma_z^d(s)\}$，$\alpha(s) = \min\left\{\dfrac{1}{2}\alpha_x(s),\right.$ $\left.\dfrac{1}{2}\sigma^{(1)}(\sigma^{-1}(s)) \cdot \alpha_z(\sigma^{-1}(s))\right\}$，$F(x, z, w, d) = [g(x, z, w, d)^{\mathrm{T}}, h(z, x, d)^{\mathrm{T}}]^{\mathrm{T}}$。

需要注意的是，$\bar{x}$-系统和 μ_z-系统相互影响，见图 4.16。定义 $W(t) = V(\bar{x}(t))$。对于任意 $k \in \mathbb{S}$，当 $t \in (t_k, t_{k+1}]$ 时，有

$$W(t) \geqslant \max\left\{\chi\left(\underset{t_k \leqslant \tau \leqslant t}{\text{avg}} \rho_z(W(t))\right), \bar{\gamma}_x^z\left(\underset{t_k \leqslant \tau \leqslant t}{\text{avg}} \rho_1(|d(\tau)|)\right), \bar{\gamma}_x^z(\varsigma_1(t)), \chi_d(|d(t)|)\right\} \qquad (4.106a)$$

$$\Rightarrow D^+ W(t) \leqslant -\alpha(W(t)) \qquad (4.106b)$$

其中，$\chi \in \mathcal{K}_\infty$ 是连续可导的函数且满足 $\gamma_x^w \circ \gamma_w^d(s) < \chi(s) < \gamma_x^z \circ \underline{\alpha}_z \circ \rho_1^{-1}(s)$，$\rho_z(s) = \rho_1 \circ \underline{\alpha}_z^{-1} \circ \gamma_x^{z-1}(s)$。

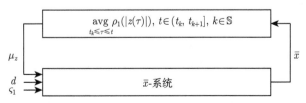

图 4.16 由式(4.83)、式(4.86)、式(4.94)、式(4.97)构成的闭环系统的反馈结构

由于式(4.106a)的右侧包含 W，因此式(4.106a)和式(4.106b)尚不能保证闭环系统具有输入到状态稳定性质。

定义

$$W^*(t) = \max\left\{W(t), \chi\left(\underset{t_k \leqslant \tau \leqslant t}{\mathrm{avg}}\ \rho_z(W(\tau))\right)\right\} \tag{4.107}$$

其中，$t \in (t_k, t_{k+1}]$。为计算函数 W^* 的右上导数 D^+W^*，考虑如下三种情况：$W(t) > \chi(\underset{t_k \leqslant \tau \leqslant t}{\mathrm{avg}}\ \rho_z(W(\tau)))$，$W(t) < \chi(\underset{t_k \leqslant \tau \leqslant t}{\mathrm{avg}}\ \rho_z(W(\tau)))$，$W(t) = \chi(\underset{t_k \leqslant \tau \leqslant t}{\mathrm{avg}}\ \rho_z(W(\tau)))$。

情况 1： $W(t) > \chi(\underset{t_k \leqslant \tau \leqslant t}{\mathrm{avg}}\ \rho_z(W(\tau)))$。在满足条件(4.106a)和条件(4.106b)的情况下，对于任意的 $k \in \mathbb{S}$，当 $t \in (t_k, t_{k+1}]$ 时，如果 $W^*(t) \geqslant \max\{\chi_d(|d(t)|), \bar{\gamma}_x^z(\varsigma_1(t)), \bar{\gamma}_x^z(\underset{t_k \leqslant \tau \leqslant t}{\mathrm{avg}}\ \rho_1(|d(\tau)|))\}$，那么可得

$$D^+W^*(t) \leqslant -\alpha(W^*(t)) \tag{4.108}$$

情况 2： $W(t) < \chi(\underset{t_k \leqslant \tau \leqslant t}{\mathrm{avg}}\ \rho_z(W(\tau)))$。在这种情况下，对于任意的 $k \in \mathbb{S}$，当 $t \in (t_k, t_{k+1}]$ 时，有

$$D^+W^*(t) = D^+\left(\chi(\underset{t_k \leqslant \tau \leqslant t}{\mathrm{avg}}\ \rho_z(W(\tau)))\right)$$

$$\leqslant -\frac{1}{t - t_k}\alpha_0(W^*(t)) \tag{4.109}$$

其中，$\alpha_0(s) = \chi^{(1)}(\chi^{-1}(s)) \cdot (\mathrm{Id} - \rho_z \circ \chi)(\chi^{-1}(s))$。

情况 3： 当 $W(t) = \chi(\underset{t_k \leqslant \tau \leqslant t}{\mathrm{avg}}\ \rho_z(W(\tau)))$ 时，可得

$$\lim_{h \to 0^+} W(t + h) = \lim_{h \to 0^+} \chi(\underset{t_k \leqslant \tau \leqslant t+h}{\mathrm{avg}}\ \rho_z(W(\tau))) \tag{4.110}$$

当 $W^*(t) \geqslant \max\{\chi_d(|d(t)|), \bar{\gamma}_x^z(\varsigma_1(t)), \bar{\gamma}_x^z(\underset{t_k \leqslant \tau \leqslant t}{\mathrm{avg}}\ \rho_1(|d(\tau)|))\}$ 时，利用与情况 1 和情况 2 一样的证明思路，可得

$$D^+W^*(t) \leqslant -\alpha^*(W^*(t)) \tag{4.111}$$

其中，$\alpha^*(s) = \min\{\alpha(s), \alpha_0(s)/(t - t_k)\}$。并且对于任意 $\epsilon > 1$ 都有

$$\alpha^*(s) \geqslant \min\left\{\frac{1}{t + \epsilon}\alpha(s), \frac{1}{t + \epsilon}\alpha_0(s)\right\}$$

$$:= \frac{1}{t+\epsilon}\alpha_0^*(s)$$

其中，$\alpha_0^*(s) = \min\{\alpha(s), \alpha_0(s)\}$。综合上述三种情况，对于任意 $k \in \mathbb{S}$，当 $t \in (t_k, t_{k+1}]$ 时，都有

$$W^*(t) \geqslant \max\left\{\chi_d(|d(t)|), \bar{\gamma}_x^z(\varsigma_1(t)), \bar{\gamma}_x^z\left(\underset{t_k \leqslant \tau \leqslant t}{\text{avg}}\ \rho_1(|d(\tau)|)\right)\right\}$$

$$\Rightarrow D^+ W^*(t) \leqslant -\frac{1}{t+\epsilon}\alpha_0^*(W^*(t)) \tag{4.112}$$

下面将性质(4.112)表示为轨迹形式的输入到状态稳定性来明确地刻画闭环系统的暂态性能和稳态性能。首先证明存在 $\hat{\beta} \in \mathcal{KL}$ 使得当

$$W^*(t) \geqslant \max\{\chi_d(|d(t)|), \bar{\gamma}_x^z(\underset{t_k \leqslant \tau \leqslant t}{\text{avg}}\ \rho_1(|d(\tau)|))\}, \bar{\gamma}_x^z(\varsigma_1(t)) \tag{4.113}$$

时，

$$W^*(t) \leqslant \hat{\beta}(W^*(0), t) \tag{4.114}$$

设 $H(t)$ 是如下初值问题的解：

$$\dot{H}(t) = -\frac{1}{t+\epsilon}\alpha_0^*(H(t)), \quad H(0) = W^*(0) \tag{4.115}$$

由于式(4.115)中存在时变项 $1/(t+\epsilon)$，因此利用现有的方法[327] 难以构造 $\bar{\beta} \in \mathcal{KL}$ 来保证得 $H(t) \leqslant \bar{\beta}(H(0), t)$ 对所有 $t \geqslant 0$ 都成立。为了得到 $\bar{\beta}$ 的明确表达式，首先定义如下序列：

$$\left\{H(0), (\text{Id}-\theta)(H(0)), \cdots (\text{Id}-\theta)^{[j]}(H(0)) \cdots\right\}, \quad j \in \mathbb{Z}_+ \tag{4.116}$$

其中，θ 满足 $\mu\alpha_0^* \circ (\text{Id}-\theta)(s) = \theta(s)$，$0 < \mu < 1$。

定义函数 H 从点 $(\text{Id}-\theta)^{[j-1]}(H(0))$ 以速度

$$\frac{\alpha_0^*((\text{Id}-\theta)^{[j]}(H(0)))}{\left(\sum_{m=1}^{j} \Delta t_m + \epsilon\right)} \tag{4.117}$$

沿着直线移动到点 $(\text{Id}-\theta)^{[j]}(H(0))$ 的时间：

$$\Delta t_j = \mu\left(\sum_{m=1}^{j} \Delta t_m + \epsilon\right) \tag{4.118}$$

由式(4.116)~式(4.118)可知，对于任意 $j \in \mathbb{Z}_+$，序列(4.116)中相邻两个元素之间对应如下 $\beta_j \in \mathcal{KL}$：

$$\beta_j(H(0),t) = (\mathrm{Id}-\theta)^{[j-1]}(H(0))$$

$$- \frac{1}{\displaystyle\sum_{m=1}^{j} \Delta t_m + \epsilon} \alpha_0^*((\mathrm{Id}-\theta)^{[j]}(H(0))) \left(t - \sum_{m=0}^{j-1} \Delta t_m \right) \quad (4.119)$$

其中，$t \in \left[\displaystyle\sum_{m=0}^{j-1} \Delta t_m, \sum_{m=1}^{j} \Delta t_m \right)$，$\Delta t_0 = 0$。选取 $\hat{\beta}(s,t) = \beta_j(s,t)$。利用比较原理可得

$$H(t) \leqslant \hat{\beta}(H(0),t) \quad (4.120)$$

性质(4.118)说明 $\Delta t_j = \mu\epsilon/(1-\mu)^j$ 且 $\displaystyle\lim_{m\to\infty} \sum_{j=1}^{m} \Delta t_j = \infty$。因此，能够证明函数 $\hat{\beta}(\cdot,\cdot)$ 在区间 $[0,\infty)$ 上有定义。当 $0 \leqslant t \leqslant \min\{t : W^*(t) = \max\{\chi_d(|d(t)|), \bar{\gamma}_x^z(\varsigma_1(t)), \bar{\gamma}_x^z(\underset{t_k \leqslant \tau \leqslant t}{\mathrm{avg}}\, \rho_1(|d(\tau)|))\}$ 时，有

$$W^*(t) \leqslant H(t) \leqslant \hat{\beta}(H(0),t) \quad (4.121)$$

图 4.17给出了序列(4.116)和 $W^*(t)$ 的轨迹之间的关系。

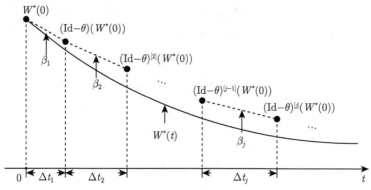

图 4.17　序列(4.116)和 $W^*(t)$ 之间的关系

由性质(4.114)可以直接证明，存在 $\beta \in \mathcal{KL}$ 和 $\gamma_d \in \mathcal{K}$ 使得

$$|\bar{x}^*(t)| \leqslant \max\{\beta(|\bar{x}^*(0)|,t), \gamma_d(\|d\|_\infty)\} \quad (4.122)$$

对所有 $t \geqslant 0$ 都成立，其中，$\bar{x}^* = [\bar{x}^{\mathrm{T}}, \varsigma_1]^{\mathrm{T}}$。这说明闭环系统以 (z,x,ς_1) 为状态并以 d 为输入是输入到状态稳定的。定理 4.4 证毕。　　　　　　　　　　　$\square$

例 4.3 验证事件触发采样机制(4.94)的有效性。

例 4.3 考虑如下洛伦兹被控对象[328]：

$$\dot{z}_1 = -L_1 z_1 + L_1 x + d_1 \tag{4.123}$$

$$\dot{z}_2 = z_1 x - L_2 z_2 + d_2 \tag{4.124}$$

$$\dot{x} = L_3 z_1 - x - z_1 z_2 + u + d_3 \tag{4.125}$$

其中，$z = [z_1, z_2]^{\mathrm{T}} \in \mathbb{R}^2$ 是不可测状态，x 是可测状态，$u \in \mathbb{R}$ 是控制输入，$d = [d_1, d_2, d_3]^{\mathrm{T}} \in \mathbb{R}^3$ 表示外部干扰，L_1, L_2, L_3 是正的常数。设计如下控制器：

$$u(t) = -(a_2|x(t_k)|^3 + a_1|x(t_k)| + a_0)x(t_k), \quad t \in [t_k, t_{k+1}) \tag{4.126}$$

其中，$a_2 = 0.305(1+b)r$，$a_1 = 1.56m^2 + 0.156$，$a_0 = 1.25mL_3 + 1.375$，$m = ((1+b)r)^{1/4}/((14/(cL_2^2))^{1/4})$，$r = \max\{126/(c^3 L_2^2), 3/(cL_2^2)\}$，$0 < b < 1$，$0 < c < 1$。

定义 $V_z(z) = \max\{\sigma(0.5z_1^2), 0.5z_2^2\}$ 和 $V_x(x) = 0.5x^2$，其中，$\sigma(s) = 14/(cL_2^2 s^2)$。不难验证 $V_z(z)$ 和 $V_x(x)$ 分别满足假设 4.6和假设 4.5，其中，$\gamma_z^x(s) = rs^2$，$\gamma_z^d(s) = r\max\{s^4, s^2\}$，$\gamma_x^z(s) = (s/((1+b)r))^{1/2}$，$\gamma_x^w(s) = 12.5s^2$，$\gamma_x^d(s) = 5s$，$\alpha_z(s) = \min\{\partial\sigma(\sigma^{-1}(s))(1-c)L_1\sigma^{-1}(s), (1-c)L_2 s\}$，$\alpha_x(s) = 0.1s$，$L_g^a(s) = 8a_2 s^3 + (2a_1 + 1)s + a_0 + b + 2$，$L_g^b \equiv 1$，$\rho(s) = s^2 + (1+L_3)s$。

利用推论 4.1 和定理 4.4，将事件触发采样机制(4.94)中的参数取作 $\gamma_w^x(s) = 0.19s$、$\gamma_w^d(s) = 0.28s^{1/2} \circ (1+b)rs^2 \circ 1.4s^{1/2} \circ \min\{0.5s^{1/2}, s/(4(L_3+1))\}$、$\varphi(s) = s$。

数值仿真选取初始状态和参数 $z_1(0) = -2$、$z_2(0) = 4$、$x(0) = 2$、$\varsigma_1(0) = 2$、$L_1 = 5$、$L_2 = 3$、$L_3 = 4$、$b = 0.1$、$c = 0.9$。图 4.18~图 4.21 中的仿真结果表明，事件触发采样机制(4.94)对干扰和动态不确定性具有鲁棒性。当干扰趋近于零时，闭环系统状态也趋近于零。

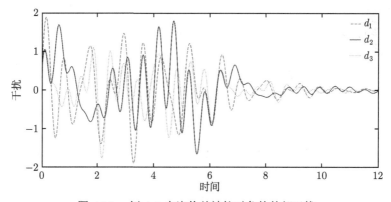

图 4.18 例 4.3 中洛伦兹被控对象的外部干扰

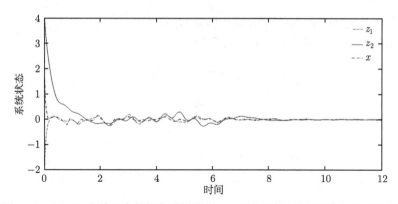

图 4.19　例 4.3 中基于事件触发采样机制(4.94)的洛伦兹被控对象的状态轨迹

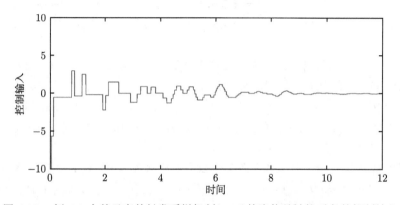

图 4.20　例 4.3 中基于事件触发采样机制(4.94)的洛伦兹被控对象的控制输入

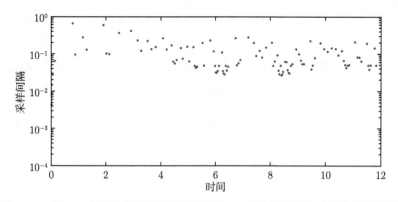

图 4.21　例 4.3 中基于事件触发采样机制(4.94)的洛伦兹被控对象的采样间隔

4.3.3 特例：全局扇形域约束

本节考虑动力学 h 和 g 满足全局扇形域约束条件的情况。具体而言，使用如下条件替换假设 4.5 中的条件(4.87)：

$$|g(x, z, w, d)| \leqslant L_g^x |x| + L_g^z |z| + L_g^w |w| + L_g^d |d| \tag{4.127}$$

对所有 $x \in \mathbb{R}^n$、$z \in \mathbb{R}^{n_z}$、$w \in \mathbb{R}^n$、$d \in \mathbb{R}^{n_d}$ 都成立。

与假设 4.6 相对应，假设 z-系统(4.83)和受控 x-子系统(4.86)均是输入到状态稳定的。

假设 4.7 假设 z-系统(4.83)和受控 x-子系统(4.86)均是输入到状态稳定的，具有连续可导的输入到状态稳定李雅普诺夫函数 $V_z : \mathbb{R}^{n_z} \to \mathbb{R}_+$ 和 $V_x : \mathbb{R}^n \to \mathbb{R}_+$，并且：

（1）V_z 满足：① 存在常数 $\underline{\alpha}_z, \overline{\alpha}_z > 0$ 使得

$$\underline{\alpha}_z |z|^2 \leqslant V_z(z) \leqslant \overline{\alpha}_z |z|^2 \tag{4.128}$$

对所有 $z \in \mathbb{R}^{n_z}$ 都成立；② 存在常数 $\alpha_z, k_z^x, k_z^d > 0$ 使得

$$V_z(z) \geqslant \max\{k_z^x V_x(x), k_z^d |d|^2\}$$

$$\Rightarrow \nabla V_z(z) h(z, x, d) \leqslant -\alpha_z V_z(z) \tag{4.129}$$

对所有 $x \in \mathbb{R}^n$、$z \in \mathbb{R}^{n_z}$、$d \in \mathbb{R}^{n_d}$ 都成立。

（2）V_x 满足：① 存在常数 $\underline{\alpha}_x, \overline{\alpha}_x > 0$ 使得

$$\underline{\alpha}_x |x|^2 \leqslant V_x(x) \leqslant \overline{\alpha}_x |x|^2 \tag{4.130}$$

对所有 $x \in \mathbb{R}^n$ 都成立；② 存在常数 $\alpha_x, k_x^z, k_x^w, k_x^d > 0$ 使得

$$V_x(x) \geqslant \max\{k_x^z V_z(z), k_x^w |w|^2, k_x^d |d|^2\}$$

$$\Rightarrow \nabla V_x(x) g(x, z, w, d) \leqslant -\alpha_x V_x(x) \tag{4.131}$$

对所有 $x \in \mathbb{R}^n$、$z \in \mathbb{R}^{n_z}$、$w \in \mathbb{R}^n$、$d \in \mathbb{R}^{n_d}$ 都成立。

对于这种情况，事件触发采样机制(4.46)仍然有效。设计如下动态估计项：

$$\varsigma_2(t) = \frac{\max\{|x(t) - x(t_k)| - L_g(E(t, t_k) - 1)|x(t_k)|, 0\}}{(t - t_k) L_g^{zd} E(t, t_k)} \tag{4.132}$$

其中，$t \in [t_k + T_\Delta, t_{k+1}]$，$L_g^{zd} = 2\max\{L_g^z, L_g^d\}$，$E(t, t_k)$、$L_g$ 已在式(4.27)中定义，T_Δ 是正的常数且满足

$$\phi'(T_\Delta) = \min\left\{\frac{k_w^x}{1 + k_w^x}, k_w^d\right\} \tag{4.133}$$

其中，$\phi'(T_\Delta) = 2\max\{L_g \mathrm{e}^{(L_g^x + L_g^w)T_\Delta} - L_g, L_g^{zd}\mathrm{e}^{(L_g^x + L_g^w)T_\Delta} T_\Delta\}$。

推论 4.2　在满足假设 4.7 以及条件(4.127)的情况下，考虑由 z-子系统(4.83)、x-子系统(4.84)、控制器(4.85)、事件触发采样机制(4.46)、条件(4.95)～条件(4.96)、条件(4.132)～条件(4.133)构成的闭环系统。如果：① k_x^z 和 k_z^x 满足

$$k_x^z \cdot k_z^x < 1 \tag{4.134}$$

② 事件触发采样机制(4.46)中的 T_Δ、k_w^x、k_w^d 分别满足条件(4.133)、条件(4.28)和

$$0 < k_w^d < \sqrt{\frac{\alpha_z}{3k_x^w}} \tag{4.135}$$

那么可实现假设 4.6 后面内容中指出的控制目标（1）和（2）。

4.4　同时存在动态不确定性和外部干扰的情形

4.3 节仅考虑 x-子系统包含采样误差的情形，本节将上述结果推广到 z-子系统也包含采样误差的情形。基于事件触发的输出反馈镇定问题可以转化成本节所讨论的情形 (详见第 6 章)。具体地，考虑如下已设计好的控制系统：

$$\dot{z}(t) = h(z(t), x(t), w(t), d(t)) \tag{4.136}$$

$$\dot{x}(t) = g(x(t), z(t), w(t), d(t)) \tag{4.137}$$

其中，$d \in \mathbb{R}^{n_d}$ 表示外部干扰，$h : \mathbb{R}^{n_z} \times \mathbb{R}^n \times \mathbb{R}^n \times \mathbb{R}^{n_d} \to \mathbb{R}^{n_d}$ 和 $g : \mathbb{R}^n \times \mathbb{R}^{n_z} \times \mathbb{R}^n \times \mathbb{R}^{n_d} \to \mathbb{R}^n$ 表示受控系统动力学且满足 $h(0,0,0,0) = 0$ 和 $g(0,0,0,0) = 0$，其他各变量定义与式(4.83)～式(4.85)一致。假设干扰 d 分段连续且有界。此处不可测状态 z 不能够用于事件触发采样机制的设计。为便于讨论，记 $\bar{x} = [z^{\mathrm{T}}, x^{\mathrm{T}}]^{\mathrm{T}}$。

考虑受控系统动力学仍然满足假设 4.5 的情况，并且要求 z-子系统和 x-子系统均是输入到状态稳定的且满足如下假设。

假设 4.8　假设 z-子系统和 x-子系统均是输入到状态稳定的，具有连续可导的输入到状态稳定李雅普诺夫函数 $V_z : \mathbb{R}^{n_z} \to \mathbb{R}_+$ 和 $V_x : \mathbb{R}^n \to \mathbb{R}_+$，并且满足以下条件。

（1）V_z 满足：① 存在 $\underline{\alpha}_z, \overline{\alpha}_z \in \mathcal{K}_\infty$ 使得

$$\underline{\alpha}_z(|z|) \leqslant V_z(z) \leqslant \overline{\alpha}_z(|z|) \tag{4.138}$$

对所有 $z \in \mathbb{R}^{n_z}$ 都成立；② 存在 $\gamma_z^x, \gamma_z^w, \gamma_z^d \in \mathcal{K}_\infty$ 和正定函数 α_z 使得

$$V_z(z) \geqslant \max\{\gamma_z^x(V_x(x)), \gamma_z^w(|w|), \gamma_z^d(|d|)\}$$

$$\Rightarrow \nabla V_z(z) h(z, x, w, d) \leqslant -\alpha_z(V_z(z)) \tag{4.139}$$

对所有 $x \in \mathbb{R}^n$、$z \in \mathbb{R}^{n_z}$、$d \in \mathbb{R}^{n_d}$ 都成立。

（2）V_x 满足：① 存在 $\underline{\alpha}_x, \overline{\alpha}_x \in \mathcal{K}_\infty$ 使得

$$\underline{\alpha}_x(|x|) \leqslant V_x(x) \leqslant \overline{\alpha}_x(|x|) \tag{4.140}$$

对所有 $x \in \mathbb{R}^n$ 都成立；② 存在 $\gamma_x^z, \gamma_x^w, \gamma_x^d \in \mathcal{K}_\infty$ 和正定函数 α_x 使得

$$V_x(x) \geqslant \max\{\gamma_x^z(V_z(z)), \gamma_x^w(|w|), \gamma_x^d(|d|)\}$$
$$\Rightarrow \nabla V_x(x) g(x, z, w, d) \leqslant -\alpha_x(V_x(x)) \tag{4.141}$$

对所有 $x \in \mathbb{R}^n$、$z \in \mathbb{R}^{n_z}$、$w \in \mathbb{R}^n$、$d \in \mathbb{R}^{n_d}$ 都成立。

推论 4.3 给出了同时存在动态不确定性和外部干扰的情形下基于动态事件触发采样机制实现输入到状态镇定的结果。

推论 4.3　在满足假设 4.5 和假设 4.8 的情况下,考虑由受控 z-子系统(4.136)、受控 x-子系统(4.137)、事件触发采样机制(4.94)、条件(4.95)～条件(4.97)构成的闭环系统。如果：① γ_x^z 和 γ_z^x 满足

$$\gamma_x^z \circ \gamma_z^x < \mathrm{Id} \tag{4.142}$$

② $\gamma_w^x \in \mathcal{K}_\infty$ 的反函数是局部利普希茨的, 并且满足

$$\underline{\alpha}_x^{-1} \circ \gamma_{xz} \circ \gamma_w^x < \mathrm{Id} \tag{4.143}$$

其中, $\gamma_{xz}(s) = \max\{\gamma_x^w(s), \gamma_z^{x-1} \circ \gamma_z^w(s)\}$；③ $\gamma_w^d \in \mathcal{K}_\infty$ 的反函数是局部利普希茨的, 并且满足

$$\rho_1 \circ \underline{\alpha}_z^{-1} \circ \gamma_x^{z-1} \circ \gamma_{xz} \circ \gamma_w^d < \mathrm{Id} \tag{4.144}$$

那么事件触发的闭环系统以 (z, x, ς_1) 为状态并以 d 为输入是输入到状态稳定的, 并且采样间隔具有正的下界。

第 5 章　严格反馈型不确定非线性被控
对象的事件触发状态反馈镇定

许多典型工业被控对象可以建模为严格反馈的形式。同时，严格反馈型被控对象是非线性控制研究广泛的几大类被控对象之一[326]。在事件触发控制中，设计对采样误差鲁棒的控制器是实施事件触发采样机制的前提，但是非线性被控对象的现有控制器设计方法通常难以直接保证对反馈误差鲁棒[59-60,329-330]。其中一个根本原因是，现有的控制器设计方法往往要求反馈信号的光滑性，而事件触发的采样信号是非连续的。本章针对严格反馈型不确定非线性被控对象，综合了集值构造性控制和多回路小增益集成方法，设计了对采样误差鲁棒的控制器。

5.1　问　题　描　述

考虑如下严格反馈型不确定非线性被控对象：

$$\dot{x}_i = f_i(\bar{x}_i, d) + g_i(\bar{x}_i)x_{i+1}, \quad i = 1, 2, \cdots, n-1 \tag{5.1}$$

$$\dot{x}_n = f_n(\bar{x}_n, d) + g_n(x)u \tag{5.2}$$

其中，$[x_1, x_2, \cdots, x_n]^{\mathrm{T}} := x$ 是状态，$u \in \mathbb{R}$ 是控制输入，g_i 和 f_i $(i = 1, 2, \cdots, n)$ 是未知的、局部利普希茨的函数，$d \in \mathbb{R}^{n_d}$ 表示外部干扰，记 $\bar{x}_i =: [x_1, x_2, \cdots, x_i]^{\mathrm{T}}$。假设 d 分段连续且有界。

考虑被控对象动力学 g_i 和 f_i 满足如下假设。

假设 5.1　对于 $i = 1, 2, \cdots, n$，存在常数 $c_i > 0$ 使得

$$g_i(\bar{x}_i) > c_i \tag{5.3}$$

对所有 $\bar{x}_i \in \mathbb{R}^i$ 都成立。存在已知的 $\psi_{f_i} \in \mathcal{K}_\infty$ 使得

$$|f_i(\bar{x}_i, d)| \leqslant \psi_{f_i}(|\bar{x}_i| + |d|) \tag{5.4}$$

对所有 $\bar{x}_i \in \mathbb{R}^i$、$d \in \mathbb{R}^{n_d}$ 都成立。

对于由式(5.1)和式(5.2)构成的被控对象，本章设计一类对采样误差鲁棒的状态反馈控制器。具体而言，设计如下形式的控制器：

$$u(t) = \kappa(x(t_k)), \quad t \in [t_k, t_{k+1}), \quad k \in \mathbb{S} \tag{5.5}$$

设计思路是将受控系统转化成由 n 个输入到状态稳定的子系统构成的关联系统，进一步运用多回路非线性小增益定理（见 2.4.3 节）来分析受控系统在期望平衡点（比如原点）的稳定性。

5.2 基于集值映射的构造性控制器设计

在状态连续反馈的情况下，对于由式(5.1)和式(5.2)构成的被控对象，如下形式的控制器能够实现全局渐近镇定：

$$\breve{p}_1^* = \breve{\kappa}_1(x_1) \tag{5.6}$$

$$\breve{p}_i^* = \breve{\kappa}_i(x_i - \breve{p}_{i-1}^*), \quad i = 2, 3, \cdots, n-1 \tag{5.7}$$

$$u = \breve{\kappa}_n(x_n - \breve{p}_{n-1}^*) \tag{5.8}$$

其中，$\breve{\kappa}_{(\cdot)}$ 是合理选取的非线性函数。对于这种设计，通过定义如下形式的状态变换能够分析受控系统的稳定性：

$$e_1 = x_1 \tag{5.9}$$

$$e_i = x_i - \breve{p}_{i-1}^*, \quad i = 2, 3, \cdots, n \tag{5.10}$$

为保证新定义的状态变量连续可导，这里所选择的函数 $\breve{\kappa}_i$ 必须是连续可导的。

在事件触发控制的情况下，一个最直接的办法是使用状态 x_i 的采样值 x_i^s 来代替式(5.6)~式(5.8)中的 x_i。那么就得到如下形式的反馈控制器：

$$p_1^* = \kappa_1(x_1 + w_1) \tag{5.11}$$

$$p_i^* = \kappa_i(x_i + w_i - p_{i-1}^*), \quad i = 2, 3, \cdots, n-1 \tag{5.12}$$

$$u = \kappa_n(x_n + w_n - p_{n-1}^*) \tag{5.13}$$

其中，$\kappa_{(\cdot)}$ 是合理选取的非线性函数，w_i 表示状态 x_i 的采样误差，并且满足

$$w_i(t) = x_i^s(t) - x_i(t) \tag{5.14}$$

其中，

$$x_i^s(t) = x_i(t_k), \quad t \in [t_k, t_{k+1}), \quad k \in \mathbb{S} \tag{5.15}$$

这种情况下，状态转换(5.9)和状态转换(5.10)应该修改为

$$e_1 = x_1^s \tag{5.16}$$

$$e_i = x_i^s - \breve{p}_{i-1}^*, \quad i = 2, 3, \cdots, n \tag{5.17}$$

显然, 采样误差不可导导致 e_i（$i = 1, 2, \cdots, n$）不可导。因此, 不能使用 e_i 作为受控系统状态来分析稳定性。为便于讨论, 记 $w = [w_1, w_2, \cdots, w_n]^{\mathrm{T}}$。在控制器设计过程中, 首先假设 w_i 分段连续且有界, 并且标记 $w_i^\infty = \|w_i\|_\infty$（$i = 1, 2, \cdots, n$）, $\bar{w}_i^\infty = [w_1^\infty, w_2^\infty, \cdots, w_i^\infty]^{\mathrm{T}}$, $w^\infty = \bar{w}_n^\infty$。

本章利用集值映射来处理不可导的采样误差。具体而言, 定义如下集值映射:

$$S_i(\bar{x}_i, \bar{w}_i^\infty) = \{\kappa_i(x_i + a_i w_i^\infty - p_{i-1}) : |a_i| \leqslant 1,$$

$$p_{i-1} \in S_{i-1}(\bar{x}_{i-1}, \bar{w}_{i-1}^\infty)\}, \ i = 1, 2, \cdots, n \tag{5.18}$$

记 $S_0(\bar{x}_0, \bar{w}_0^\infty) = \{0\}$。不难验证, 对于每个 $i = 1, 2, \cdots, n-1$, 都有 $p_i^* \in S_i(\bar{x}_i, \bar{w}_i^\infty)$, 并且 $u \in S_n(\bar{x}_n, \bar{w}_n^\infty)$。因此, 集值映射 S_i 能够覆盖采样误差的影响。

定义如下新的状态变量:

$$e_i = d(x_i, S_{i-1}(\bar{x}_{i-1}, \bar{w}_{i-1}^\infty)), \quad i = 1, 2, \cdots, n \tag{5.19}$$

其中, 对于任意 $z \in \mathbb{R}$ 和紧集 $\Omega \subset \mathbb{R}$,

$$d(z, \Omega) := z - \operatorname*{arg\,min}_{z' \in \Omega}\{|z - z'|\} \tag{5.20}$$

下面证明受控系统以 $e = [e_1, e_2, \cdots, e_n]^{\mathrm{T}}$ 为状态并以 w 为输入是输入到状态稳定的, 并以此来刻画由式(5.11)~式(5.13)构成的控制器的鲁棒性。

为便于讨论, 记 $e_{n+1} = 0$、$\bar{e}_i = [e_1, e_2, \cdots, e_i]^{\mathrm{T}}$（$i = 1, 2, \cdots, n+1$）、$e = \bar{e}_n$、$d^\infty = \|d\|_\infty$。命题 5.1 表明, 通过合理选取 κ_i 能够保证受控系统可以转化为由多个输入到状态稳定的 e_i-子系统构成的关联系统。

命题 5.1　在满足假设 5.1 的情况下, 考虑由式(5.1)和式(5.2)构成的严格反馈型不确定非线性被控对象。将由式(5.11)~式(5.13)构成的控制器中的 κ_i 选取为奇的、严格递减的、连续可导的函数, 当 $e_i \neq 0$ 时, e_i-子系统可写作

$$\dot{e}_i = x_{i+1} - e_{i+1} + \phi_i(\bar{x}_i, \bar{e}_{i+1}, d)$$

$$:= F_i(\bar{x}_{i+1}, \bar{e}_{i+1}, d) \tag{5.21}$$

其中, $\phi_i(\bar{x}_i, \bar{e}_{i+1}, d) = e_{i+1} + f_i(\bar{x}_i, d) - ((0.5 + 0.5\,\mathrm{sgn}(e_i))\partial \max S_{i-1} + (0.5 - 0.5\,\mathrm{sgn}(e_i))\partial \min S_{i-1})\dot{\bar{x}}_{i-1}$, $x_{i+1} - e_{i+1} \in S_i(\bar{x}_i, \bar{w}_i^\infty)$。并且, 给定 $\kappa_1, \kappa_2, \cdots, \kappa_{i-1}$, 对于任意的 $\mathcal{K}_\infty$ 函数 $\gamma_{e_i}^{e_k}, \gamma_{e_i}^{w_k}, \gamma_{e_i}^{e_{i+1}}, \gamma_{e_i}^d$（$k = 1, 2, \cdots, i-1$）和任意常数 $0 < c_i < 1$, 总存在一个 κ_i 使得 e_i-子系统是输入到状态稳定的, 并具有李雅普诺夫函数

$V_i(e_i) = |e_i|$，满足

$$V_i(e_i) \geqslant \max_{k=1,2,\cdots,i-1} \left\{ \gamma_{e_i}^{e_k}(V_k(e_k)), \gamma_{e_i}^{e_{i+1}}(V_{i+1}(e_{i+1})), \gamma_{e_i}^{w_k}(w_k^\infty), \gamma_{e_i}^{w_i}(w_i^\infty), \gamma_{e_i}^{d}(d^\infty) \right\}$$

$$\Rightarrow \nabla V_i(e_i) F_i(\bar{x}_{i+1}, \bar{e}_{i+1}, d) \leqslant -\ell_i(V_i(e_i)) \quad \text{a.e.} \tag{5.22}$$

其中，$\gamma_{e_i}^{w_i}(s) = s/c_i$。

命题 5.1 的证明请见附录 C.1.

命题 5.1 将受控系统转化成了一个由输入到状态稳定的 e_i-子系统构成的关联系统。而且，通过合理选取 κ_i 能够保证如下多回路小增益条件成立。

（1）输入到状态稳定增益 $\gamma_{e_i}^{e_k} \in \mathcal{K}_\infty$（$1 \leqslant k \leqslant i-1$）满足如下多回路小增益条件：

$$\begin{aligned}
\gamma_{e_1}^{e_2} \circ \gamma_{e_2}^{e_3} \circ \gamma_{e_3}^{e_4} \circ \cdots \circ \gamma_{e_{i-1}}^{e_i} \circ \gamma_{e_i}^{e_1} &< \text{Id} \\
\gamma_{e_2}^{e_3} \circ \gamma_{e_3}^{e_4} \circ \cdots \circ \gamma_{e_{i-1}}^{e_i} \circ \gamma_{e_i}^{e_2} &< \text{Id} \\
&\vdots \\
\gamma_{e_{i-1}}^{e_i} \circ \gamma_{e_i}^{e_{i-1}} &< \text{Id}
\end{aligned} \tag{5.23}$$

（2）对于 $i = 1, 2, \cdots, n-1$，$\gamma_{e_i}^{e_{i+1}}$ 是局部利普希茨的函数。

（3）对于 $i = 1, 2, \cdots, n$，$\gamma_{e_i}^{w_1}, \cdots, \gamma_{e_i}^{w_i}$ 均是局部利普希茨的函数。

小增益条件(5.23)确保 e-系统是输入到状态稳定的。而上述条件 (2) 和条件 (3) 保证事件触发控制的可实现性。

定理 5.1 表明，通过合理选取 $\kappa_{(\cdot)}$ 能够保证包含由式(5.11)~式(5.13)构成的控制器的闭环系统对采样误差的鲁棒性。

定理 5.1 在满足假设 5.1 的情况下，考虑由式(5.1)和式(5.2)构成的严格反馈型不确定非线性被控对象和由式(5.11)~式(5.13)构成的控制器。通过合理选取 $\kappa_{(\cdot)}$ 能够保证存在 $\beta \in \mathcal{KL}$ 和 $\gamma, \gamma^d \in \mathcal{K}$ 使得对任意初始状态 $x(0)$ 和任意分段连续且有界的 w 和 d，

$$|x(t)| \leqslant \max\{\beta(|x(0)|, t), \gamma(w^\infty), \gamma^d(d^\infty)\} \tag{5.24}$$

对所有 $t \geqslant 0$ 都成立，并且 γ 能够设计成局部利普希茨的函数。

证明 命题 5.1 将受控系统转化成了一个由输入到状态稳定的 e_i-子系统构成的关联系统。当多回路小增益条件(5.23)成立时，可为受控系统构造如下输入到状态稳定李雅普诺夫函数：

$$V(e) = \max_{i=1,2,\cdots,n}\{\sigma_i(V_i(e_i))\} \tag{5.25}$$

其中，$\sigma_1 = \mathrm{Id}, \sigma_i = \hat{\gamma}_{e_1}^{e_2} \circ \hat{\gamma}_{e_2}^{e_3} \circ \cdots \circ \hat{\gamma}_{e_{i-1}}^{e_i}$，新函数 $\hat{\gamma}_{e_k}^{e_{k+1}} \in \mathcal{K}_\infty$ 满足：① $\hat{\gamma}_{e_k}^{e_{k+1}} - \gamma_{e_k}^{e_{k+1}}$ 是正定函数；② $\hat{\gamma}_{e_k}^{e_{k+1}}$ 与其相对应的反函数均是局部利普希茨的函数；③ 当用 $\hat{\gamma}_{e_k}^{e_{k+1}}$ 替换 $\gamma_{e_k}^{e_{k+1}}$ 时，多回路小增益条件(5.23)仍然成立。当满足式(5.23)时，不难验证 $\hat{\gamma}_{e_k}^{e_{k+1}}$ 存在。这就保证了 σ_i 和 σ_i^{-1} 是局部利普希茨的函数。

李雅普诺夫函数(5.25)满足

$$\underline{\alpha}(|e|) \leqslant V(e) \leqslant \overline{\alpha}(|e|) \tag{5.26}$$

其中，$\underline{\alpha}(s) = \min_{i=1,2,\cdots,n} \sigma_i(s/\sqrt{n})$，$\overline{\alpha}(s) = \max_{i=1,2,\cdots,n} \sigma_i(s)$。函数 σ_i 能够保证 $\underline{\alpha}$ 和 $\overline{\alpha}$ 均是局部利普希茨的 $\mathcal{K}_\infty$ 函数。当基于李雅普诺夫函数的多回路小增益条件成立时，有

$$V(e) \geqslant \vartheta \Rightarrow \nabla V(e) F(x, w^\infty, e, d) \leqslant -\alpha(V(e)), \quad \text{a.e.} \tag{5.27}$$

其中，$F(x, w^\infty, e, d) = [F_1(\bar{x}_1, \bar{w}_1^\infty, e_2, d), \cdots, F_n(\bar{x}_n, \bar{w}_n^\infty, e_{n+1}, d)]^\mathrm{T}$，$\vartheta$ 表示采样误差和外部扰动对受控系统收敛性的影响：

$$\vartheta = \max_{i=1,2,\cdots,n} \left\{ \sigma_i \left(\max_{k=1,2,\cdots,i} \{\gamma_{e_i}^{w_k}(w_k^\infty)\} \right), \sigma_i \circ \gamma_{e_i}^d(d^\infty) \right\} \tag{5.28}$$

在满足性质(5.27)的情况下，能够证明存在 $\beta_0 \in \mathcal{KL}$ 使得

$$V(e(t)) \leqslant \max\{\beta_0(V(e(0)), t), \gamma_0(|w^\infty|), \gamma_0^d(d^\infty)\} \tag{5.29}$$

对所有 $t \geqslant 0$ 都成立，其中，

$$\gamma_0(s) = \max_{i=1,2,\cdots,n} \left\{ \sigma_i \left(\max_{k=1,2,\cdots,i} \{\gamma_{e_i}^{w_k}(s)\} \right) \right\} \tag{5.30}$$

$$\gamma_0^d(s) = \max_{i=1,2,\cdots,n} \left\{ \sigma_i \circ \gamma_{e_i}^d(s) \right\} \tag{5.31}$$

不难验证 $\gamma_0, \gamma_0^d \in \mathcal{K}_\infty$ 均是局部利普希茨的函数。由性质(5.26)和性质(5.29)，可得

$$|e(t)| \leqslant \max\{\underline{\alpha}^{-1} \circ \beta_0\left(\overline{\alpha}(|e(0)|), t\right), \underline{\alpha}^{-1} \circ \gamma_0(|w^\infty|), \underline{\alpha}^{-1} \circ \gamma_0^d(d^\infty)\} \tag{5.32}$$

对所有 $t \geqslant 0$ 都成立。

利用 e_i 的定义(5.19)，对于 $i = 2, 3, \cdots, n$，可得

$$|e_i| \leqslant |x_i - \kappa_{i-1}(e_{i-1})| \leqslant |x_i| + |\kappa_{i-1}(e_{i-1})| \tag{5.33}$$

于是，存在局部利普希茨的函数 $\alpha_x \in \mathcal{K}_\infty$ 使得

$$|e| \leqslant \alpha_x(|x|) \tag{5.34}$$

对于 $i = 2, 3, \cdots, n$,有 $|x_i| \leqslant \max\{|\max S_{i-1}(\bar{x}_{i-1}, \bar{w}_i^\infty) + e_i|, |\min S_{i-1}(\bar{x}_{i-1},$
$\bar{w}_i^\infty) - e_i|\}$。那么,存在局部利普希茨的函数 $\alpha_e, \alpha_w \in \mathcal{K}_\infty$ 使得

$$|x| \leqslant \max\{\alpha_e(|e|), \alpha_w(|w^\infty|)\} \tag{5.35}$$

将式(5.34)和式(5.35)代入式(5.32),可直接证明性质(5.24)成立,其中,

$$\beta(s, t) = \alpha_e \circ \underline{\alpha}^{-1} \circ \beta_0(\overline{\alpha} \circ \alpha_x(s), t) \tag{5.36}$$

$$\gamma(s) = \max\{\alpha_e \circ \underline{\alpha}^{-1} \circ \gamma_0(s), \alpha_w(s)\} \tag{5.37}$$

$$\gamma^d(s) = \alpha_e \circ \underline{\alpha}^{-1} \circ \gamma_0^d(s) \tag{5.38}$$

不难验证 $\beta \in \mathcal{KL}$、$\gamma, \gamma^d \in \mathcal{K}_\infty$。由于 α_e、$\underline{\alpha}^{-1}$、γ_0、α_w 均是局部利普希茨的函数,因此 γ 是局部利普希茨的函数。定理 5.1 证毕。　　　　　□

受控系统的李雅普诺夫函数(5.25)满足性质(5.27),其依赖于采样误差的上确界 w^∞。因此,基于李雅普诺夫的事件触发控制设计方法无法直接使用(见 3.2 节),但是可以使用基于轨迹的事件触发控制设计方法(见 3.3 节)。

5.3　基于小增益方法的事件触发采样机制设计

当 $d \equiv 0$ 时,可直接利用 3.3 节介绍的基于轨迹的事件触发采样机制设计方法来解决由式(5.1)和式(5.2)构成的严格反馈型不确定非线性被控对象的事件触发控制问题。这一结果由定理 5.2 给出。

定理 5.2　在满足假设 5.1 的情况下,考虑由式(5.1)和式(5.2)构成的严格反馈型不确定非线性被控对象、由式(5.11)~式(5.13)构成的控制器以及事件触发采样机制(3.11)。当 $d \equiv 0$ 时,如果满足定理 3.2 中条件(1)~条件(3),那么对于任意初始状态 $x(0)$,闭环系统状态 $x(t)$ 满足性质(3.35),并且采样间隔具有正的下界。

当 $d \equiv 0$ 时,将任意正的偏移量引入事件触发采样机制(3.11)的阈值信号中能够解决由式(5.1)和式(5.2)构成的被控对象的事件触发控制问题(见例 1.4)。

下面通过数值仿真来验证由式(5.11)~式(5.13)构成的控制器对采样误差的鲁棒性。

例 5.1　考虑如下严格反馈型非线性被控对象:

$$\dot{x}_1 = x_2 + f_1(x_1) \tag{5.39}$$

$$\dot{x}_2 = u + f_2(x_2) \tag{5.40}$$

其中,$x = [x_1, x_2]^T \in \mathbb{R}^2$ 是状态,$u \in \mathbb{R}$ 是控制输入,$f_1 : \mathbb{R}^2 \to \mathbb{R}$ 和 $f_2 : \mathbb{R} \to \mathbb{R}$ 是局部利普希茨的函数。假设 $|f_1(x_1, d)| \leqslant 0.1|x_1|$、$|f_2(x_2)| \leqslant 0.2|x_2|^2$。

对于特定的 w_1^∞ 和 w_2^∞，选取集值映射：

$$S_1(\bar{x}_1, \bar{w}_1^\infty) = \{\kappa_1(x_1 + a_1 w_1^\infty) : |a_1| \leqslant 1\} \tag{5.41}$$

$$S_2(\bar{x}_2, \bar{w}_2^\infty) = \{\kappa_2(x_2 + a_2 w_2^\infty) - p_1 : |a_2| \leqslant 1, p_1 \in S_1(\bar{x}_1, \bar{w}_1^\infty)\} \tag{5.42}$$

通过选取控制器 $u = \kappa_2(x_2 + w_2 - \kappa_1(x_1 + w_1))$ 能够将受控系统转化成由 e_i-子系统（$i = 1, 2$）构成的关联系统。具体地，

$$\begin{aligned}
\dot{e}_1 &= x_2 - e_2 + f_1(e_1, d) + e_2 \\
&:= F_1(\bar{x}_2, \bar{e}_2)
\end{aligned} \tag{5.43}$$

$$\begin{aligned}
\dot{e}_2 &= u + f_2(x_2) - \left(0.5(1 + \mathrm{sgn}(e_2)) \frac{\partial \kappa_1(e_1 - w_1^\infty)}{\partial(e_1 - w_1^\infty)} \right. \\
&\qquad \left. + 0.5(1 - \mathrm{sgn}(e_2)) \frac{\partial \kappa_1(e_1 - w_1^\infty)}{\partial(e_1 + w_1^\infty)} \right) \dot{e}_1 \\
&:= u + \phi_2(\bar{x}_2, \bar{e}_2) \\
&:= F_2(\bar{x}_2, \bar{e}_2)
\end{aligned} \tag{5.44}$$

利用命题 5.1，选取 $\kappa_1(r) = -2.1r$、$\kappa_2(r) = -7.02|r|r - 25.515r$，其能够保证每个 e_i-子系统（$i = 1, 2$）均是输入到状态稳定的，并且具有输入到状态稳定李雅普诺夫函数 $V_i(e_i) = |e_i|$，满足

$$V_1(e_1) \geqslant \max\{|e_2|, 3w_1^\infty\}$$

$$\Rightarrow \nabla V_1(e_1) F_1(\bar{x}_2, \bar{e}_2) \leqslant -0.1 V_1(e_1) \quad \text{a.e.} \tag{5.45}$$

$$V_2(e_2) \geqslant \max\{0.99|e_1|, w_1^\infty, 3w_2^\infty\}$$

$$\Rightarrow \nabla V_2(e_2) F_2(\bar{x}_2, \bar{e}_2) \leqslant -0.1 V_2(e_2) \quad \text{a.e.} \tag{5.46}$$

对于 e-系统，构造李雅普诺夫函数 $V(e) = \max\{V_1(e_1), V_2(e_2)\}$。不难验证，性质(5.24)成立，并且 $\gamma(s) = 13.5s$。利用定理 5.2，设计如下事件触发采样机制：当 $x(t_k) \neq 0$ 时，

$$t_{k+1} = \inf\{t > t_k : |x(t) - x(t_k)| \geqslant 0.07|x(t)|\}, \quad t_0 = 0 \tag{5.47}$$

在仿真中，选取 $f_1(x_1, d) = 0.1x_1 \sin(x_1)$、$f_2(x_2) = 0.2x_2^2 \sin(x_2)$、$x_1(0) = 2$、$x_2(0) = 1$。图 5.1~图 5.3 分别给出了闭环系统状态轨迹、控制输入、采样间隔。仿真结果验证了本章所提出的事件触发控制器设计方法的有效性。

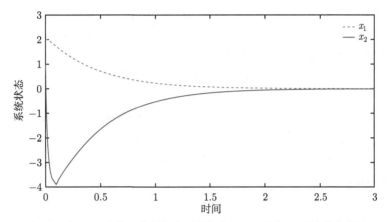

图 5.1　例 5.1 中基于事件触发采样机制(5.47)的闭环系统状态轨迹

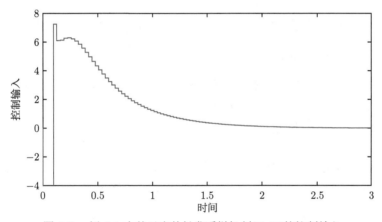

图 5.2　例 5.1 中基于事件触发采样机制(5.47)的控制输入

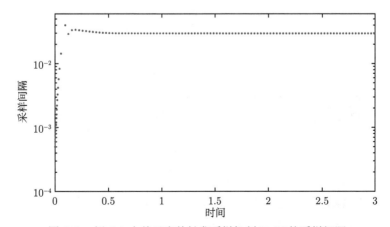

图 5.3　例 5.1 中基于事件触发采样机制(5.47)的采样间隔

5.4　系统的动力学包含时滞的情形

严格反馈型系统也常用于时滞被控对象的建模中，串级连接的反应器就是一个典型例子[331-333]。对于不确定非线性时滞被控对象的稳定性分析和控制设计已有不少研究成果，如文献 [334]~[347] 及其参考文献，但上述结果不能直接处理状态采样误差。同时，现有的关于严格反馈被控对象的事件触发控制结果（比如文献 [11]、[31]、[34]、[161]、[348]~[350]）也没有考虑状态时滞。本节尝试解决一类严格反馈型不确定非线性时滞被控对象的事件触发镇定问题。

5.4.1　固定时滞

1. 问题描述

考虑如下包含时滞的严格反馈型不确定非线性被控对象：

$$\dot{x}_i = f_i\left(\bar{x}_i, \bar{x}_i^\theta\right) + g_i(\bar{x}_i, \bar{x}_i^\theta)x_{i+1}, \quad i = 1, 2, \cdots, n-1 \tag{5.48}$$

$$\dot{x}_n = f_n\left(\bar{x}_n, \bar{x}_n^\theta\right) + g_n(\bar{x}_n, \bar{x}_n^\theta)u \tag{5.49}$$

其中，$[x_1, x_2, \cdots, x_n]^{\mathrm{T}} := x \in \mathbb{R}^n$ 是状态，$\bar{x}_i = [x_1, x_2, \cdots, x_i]^{\mathrm{T}}$，$u \in \mathbb{R}$ 是控制输入，$\bar{x}_i^\theta(t) = \bar{x}_i(t-\theta) = [x_1(t-\theta), x_2(t-\theta), \cdots, x_i(t-\theta)]^{\mathrm{T}}$，$\theta > 0$ 是时滞长度，$f_i : \mathbb{R}^i \times \mathbb{R}^i \to \mathbb{R}$ 和 $g_i : \mathbb{R}^i \times \mathbb{R}^i \to \mathbb{R}$（$i = 1, 2, \cdots, n$）是未知的、局部利普希茨的函数。

考虑被控对象动力学满足如下假设的情况。

假设 5.2　对于 $i = 1, 2, \cdots, n$，存在常数 $c_i > 0$ 使得

$$g_i(\bar{x}_i, z_i) > c_i \tag{5.50}$$

对所有 $\bar{x}_i \in \mathbb{R}^i$、$z_i \in \mathbb{R}^i$ 都成立，其中，$z_i(t) = \bar{x}_i^\theta(t)$，并且存在已知的 $\psi_{f_i} \in \mathcal{K}_\infty$ 使得

$$|f_i\left(\bar{x}_i, z_i\right)| \leqslant \psi_{f_i}\left(|\bar{x}_i| + |z_i|\right) \tag{5.51}$$

对所有 $\bar{x}_i \in \mathbb{R}^i$、$z_i \in \mathbb{R}^i$ 都成立。

对于由式(5.48)和式(5.49)构成的时滞被控对象，本节设计如下形式的控制器来实现全局渐近镇定：

$$u(t) = \lambda(x^s(t)) \tag{5.52}$$

其中，$x^s = [x_1^s, x_2^s, \cdots, x_n^s]^{\mathrm{T}} \in \mathbb{R}^n$ 是 x 的采样值，并且满足

$$x^s(t) = x(t_k), \quad t \in [t_k, t_{k+1}), \quad k \in \mathbb{S} \subseteq \mathbb{Z}_+ \tag{5.53}$$

在状态连续反馈的情况下，由式(5.48)和式(5.49)构成的时滞被控对象的镇定问题已得到解决，见文献 [351]、[335] 及其参考文献。文献 [352]、[353] 分别解决了事件触发反馈的非线性时滞被控对象的半全局和全局镇定问题。需要指出的是，文献 [352]、[353] 均利用李雅普诺夫-克拉索夫斯基（Lyapunov-Krasovskii）泛函描述反馈控制律的镇定性能。但是，对于由式(5.48)和式(5.49)构成的严格反馈型不确定非线性时滞被控对象，难以构造李雅普诺夫-克拉索夫斯基泛函。本节设计的控制器能够实现全局镇定。

2. 基于集值映射的构造性控制器设计

在无时滞的情况下，对于严格反馈型不确定非线性被控对象，5.2 节已给出了基于集值构造性控制和多回路小增益集成的系统性解决方案。对于由式(5.48)和式(5.49)构成的时滞被控对象，仍然可以利用集值映射来覆盖采样误差对闭环系统的影响。不同之处在于，此时需要利用时滞非线性小增益定理来分析闭环系统的稳定性。具体而言，设计如下串级形式的控制器：

$$\mu_1 = \lambda_1(x_1^s) \tag{5.54}$$

$$\mu_i = \lambda_i(x_i^s - \mu_{i-1}), \quad i = 2, 3, \cdots, n-1 \tag{5.55}$$

$$u = \lambda_n(x_n^s - \mu_{n-1}) \tag{5.56}$$

首先证明如何设计函数 $\lambda_i (i = 1, 2, \cdots, n)$ 使得由式(5.48)、式(5.49)、式(5.54) ~ 式(5.56)构成的受控系统对采样误差具有鲁棒性。

定义采样误差

$$w_i = x_i^s - x_i, \quad i = 1, 2, \cdots, n \tag{5.57}$$

为便于讨论，记 $w = [w_1, w_2, \cdots, w_n]^T \in \mathbb{R}^n$。在控制器设计过程中，首先假设 w 有界。也就是说，$\|w\|_{[0,\infty)}$ 存在并记为 w^∞。因此，$\|w_i\|_{[0,\infty)}$（$i = 1, 2, \cdots, n$）存在并记为 w_i^∞。记 $\bar{w}^\infty = [w_1^\infty, w_2^\infty, \cdots, w_n^\infty]^T$。

与 5.2 节的设计思路一致，本节仍然利用集值构造性控制和小增益集成手段来设计对采样误差鲁棒的控制器，并最终将受控系统转化成由多个输入到状态稳定的子系统构成的关联系统，进一步利用时滞多回路非线性小增益定理来保证整个受控系统是输入到状态稳定的。

定义如下集值映射：

$$\Lambda_i(\bar{x}_i, \bar{w}_i^\infty) = \{\lambda_i(x_i + a_i w_i^\infty - \mu_{i-1}^*) : \mu_{i-1}^* \in \Lambda_{i-1}(\bar{x}_{i-1}, \bar{w}_{i-1}^\infty), |a_i| \leqslant 1\} \tag{5.58}$$

其中，

$$\lambda_i(r) = -\kappa_i(|r|)r \tag{5.59}$$

其中, $r \in \mathbb{R}$, $\kappa_i : \mathbb{R}_+ \to \mathbb{R}_+$ 是正的、非减的、连续可导的函数。默认 $\Lambda_0(\bar{x}_0, \bar{w}_0^\infty) = \{0\}$。

对于 $i = 1, 2, \cdots, n$, 定义新的状态变量:

$$e_i = d(x_i, \Lambda_{i-1}(\bar{x}_{i-1}, \bar{w}_{i-1}^\infty)) \tag{5.60}$$

此处的 $d(\cdot, \cdot)$ 已在式(5.20)中定义。对于 $i = 1, 2, \cdots, n$, 可知 $x_i - e_i \in \Lambda_{i-1}(\bar{x}_{i-1}, \bar{w}_{i-1}^\infty)$、$\mu_i \in \Lambda_i(\bar{x}_i, \bar{w}_i^\infty)$、$u \in \Lambda_n(\bar{x}_n, w^\infty)$。当 $e_i \neq 0$ 时, e_i-子系统可写作

$$\dot{e}_i = h_i(\bar{x}_i, \bar{x}_i^\theta, \bar{e}_{i+1}) + g_i(\bar{x}_i, \bar{x}_i^\theta)(x_{i+1} - e_{i+1})$$

$$:= F_i(\bar{x}_i, \bar{x}_i^\theta, \bar{w}_i^\infty, \bar{e}_{i+1}) \tag{5.61}$$

其中, $h_i(\bar{x}_i, \bar{x}_i^\theta, \bar{e}_{i+1}) = g_i(\bar{x}_i, \bar{x}_i^\theta) e_{i+1} + f_i(\bar{x}_i, \bar{x}_i^\theta) - ((0.5 + 0.5 \operatorname{sgn}(e_i)) \nabla \max \Lambda_{i-1} + (0.5 - 0.5 \operatorname{sgn}(e_i)) \nabla \min \Lambda_{i-1}) \dot{\bar{x}}_{i-1}$。

本段给出式(5.61)的证明过程:条件(5.59)保证控制律 λ_i $(i = 1, 2, \cdots, n)$ 是连续可导的。那么, 对于 $k = 1, 2, \cdots, i-1$ 和任意特定的 $\bar{x}_k$, 都有 $\max \Lambda_k = \lambda_k(x_k - w_k^\infty - \max \Lambda_{k-1}(\bar{x}_{k-1}, \bar{w}_{k-1}^\infty))$、$\min \Lambda_k = \lambda_k(x_k + w_k^\infty - \min \Lambda_{k-1}(\bar{x}_{k-1}, \bar{w}_{k-1}^\infty))$, 并且 $\max \Lambda_k$ 和 $\min \Lambda_k$ 关于 $\bar{x}_k$ 连续可导。在 $e_i > 0$ 的情况下, e_i-子系统的动力学可等价地写作 $\dot{e}_i = \dot{x}_i - \nabla \max \Lambda_{i-1} \dot{\bar{x}}_{i-1} = f_i(\bar{x}_i, \bar{x}_i^\theta) + g_i(\bar{x}_i, \bar{x}_i^\theta) x_{i+1} - \nabla \max \Lambda_{i-1} \dot{\bar{x}}_{i-1} = g_i(\bar{x}_i, \bar{x}_i^\theta)(x_{i+1} - e_{i+1}) + f_i(\bar{x}_i, \bar{x}_i^\theta) + g_i(\bar{x}_i, \bar{x}_i^\theta) e_{i+1} - \nabla \max \Lambda_{i-1} \dot{\bar{x}}_{i-1}$。对于 $e_i < 0$ 情况的证明类似于 $e_i > 0$ 的情况。综上所述, 有 $\dot{e}_i = g_i(\bar{x}_i, \bar{x}_i^\theta)(x_{i+1} - e_{i+1}) + f_i(\bar{x}_i, \bar{x}_i^\theta) + g_i(\bar{x}_i, \bar{x}_i^\theta) e_{i+1} - \nabla \min \Lambda_{i-1} \dot{\bar{x}}_{i-1}$。因此, 当 $e_i \neq 0$ 时, 每个 e_i-子系统都可以表示为式(5.61)的形式。

由于存在状态时滞项, 本节利用类拉兹密辛-李雅普诺夫函数 (Ruzumikhin-like Lyapunov function)[303] 来刻画控制器的鲁棒性。为简化讨论, 记 $e_{n+1} = 0$、$\bar{e}_i = [e_1, e_2, \cdots, e_i]^T \in \mathbb{R}^i$、$e = \bar{e}_n \in \mathbb{R}^n$、$e_i^\theta = e_i(t - \theta) \in \mathbb{R}$、$F(x, \bar{x}_n^\theta, \bar{w}_n^\infty, e) = [F_1(\bar{x}_1, \bar{x}_1^\theta, \bar{w}_1^\infty, \bar{e}_2), \cdots, F_n(\bar{x}_n, \bar{x}_n^\theta, \bar{w}_n^\infty, \bar{e}_{n+1})]^T : \mathbb{R}^n \times \mathbb{R}^n \times \mathbb{R}^n \times \mathbb{R}^n \to \mathbb{R}^n$。

命题 5.2 在满足假设 5.2 的情况下, 考虑由式(5.48)和式(5.49)构成的严格反馈型不确定非线性时滞被控对象和由式(5.54)~式(5.56)构成的控制器。通过合理选取式(5.59)中的 κ_i 能够保证存在局部利普希茨的函数 $V : \mathbb{R}^n \to \mathbb{R}_+$, 满足

$$\underline{\alpha}(|e|) \leqslant V(e) \leqslant \overline{\alpha}(|e|) \tag{5.62}$$

$$V(e) \geqslant \max\{\gamma_e(\|V(e)\|_{[t-\theta, t]}), \gamma_w(w^\infty)\}$$

$$\Rightarrow \nabla V(e) F(x, \bar{x}_n^\theta, \bar{w}_n^\infty, e) \leqslant -\alpha_e(V(e)), \quad \text{a.e.} \tag{5.63}$$

$$\gamma_e < \text{Id} \tag{5.64}$$

其中, $\underline{\alpha}$、$\overline{\alpha}$、γ_e、γ_w 均是局部利普希茨的 $\mathcal{K}_\infty$ 函数, α_e 是连续的正定函数。

附录 C.2 给出了命题 5.2 的证明。

命题 5.2 仅保证受控系统以新定义的误差变量 e 为状态是输入到状态稳定的。为便于事件触发采样机制设计，命题 5.3 表明，受控系统以 x 为状态和以 w 为输入是输入到状态稳定的。

命题 5.3 在满足假设 5.2 的情况下，考虑由式(5.48)和式(5.49)构成的严格反馈型不确定非线性时滞被控对象和由式(5.54)~式(5.56)构成的控制器。通过合理选取控制器 $\lambda_{(\cdot)}$ 能够保证对于任意初始状态 ξ 和任意有界的 w^∞，受控系统状态 x 满足

$$|x(t)| \leqslant \max\left\{\beta(\|\xi\|_{[-\theta,0]}, t), \gamma_x^w(w^\infty)\right\}, \quad t \geqslant 0 \tag{5.65}$$

其中，$\beta \in \mathcal{KL}$，$\gamma_x^w \in \mathcal{K}_\infty$ 是局部利普希茨的函数。

附录 C.3 给出了命题 5.3 的证明。

3. 基于时滞小增益方法的事件触发采样机制设计

在没有状态时滞的情况下，当性质(5.65)成立时，可以设计一个静态事件触发采样机制(3.11)来实现闭环系统在原点处的渐近稳定性（见 3.2 节）。当状态存在时滞时，事件触发采样机制(3.11)不能避免无限快采样（见例 1.3，将时滞项看作扰动项）。为处理时滞项 $\bar{x}_i^\theta$，采样机制引入一个时滞阈值信号，其能够避免无限快采样。具体地，设计如下事件触发采样机制：

$$t_{k+1} = \inf\left\{t > t_k : |w(t)| \geqslant \rho(\|x\|_{[t-\theta,t]}), \|x\|_{[t-\theta,t]} \neq 0\right\}, \quad t_0 = 0 \tag{5.66}$$

其中，$\rho \in \mathcal{K}_\infty$。

定理 5.3 表明，包含时滞的静态事件触发采样机制(5.66)能保证事件触发的闭环系统在原点处渐近稳定。

定理 5.3 在满足假设 5.2 的情况下，考虑由式(5.48)和式(5.49)构成的严格反馈型不确定非线性时滞被控对象、由式(5.54)~式(5.56)构成的控制器、事件触发采样机制(5.66)。通过合理选取事件触发采样机制(5.66)中 ρ 使其满足如下条件：① $\rho \in \mathcal{K}_\infty$ 是局部利普希茨的函数；② ρ^{-1} 是局部利普希茨的函数；③ ρ 满足小增益条件

$$\rho \circ \gamma_x^w < \mathrm{Id} \tag{5.67}$$

那么能够保证事件触发的闭环系统在原点处渐近稳定，并且采样间隔具有正的下界。

证明 增益 γ_x^w 的局部利普希茨性质能够保证存在 ρ 使其满足定理 5.3 中条件 ① ~条件 ③。下面首先证明闭环系统状态的渐近收敛性，然后证明采样间隔具有正的下界。

（a）闭环系统状态收敛性分析。

假设 $x(\cdot)$ 在 $t \in [-\theta, T_{\max})$ 上有定义，其中，$0 < T_{\max} \leqslant \infty$。

如果能够保证

$$|w(t)| \leqslant \rho(\|x\|_{[t-\theta,t]}) \tag{5.68}$$

对所有 $0 \leqslant t < T_{\max}$ 都成立，那么就不难证明闭环系统状态的收敛性。下面证明条件 (5.68) 成立。考虑如下两种情况：① 当 $\|x\|_{[t-\theta,t]} \neq 0$ 对所有 $0 \leqslant t < T_{\max}$ 都成立时，事件触发采样机制 (5.66) 可直接保证条件 (5.68) 成立。② 考虑 $\|x\|_{[t-\theta,t]} = 0$ 对某些 $0 \leqslant t < T_{\max}$ 成立。记

$$t^* = \min\{t : 0 \leqslant t < T_{\max}, \|x\|_{[t-\theta,t]} = 0\} \tag{5.69}$$

$$t_{k^*} = \max\{t_k : k \in \mathbb{S}, t_k \leqslant t^*\} \tag{5.70}$$

事件触发采样机制 (5.66) 可直接保证 $|w(t)| \leqslant \rho(\|x\|_{[t-\theta,t]})$。也就是说，$|x(t) - x(t_{k^*})| \leqslant \rho(\|x\|_{[t-\theta,t]})$ 对所有 $t \in [t_{k^*}, t^*)$ 都成立。由 x 的连续性可得 $|x(t^*) - x(t_{k^*})| \leqslant \rho(\|x\|_{[t^*-\theta,t^*]})$，这说明 $x(t_{k^*}) = 0$。那么，当 $t^* \leqslant t < T_{\max}$ 时，闭环系统状态 x 和控制输入 u 恒为零，并且时刻 t_{k^*} 之后将不会有采样事件发生，即 $\mathbb{S} = \{0, 1, \cdots, k^*\}$。

基于以上两种情况的讨论，性质 (5.68) 得证。

在满足条件 (5.65)、条件 (5.67)、条件 (5.68) 的情况下，利用基于轨迹的时滞非线性小增益定理[300]，能够证明存在 $\hat{\beta} \in \mathcal{KL}$ 使得

$$|x(t)| \leqslant \hat{\beta}(\|\xi\|_{[-\theta,0]}, t) \tag{5.71}$$

对所有 $0 \leqslant t < T_{\max}$ 都成立。

（b）采样间隔具有正的下界。

本部分证明采样间隔 $t_{k+1} - t_k$ 具有正的下界，并且闭环系统中所有信号对所有 $t \geqslant 0$ 都有定义。也就是说，$T_{\max} = \infty$。

将式 (5.52) 代入式 (5.48) 和式 (5.49)，可得

$$\dot{x}_i(t) = f_i\left(\bar{x}_i(t), \bar{x}_i^{\theta}(t)\right) + g_i(\bar{x}_i(t), \bar{x}_i^{\theta}(t))x_{i+1}(t), \quad i = 1, 2, \cdots, n-1$$

$$\dot{x}_n(t) = f_n\left(\bar{x}_n(t), \bar{x}_n^{\theta}(t)\right) + g_n(\bar{x}_n(t), \bar{x}_n^{\theta}(t))\lambda(x(t) + w(t))$$

其中，$\lambda(x+w) = \lambda_n(x_n + w_n - \mu_{n-1})$，$\mu_1 = \lambda_1(x_1 + w_1)$，$\mu_i = \lambda_i(x_i + w_i - \mu_{i-1})$（$i = 2, 3, \cdots, n-1$）。在满足假设 5.2 的情况下，利用 λ_i 的定义 (5.59) 以及性质 (5.68) 能够证明闭环系统的系统动力学满足

$$|\dot{x}(t)| \leqslant L(\|x\|_{[t-\theta,t]})\|x\|_{[t-\theta,t]} \tag{5.72}$$

其中，$t \in [t_k, t_{k+1})$，L 是正且非减的连续函数。当 ρ 满足定理 5.3 中条件 ①、②、③时，利用引理 A.5 能够证明存在正且非减的连续函数 $\hat{L}$ 使得

$$L(\|x\|_{[\tau-\theta,\tau]})\|x\|_{[\tau-\theta,\tau]} \leqslant \hat{L}(\|x\|_{[\tau-\theta,\tau]})\rho(\|x\|_{[\tau-\theta,\tau]})$$

对所有 $\tau \in [t_k, t_{k+1})$ 都成立。接下来通过反证法证明 $\|x\|_{[\tau-\theta,\tau]} \neq 0$ 对所有 $\tau \in [t_k, t_{k+1})$ 都成立。如果 $\|x\|_{[\tau-\theta,\tau]} = 0$，那么由闭环系统状态收敛性的证明可知，$x(t_k) = 0$，并且 t_k 是最后的采样时刻。这与 $k+1 \in \mathbb{S}$ 相互矛盾。因此可以证明 $\|x\|_{[\tau-\theta,\tau]} \neq 0$ 对所有 $\tau \in [t_k, t_{k+1})$ 都成立。而且，t_{k+1} 不小于能够使

$$(\tau - t_k)(\hat{L}(\|x\|_{[\tau-\theta,\tau]})\rho(\|x\|_{[\tau-\theta,\tau]})) \leqslant \rho(\|x\|_{[\tau-\theta,\tau]}), \quad \tau \in [t_k, t) \tag{5.73}$$

成立的最大 t。

利用条件(5.71)和条件(5.73)可以证明

$$t_{k+1} - t_k \geqslant \frac{1}{\hat{L}(\max\{\hat{\beta}(\|\xi\|_{[-\theta,0]}, 0), \|\xi\|_{[-\theta,0]}\})} \tag{5.74}$$

由于式(5.74)的右侧独立于 k，因此

$$\inf_{k \in \mathbb{S}}\{t_{k+1} - t_k\} \geqslant \frac{1}{\hat{L}(\max\{\hat{\beta}(\|\xi\|_{[-\theta,0]}, 0), \|\xi\|_{[-\theta,0]}\})} \tag{5.75}$$

性质(5.75)保证了不会出现无限快采样。注意到 x 在 $t \in [-\theta, T_{\max})$ 上有界，因此在 $[0, T_{\max}]$ 上闭环系统状态不会发散。由解的连续性可知，$T_{\max} = \infty$。那么，性质(5.71)中的 $T_{\max}$ 可替换为 ∞。　　□

如果将 $\rho(\|x\|_{[t-\theta,t]})$ 修改成 $\rho(|x(t)|)$，那么事件触发采样机制(5.66)就退化为常规的静态事件触发采样机制。当被控对象动力学中包含时滞时，常规的静态事件触发采样机制不能避免无限快采样。这一点仅考虑 $x(t) = 0$ 的情况就能看出。如果 $x(t) = 0$，那么阈值信号等于零，即 $\rho(|x(t)|) = 0$，但是 $\|x\|_{[t-\theta,t]}$ 可能不是零，那么 $\dot{x}(t)$ 可能不是零。这就是为什么要在阈值信号中引入时滞项的原因。

例 5.2　以串级反应器为例进行数值仿真来验证由式(5.54)∼式(5.56)构成的控制器和事件触发采样机制(5.66)的有效性。考虑如下由两个串联反应器构成的被控对象[332]：

$$\dot{x}_1 = f_1(\bar{x}_1, \bar{x}_1^\theta) + g_1 x_2 \tag{5.76}$$

$$\dot{x}_2 = f_2(\bar{x}_2, \bar{x}_2^\theta) + g_2 u \tag{5.77}$$

其中，$f_1(\bar{x}_1, \bar{x}_1^\theta) = -k_1 x_1 - x_1/D_1 - x_1^\theta/D_1 + D_3 x_1^\theta$，$f_2(\bar{x}_2, \bar{x}_2^\theta) = -k_2 x_2 - x_2^2/D_2 + R_1 x_1^\theta/E_2 - x_2/D_2 + R_2 x_2^\theta/E_2 + 0.5 D_4 (x_2^\theta)^2$，$g_1 = (1 - R_2)/E_1$，$g_2 = F/E_2$。对

于 $i = 1, 2$，x_i 表示成分，R_i 表示循环流量，D_i 表示反应器停留时间，k_i 表示反应常数，F 表示进料速率，E_i 表示反应器容积。在仿真中，选取参数 $R_i = E_i = F = k_i = 0.5$、$D_1 = D_2 = 2$、$D_3 = D_4 = 0.4$、$\theta = 1$。

将由式(5.54)~式(5.56)构成的控制器中的参数选取为 $\lambda_1(s) = -2s$、$\lambda_2(s) = -(20|s| + 10)s$。不难验证性质(5.65)成立，其中，$\gamma_x^w(s) = 20s$。利用定理 5.3，选取事件触发采样机制(5.66)中参数 $\rho(s) = 0.05s$。需要注意的是，静态控制器保证状态测量和控制信号的同步更新。因此，能够将事件触发采样机制同时安装在测量通道和控制通道，只要保证两者同步触发，就能保证实现事件触发控制目标。事件触发控制的两级反应器系统框图如图 5.4 所示。

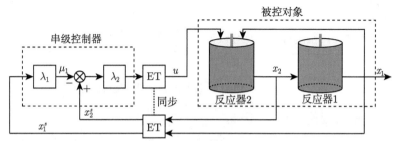

图 5.4　事件触发控制的两级反应器系统框图（ET 表示事件触发采样机制）

在仿真中，选取初始状态 $\xi_1(t) = (\cos(27t) + \sin(25t) + \sin(29t) + \sin(21t))/2$、$\xi_2(t) = (\cos(23t) + \sin(25t) + \sin(28t) + \sin(21t))/2$，其中，$t \in [-1, 0]$。图 5.5~图 5.7 给出的仿真结果表明，采样间隔 $t_{k+1} - t_k$ 具有正的下界，并且闭环系统状态 x 渐近收敛到原点。

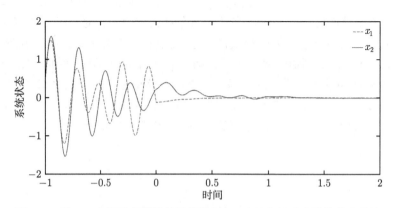

图 5.5　例 5.2 中基于事件触发采样机制(5.66)的串级反应器的状态轨迹

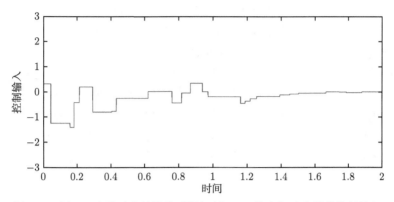

图 5.6 例 5.2 中基于事件触发采样机制(5.66)的串级反应器的控制输入

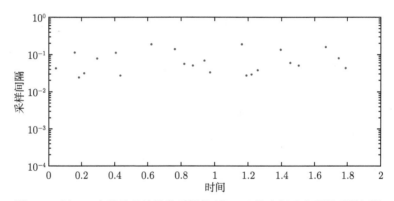

图 5.7 例 5.2 中基于事件触发采样机制(5.66)的串级反应器的采样间隔

5.4.2 分布式时滞

5.4.1节仅考虑了被控对象包含固定时滞的情形,设计了一类由式(5.54)~式(5.56)构成的串级控制器和包含时滞阈值信号的事件触发采样机制(5.66)来实现基于事件触发的全局渐近镇定。对于被控对象的动力学包含分布式时滞的情形,上述控制器和事件触发采样机制仍然有效。考虑如下包含分布式时滞的严格反馈型不确定非线性被控对象:

$$\dot{x}_i(t) = f_i\left(\bar{x}_i(t), \bar{x}_{i,t}\right) + g_i(\bar{x}_i(t), \bar{x}_{i,t})x_{i+1}(t), \quad i = 1, 2, \cdots, n-1 \tag{5.78}$$

$$\dot{x}_n(t) = f_n\left(\bar{x}_n(t), \bar{x}_{n,t}\right) + g_n(\bar{x}_n(t), \bar{x}_{n,t})u(t) \tag{5.79}$$

其中,$\bar{x}_{i,t} \in \mathcal{X}^i$,$\mathcal{X}^i = C^i([-\theta, 0])$ 表示从 $[-\theta, 0]$ 到 $\mathbb{R}^i$ 的所有连续函数的空间,其他各变量定义同式(5.48)和式(5.49)一致。对于定义在 $[-\theta, a]$($a > 0$)上的函数 ϕ,当 $s \in [-\theta, 0]$ 时,记 $\phi_t(s) = \phi(t+s)$。对于 $i = 1, 2, \cdots, n$,假设 $f_i : \mathbb{R}^i \times \mathcal{X}^i \to \mathbb{R}$

和 $g_i : \mathbb{R}^i \times \mathcal{X}^i \to \mathbb{R}$ 满足如下性质来保证解的存在且唯一性：f_i 完全连续（f_i 连续，并且对于每个有界集 $\mathcal{B}$，$f_i(\mathcal{B})$ 的闭包是紧的），并且 f_i 和 g_i 在 $\mathbb{R}^i \times \mathcal{X}^i$ 的每个紧子集上是利普希茨的。时滞系统的相关基本概念见文献 [354]。

相应的，假设 5.2 中的条件(5.50)和条件(5.51)修改成：存在一个已知的、正的常量 c_i 和一类 $\mathcal{K}_\infty$ 函数 ψ_{f_i} 使得对于在 $[-\theta, 0]$ 上任意连续的 $\bar{x}_i$，$g_i(\bar{x}_i(0), \bar{x}_{i,0}) > c_i$ 和 $|f_i(\bar{x}_i(0), \bar{x}_{i,0})| \leqslant \psi_{f_i}(|\bar{x}_i(0)| + \|\bar{x}_i\|_{[-\theta,0]})$。在满足上述假设的情况下，仍然能够保证由式(5.78)和式(5.79)构成的被控对象、式(5.54)~式(5.56)构成的控制器和事件触发采样机制(5.66)所构成的闭环系统在原点处渐近稳定。

第 6 章　输出反馈型不确定非线性被控对象的事件触发输出反馈镇定

当被控对象只有部分状态可测量时，第 5 章中依赖全状态反馈的控制器将不再适用。本章提出一种仅依赖于输出采样值的非线性观测器来估计不可测状态，并设计对采样误差鲁棒的动态控制器。通过将观测误差的动力学视作动态不确定性，能够将基于事件触发的输出反馈问题转化成存在动态不确定性时的事件触发控制问题。

6.1　问 题 描 述

考虑一类输出反馈型不确定非线性被控对象：

$$\dot{x}_i = x_{i+1} + f_i(x_1, d), \quad i = 1, 2, \cdots, n-1 \tag{6.1}$$

$$\dot{x}_n = u + f_n(x_1, d) \tag{6.2}$$

$$y = x_1 \tag{6.3}$$

其中，$y \in \mathbb{R}$ 是输出，其他各变量的定义与式(5.1)和式(5.2)中一致。假设仅输出 y 的反馈量能够用于控制。

假设 6.1　存在已知的、局部利普希茨的函数 $\psi_{f_i} \in \mathcal{K}_\infty$ 使得

$$|f_i(x_1, d)| \leqslant \psi_{f_i}(|[x_1, d^\mathrm{T}]^\mathrm{T}|), \quad i = 1, 2, \cdots, n \tag{6.4}$$

对所有 $x_1 \in \mathbb{R}$、$d \in \mathbb{R}^{n_d}$ 都成立。

在全状态反馈的情况下，对于由式(6.1)~式(6.3)构成的被控对象，由式(5.11)~式(5.13)构成的静态控制器能够实现全局鲁棒镇定。当仅有输出 y 的采样值能够用于反馈控制设计时，期望设计如下形式的动态控制器：

$$\dot{\xi} = g_c(\xi, y^s) \tag{6.5}$$

$$u = \upsilon(\xi, y^s) \tag{6.6}$$

其中，y^s 表示 y 的采样值，$\xi \in \mathbb{R}^m$ 是控制器内部状态，g_c 和 υ 是控制器的动力学。进一步，在 4.3 节工作的基础上，期望设计一类动态事件触发采样机制来解决由式(6.1)~式(6.3)构成的被控对象的事件触发控制问题。

6.2　基于观测器的输出反馈控制器设计

为便于讨论，定义采样误差：

$$w = y^s - y \tag{6.7}$$

考虑到被控对象的输出反馈结构，设计如下非线性观测器：

$$\dot{\xi}_1 = \xi_2 + L_2\xi_1 + \rho_1(\xi_1 - y^s) \tag{6.8}$$

$$\dot{\xi}_i = \xi_{i+1} + L_{i+1}\xi_1 - L_i(\xi_2 + L_2\xi_1), \quad 2 \leqslant i \leqslant n-1 \tag{6.9}$$

$$\dot{\xi}_n = u - L_n(\xi_2 + L_2\xi_1) \tag{6.10}$$

其中，$\rho_1 : \mathbb{R} \to \mathbb{R}$ 是奇的且严格递减的函数，$L_2, L_3, \cdots, L_n$ 均是正的常数。在非线性观测器中，ξ_1 和 ξ_i 分别是 y 和 $x_i - L_i y$（$2 \leqslant i \leqslant n$）的估计值。为便于讨论，定义观测误差

$$\zeta_1 = y - \xi_1, \tag{6.11}$$

$$\zeta_i = x_i - L_i y - \xi_i, \quad i = 2, 3, \cdots, n \tag{6.12}$$

利用观测器的状态，设计如下非线性控制器：

$$e_1 = y \tag{6.13}$$

$$e_2 = \xi_2 - \kappa_1(e_1 - \zeta_1) \tag{6.14}$$

$$e_i = \xi_i - \kappa_{i-1}(e_{i-1}), \quad i = 3, 4, \cdots, n \tag{6.15}$$

$$u = \kappa_n(e_n) \tag{6.16}$$

其中，$\kappa_1, \kappa_2, \cdots, \kappa_n$ 是奇的、严格递减的、连续可微的函数。注意到 $e_1 - \zeta_1 = y - \zeta_1 = \xi_1$，因此上述控制器中仅使用了观测器的状态。

在由式(6.8)~式(6.10)构成的观测器中，非线性函数 ρ_1 的主要作用是为观测误差系统(6.20)分配适当的增益来保证观测误差子系统乃至整个闭环系统对不确定非线性动力学有足够的鲁棒性。观测器中的式(6.9)和式(6.10)部分与文献 [355] 中的降阶观测器设计思路是一致的。不同之处在于，新设计的观测器使用 ξ_1 代替了不能够连续获取的信号 y。

图 6.1 所示为上述事件触发的输出反馈控制系统原理图。

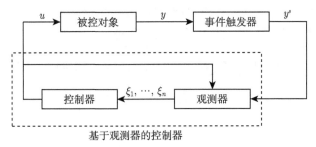

图 6.1   事件触发的输出反馈控制系统原理图

6.3   各个子系统的输入到状态稳定性

通过合理选取 ρ_1、$L_2, L_3, \cdots, L_n$、$\kappa_1, \kappa_2, \cdots, \kappa_n$ 能够将受控系统转化成以 ζ_1、$\bar{\zeta}_2 = [\zeta_2, \zeta_3, \cdots, \zeta_n]^{\mathrm{T}}$、$e_1, e_2, \cdots, e_n$ 为状态的多个子系统构成的关联系统，并且可以证明，上述每个子系统都是输入到状态稳定的，且相应的李雅普诺夫函数如下：

$$V_{\zeta_1}(\zeta_1) = |\zeta_1| \tag{6.17}$$

$$V_{\bar{\zeta}_2}(\bar{\zeta}_2) = \left(\bar{\zeta}_2^{\mathrm{T}} P \bar{\zeta}_2\right)^{\frac{1}{2}} \tag{6.18}$$

$$V_{e_i}(e_i) = |e_i|, \quad i = 1, 2, \cdots, n \tag{6.19}$$

其中，P 是对称且正定的矩阵。

以下分别对各个子系统进行分析。

1. ζ_1-子系统

对 ζ_1 求导可得

$$\dot{\zeta}_1 = \rho_1(\zeta_1 + w) + \phi_1(\zeta_1, \zeta_2, e_1, d) \tag{6.20}$$

其中，

$$\phi_1(\zeta_1, \zeta_2, e_1, d) = L_2 \zeta_1 + \zeta_2 + f_1(e_1, d) \tag{6.21}$$

在满足假设 6.1 的情况下，能够证明存在局部利普希茨的函数 $\psi_{\phi_1} \in \mathcal{K}_\infty$ 使得 $|\phi_1| \leqslant \psi_{\phi_1}(|[\zeta_1, \zeta_2, e_1, d^{\mathrm{T}}]^{\mathrm{T}}|)$。

受控系统(6.20)与系统(B.1)的形式一样，其中，变量 ζ_1、w、$\rho_1(\zeta_1 + w)$ 分别对应变量 η、ω_{m+1}、$\bar{\kappa}$。利用引理 B.1，能够证明存在连续可微的 ρ_1 使得对于任意

常数 $0 < c < 1$ 和 $\ell_{\zeta_1} > 0$ 和任意局部利普希茨的函数 $\chi_{\zeta_1}^{\zeta_2}, \chi_{\zeta_1}^{e_1}, \chi_{\zeta_1}^d \in \mathcal{K}$，$\zeta_1$-子系统是输入到状态稳定的，并且存在输入到状态稳定李雅普诺夫函数 $V_{\zeta_1}(\zeta_1)$，满足

$$V_{\zeta_1}(\zeta_1) \geqslant \max \left\{ \chi_{\zeta_1}^{\zeta_2}(V_{\bar{\zeta}_2}(\bar{\zeta}_2)), \chi_{\zeta_1}^{e_1}(V_{e_1}(e_1)), \chi_{\zeta_1}^w(|w|), \chi_{\zeta_1}^d(|d|) \right\}$$

$$\Rightarrow \nabla V_{\zeta_1}(\zeta_1) \left(\rho_1(\zeta_1 + w) + \phi_1(\zeta_1, \zeta_2, e_1, d) \right) \leqslant -\ell_{\zeta_1} V_{\zeta_1}(\zeta_1), \quad \text{a.e.} \tag{6.22}$$

其中，

$$\chi_{\zeta_1}^w(s) = \frac{s}{c}, \quad s \in \mathbb{R}_+ \tag{6.23}$$

2. $\bar{\zeta}_2$-子系统

对 $\bar{\zeta}_2$ 求导可得

$$\dot{\bar{\zeta}}_2 = A\bar{\zeta}_2 + \bar{\phi}_2(\zeta_1, e_1, d) \tag{6.24}$$

其中，

$$A = \begin{bmatrix} -L_2 & & \\ \vdots & & I_{n-1} \\ -L_{n-1} & & \\ -L_n & 0 & \cdots & 0 \end{bmatrix} \tag{6.25}$$

$$\bar{\phi}_2(\zeta_1, e_1, d) = \begin{bmatrix} \phi_{i2}(\zeta_1, e_1, d) \\ \vdots \\ \phi_n(\zeta_1, e_1, d) \end{bmatrix} \tag{6.26}$$

$$\phi_i(\zeta_1, e_1, d) = (L_{i+1} - L_i L_2)\zeta_1 - L_i f_1(e_1, d) + f_i(e_1, d),$$
$$i = 2, 3, \cdots, n-1 \tag{6.27}$$

$$\phi_n(\zeta_1, e_1, d) = -L_n L_2 \zeta_1 - L_n f_1(e_1, d) + f_n(e_1, d) \tag{6.28}$$

通过选取合理的 $L_2, L_3, \cdots, L_n$ 能够使实矩阵 A 是赫尔维茨的。于是就存在对称且正定的矩阵 $P \in \mathbb{R}^{(n-1)\times(n-1)}$ 满足 $PA + A^{\mathrm{T}}P = -2I_{n-1}$。定义 $V_{\bar{\zeta}_2}^0(\bar{\zeta}_2) = \bar{\zeta}_2^{\mathrm{T}} P \bar{\zeta}_2$。那么，可以直接证明存在 $\underline{\alpha}_{\bar{\zeta}_2}^0, \overline{\alpha}_{\bar{\zeta}_2}^0, \breve{\psi}_{\bar{\phi}_2}^{\zeta_1}, \breve{\psi}_{\bar{\phi}_2}^{e_1}, \breve{\psi}_{\bar{\phi}_2}^d \in \mathcal{K}_\infty$ 使得

$$\underline{\alpha}_{\bar{\zeta}_2}^0(|\bar{\zeta}_2|) \leqslant V_{\bar{\zeta}_2}^0(\bar{\zeta}_2) \leqslant \overline{\alpha}_{\bar{\zeta}_2}^0(|\bar{\zeta}_2|)$$

$$\nabla V_{\bar{\zeta}_2}^0(\bar{\zeta}_2)\dot{\bar{\zeta}}_2 = -2\bar{\zeta}_2^{\mathrm{T}} \bar{\zeta}_2 + 2\bar{\zeta}_2^{\mathrm{T}} P_i \bar{\phi}_2(\zeta_1, e_1, d)$$

$$\leqslant -\bar{\zeta}_2^{\mathrm{T}}\bar{\zeta}_2 + |P|^2|\bar{\phi}_2(\zeta_1, e_1, d)|^2$$

$$\leqslant -\frac{1}{\lambda_{\max}(P)}V_{\bar{\zeta}_2}^0(\bar{\zeta}_2)$$

$$+ |P|^2\left(\breve{\psi}_{\bar{\phi}_2}^{\zeta_1}(|\zeta_1|) + \breve{\psi}_{\bar{\phi}_2}^{e_1}(|e_1|) + \breve{\psi}_{\bar{\phi}_2}^d(|d|)\right) \tag{6.29}$$

其中，函数 $\breve{\psi}_{\bar{\phi}_2}^{\zeta_1}$、$\breve{\psi}_{\bar{\phi}_2}^{e_1}$、$\breve{\psi}_{\bar{\phi}_2}^d$ 对所有 $\zeta_1 \in \mathbb{R}$、$e_1 \in \mathbb{R}$、$d \in \mathbb{R}^{n_d}$ 都满足

$$|\bar{\phi}_2(\zeta_1, e_1)|^2 \leqslant \breve{\psi}_{\bar{\phi}_2}^{\zeta_1}(|\zeta_1|) + \breve{\psi}_{\bar{\phi}_2}^{e_1}(|e_1|) + \breve{\psi}_{\bar{\phi}_2}^d(|d|) \tag{6.30}$$

在满足假设 6.1 的情况下，函数 $\breve{\psi}_{\bar{\phi}_2}^{\zeta_1}$、$\breve{\psi}_{\bar{\phi}_2}^{e_1}$、$\breve{\psi}_{\bar{\phi}_2}^d$ 可等价地写作 $\breve{\psi}_{\bar{\phi}_2}^{\zeta_1}(s) = \psi_{\bar{\phi}_2}^{\zeta_1}(s^2)$、$\breve{\psi}_{\bar{\phi}_2}^{e_1}(s) = \psi_{\bar{\phi}_2}^{e_1}(s^2)$、$\breve{\psi}_{\bar{\phi}_2}^d(s) = \psi_{\bar{\phi}_2}^d(s^2)$。函数 $\psi_{\bar{\phi}_2}^{\zeta_1}$、$\psi_{\bar{\phi}_2}^{e_1}$、$\psi_{\bar{\phi}_2}^d$ 均是局部利普希茨的函数。这就说明，以 $V_{\bar{\zeta}_2}^0$ 作为输入到状态稳定李雅普诺夫函数，$\bar{\zeta}_2$-子系统是输入到状态稳定的。选取增益 $\breve{\chi}_{\bar{\zeta}_2}^{\zeta_1} = 4\lambda_{\max}(P)|P^2|\breve{\psi}_{\bar{\phi}_2}^{\zeta_1}$，$\breve{\chi}_{\bar{\zeta}_2}^{e_1} = 4\lambda_{\max}(P)|P^2|\breve{\psi}_{\bar{\phi}_2}^{e_1}$ 和 $\breve{\chi}_{\bar{\zeta}_2}^d = 4\lambda_{\max}(P)|P^2|\breve{\psi}_{\bar{\phi}_2}^d$，可得

$$V_{\bar{\zeta}_2}^0(\bar{\zeta}_2) \geqslant \max\left\{\breve{\chi}_{\bar{\zeta}_2}^{\zeta_1}(V_{\zeta_1}(\zeta_1)), \breve{\chi}_{\bar{\zeta}_2}^{e_1}(V_{e_1}(e_1)), \breve{\chi}_{\bar{\zeta}_2}^d(|d|)\right\}$$

$$\Rightarrow \nabla V_{\bar{\zeta}_2}^0(\bar{\zeta}_2)\left(A\bar{\zeta}_2 + \bar{\phi}_2(\zeta_1, e_1, d)\right) \leqslant -\ell_{\bar{\zeta}_2}V_{\bar{\zeta}_2}^0(\bar{\zeta}_2) \tag{6.31}$$

其中，$\ell_{\bar{\zeta}_2} = 1/(4\lambda_{\max}(P_i))$。

综上所述，存在局部利普希茨的函数 $\chi_{\bar{\zeta}_2}^{\zeta_1}, \chi_{\bar{\zeta}_2}^{e_1}, \chi_{\bar{\zeta}_2}^d \in \mathcal{K}$ 和连续且正定的函数 $\alpha_{\bar{\zeta}_2}$ 使得

$$V_{\bar{\zeta}_2}(\bar{\zeta}_2) \geqslant \max\left\{\chi_{\bar{\zeta}_2}^{\zeta_1}(V_{\zeta_1}(\zeta_1)), \chi_{\bar{\zeta}_2}^{e_1}(V_{e_1}(e_1)), \chi_{\bar{\zeta}_2}^d(|d|)\right\}$$

$$\Rightarrow \nabla V_{\bar{\zeta}_2}(\bar{\zeta}_2)\left(A\bar{\zeta}_2 + \bar{\phi}_2(\zeta_1, e_1, d)\right) \leqslant -\alpha_{\bar{\zeta}_2}(V_{\bar{\zeta}_2}(\bar{\zeta}_2)), \quad \text{a.e.} \tag{6.32}$$

3. e_i-子系统 ($i = 1, 2, \cdots, n$)

对 e_i-子系统求导可得

$$\dot{e}_1 = \kappa_1(e_1 - \zeta_1) + \varphi_1(e_1, e_2, \zeta_2, d) \tag{6.33}$$

$$\dot{e}_2 = \kappa_2(e_2) + \varphi_2(e_1, e_2, e_3, \zeta_1, w) \tag{6.34}$$

$$\dot{e}_i = \kappa_i(e_i) + \varphi_i(e_1, e_2, \cdots, e_{i+1}, \zeta_1, w), \quad i = 3, 4, \cdots, n \tag{6.35}$$

此处忽略了 $\varphi_{(\cdot)}$ 函数的具体表达式。在满足假设 6.1 的情况下，能够证明存在局部利普希茨的函数 $\psi_{\varphi_1}, \psi_{\varphi_2}, \cdots, \psi_{\varphi_n} \in \mathcal{K}_\infty$ 使得

$$|\varphi_1(e_1, e_2, \zeta_2, d)| \leqslant \psi_{\varphi_1}(|[e_1, e_2, \zeta_2, d^{\mathrm{T}}]^{\mathrm{T}}|) \tag{6.36}$$

$$|\varphi_2(e_1, e_2, e_3, \zeta_1, w)| \leqslant \psi_{\varphi_2}(|[e_1, e_2, e_3, \zeta_1, w]^{\mathrm{T}}|) \tag{6.37}$$

$$|\varphi_i(e_1, e_2, \cdots, e_i, \zeta_1, w)| \leqslant \psi_{\varphi_i}(|[e_1, e_2, \cdots, e_i, \zeta_1, w]^{\mathrm{T}}|) \tag{6.38}$$

其中，$i = 3, 4, \cdots, n$。为便于讨论，记 $\dot{e}_1 = h_1(e_1, e_2, \zeta_1, \zeta_2, d)$、$\dot{e}_2 = h_2(e_1, e_2, e_3, \zeta_1, w)$、$\dot{e}_i = h_i(e_1, e_2, \cdots, e_{i+1}, \zeta_1, w)$。利用引理 B.1，能够证明存在连续可导的 κ_i 使得 e_i-子系统是输入到状态稳定的，并且具有一个李雅普诺夫函数 $V_{e_i}(e_i) = |e_i|$，满足

$$V_{e_1}(e_1) \geqslant \max\left\{\chi_{e_1}^{e_2}(V_{e_2}(e_2)), \chi_{e_1}^{\zeta_1}(V_{\zeta_1}(\zeta_1)), \chi_{e_1}^{\bar{\zeta}_2}(V_{\bar{\zeta}_2}(\bar{\zeta}_2)), \chi_{e_1}^{d}(|d|)\right\}$$

$$\Rightarrow \nabla V_{e_1}(e_1) h_1(e_1, e_2, \zeta_1, \zeta_2, d) \leqslant -\ell_{e_1} V_{e_1}(e_1), \quad \text{a.e.} \tag{6.39}$$

$$V_{e_2}(e_2) \geqslant \max\left\{\chi_{e_2}^{e_1}(V_{e_1}(e_1)), \chi_{e_2}^{e_3}(V_{e_3}(e_3)), \chi_{e_2}^{\zeta_1}(V_{\zeta_1}(\zeta_1)), \chi_{e_2}^{w}(|w|)\right\}$$

$$\Rightarrow \nabla V_{e_2}(e_2) h_2(e_1, e_2, e_3, \zeta_1, w) \leqslant -\ell_{e_2} V_{e_2}(e_2), \quad \text{a.e.} \tag{6.40}$$

以及对于 $i = 3, 4, \cdots, n$，

$$V_{e_i}(e_i) \geqslant \max_{j=1,2,\cdots,i-1,i+1}\left\{\chi_{e_i}^{e_j}(V_{e_j}(e_j)), \chi_{e_i}^{\zeta_1}(V_{\zeta_1}(\zeta_1)), \chi_{e_i}^{w}(|w|)\right\}$$

$$\Rightarrow \nabla V_{e_i}(e_i) h_i(e_1, e_2, \cdots, e_{i+1}, \zeta_1, w) \leqslant -\ell_{e_i} V_{e_i}(e_i), \quad \text{a.e.} \tag{6.41}$$

其中，$\ell_{(\cdot)}$ 是任意正的常数，$\chi_{e_n}^{e_n+1} = 0$，

$$\chi_{e_1}^{\zeta_1}(s) = \frac{s}{c}, \quad 0 < c < 1, \quad s \in \mathbb{R}_+ \tag{6.42}$$

式(6.39)～式(6.41)中的函数 $\chi_{(\cdot)}^{(\cdot)}$ 都是局部利普希茨的 $\mathcal{K}_\infty$ 类函数。

6.4　闭环系统稳定性与主要结果

由式(6.13)～式(6.16)构成的基于非线性观测器的控制器将闭环系统转化成了以 $\zeta_1, \bar{\zeta}_2, e_1, \cdots, e_n$ 为状态的子系统构成的关联系统，并且每个子系统都是输入到状态稳定的。由于仅输出 $y = e_1$ 能够用于事件触发采样机制设计，因此将 $(\zeta_1, \bar{\zeta}_2, e_2, e_3, \cdots, e_n)$-子系统看作动态不确定性，并写成式(4.136)和式(4.137)的形式。为便于讨论，记 $z = [\zeta_1, \bar{\zeta}_2^{\mathrm{T}}, e_2, e_3, \cdots, e_n]^{\mathrm{T}}$ 和 $\dot{z} = h(z, e_1, w, d)$。

定理 6.1 给出了由式(6.1)～式(6.3)构成的输出反馈型不确定非线性被控对象的事件触发输出反馈镇定结果。

定理 6.1　在满足假设 6.1 的情况下，由式(6.1)～式(6.3)构成的被控对象、式(6.8)～式(6.10) 构成的观测器、式(6.13)～式(6.16)构成的控制器共同构成的闭

环系统能够转化成形如式(4.136)和式(4.137)的关联系统，并且满足假设 4.5 和假设 4.8 及增益条件(4.142)。进一步，由式(4.11)、式(4.12)、式(4.94)、式(4.97)、式(4.143)、式(4.144)构成的事件触发采样机制能够实现输入到状态镇定。

证明 对 e_1 求导可得

$$\dot{e}_1 = \kappa_1(e_1 - \zeta_1) + L_2 e_1 + e_2 + \zeta_2 + f_1(e_1, d)$$

$$:= g(e_1, z, d) \tag{6.43}$$

不难验证函数 g 满足假设 4.5。

选取增益 $\chi^{(\cdot)}_{(\cdot)}$ 使得其本身及其反函数都是局部利普希茨的，并且能够保证 $(\zeta_1, \bar{\zeta}_2, e_1, e_2, \cdots, e_n)$-子系统满足多回路小增益条件。那么存在连续可导的 $\hat{\chi}^{(\cdot)}_{(\cdot)} \in \mathcal{K}_\infty$ 使得 $\hat{\chi}^{(\cdot)}_{(\cdot)}$ 和 $\left(\hat{\chi}^{(\cdot)}_{(\cdot)}\right)^{-1}$ 均是局部利普希茨的。当 $\hat{\chi}^{(\cdot)}_{(\cdot)}$ 替换成 $\chi^{(\cdot)}_{(\cdot)}$ 时，仍然满足多回路小增益条件。

对于 z-系统，利用基于李雅普诺夫函数的多回路非线性小增益定理[252,255]，定义如下候选李雅普诺夫函数：

$$V_z(z) = \max_{i=2,3,\cdots,n} \left\{ \sigma_{\zeta_1}(V_{\zeta_1}(\zeta_1)), \sigma_{\bar{\zeta}_2}(V_{\bar{\zeta}_2}(\bar{\zeta}_2)), \sigma_{e_i}(V_{e_i}(e_i)) \right\} \tag{6.44}$$

其中，$\sigma_{(\cdot)}$ 是 $\hat{\chi}^{(\cdot)}_{(\cdot)}$ 的复合函数。不难验证，$V_z(z)$ 满足

$$V_z(z) \geqslant \max \left\{ \chi^{e_1}_z(V_{e_1}(e_1)), \chi^w_z(|w|), \chi^d_z(|d|) \right\}$$

$$\Rightarrow \nabla V_z(z) h(z, e_1, w, d) \leqslant -\alpha_z(V_z(z)) \quad \text{a.e.} \tag{6.45}$$

其中，$\chi^{e_1}_z, \chi^w_z, \chi^d_z \in \mathcal{K}_\infty$，$\alpha_z$ 是正定函数，$\chi^{e_1}_z < \text{Id}$。相似的，能够证明

$$V_{e_1}(e_1) \geqslant \max\{\chi^z_{e_1}(V_z(z)), \chi^d_{e_1}(|d|)\}$$

$$\Rightarrow \nabla V_{e_1}(e_1) g(e_1, z, d) \leqslant -\ell_{e_1} V_{e_1}(e_1) \quad \text{a.e.} \tag{6.46}$$

其中，$\chi^z_{e_1}, \chi^d_{e_1} \in \mathcal{K}_\infty$，$\chi^z_{e_1} < \text{Id}$。

显然，z-子系统和 e_1-子系统所构成的关联系统满足非线性小增益条件

$$\chi^z_{e_1} \circ \chi^{e_1}_z < \text{Id} \tag{6.47}$$

于是，上述受控系统就转化成了以 z 和 e_1 为状态的子系统构成的关联系统且每个子系统都是输入到状态稳定的并满足条件(4.142)。那么由式(4.11)、式(4.12)、式(4.94)、式(4.97)、式(4.143)、式(4.144)构成的事件触发采样机制能够实现输入到状态镇定。 $\square$

下面通过数值仿真来验证由式(6.13)～式(6.16)构成的输出反馈控制器的有效性。

例 6.1   考虑输出反馈型非线性被控对象

$$\dot{x}_1 = x_2 + 0.1|x_1| + 0.1d \tag{6.48}$$

$$\dot{x}_2 = u + 0.01\sin(x_1) \tag{6.49}$$

$$y = x_1 \tag{6.50}$$

其中，$x = [x_1, x_2]^{\mathrm{T}} \in \mathbb{R}^2$ 是被控对象的状态，$u \in \mathbb{R}$ 是控制输入，$y \in \mathbb{R}$ 是被控对象的输出，$d \in \mathbb{R}$ 表示外部干扰。

利用 6.2 节中的设计过程，设计如下非线性观测器：

$$\dot{\xi}_1 = \xi_2 + 0.2\xi_1 - 5(\xi_1 - y^s) \tag{6.51}$$

$$\dot{\xi}_2 = u - 0.2(\xi_2 + 0.2\xi_1) \tag{6.52}$$

利用由式(6.51)和式(6.52)构成的观测器的估计值，设计如下控制器：

$$u = -26(\xi_2 + 3.25\xi_1) \tag{6.53}$$

定义 $V_{\zeta_1}(\zeta_1) = |\zeta_1|$、$V_{\bar{\zeta}_2}(\bar{\zeta}_2) = |\bar{\zeta}_2|$、$V_{e_1}(e_1) = |e_1|$、$V_{e_2}(e_2) = |e_2|$。不难验证每个子系统均是输入到状态稳定的。具体而言，性质(6.22)、性质(6.32)、性质(6.39)、性质(6.40)中的函数取作 $\chi_{\zeta_1}^{\zeta_2}(s) = 0.26s$，$\chi_{\zeta_1}^{e_1}(s) = 0.19s$，$\chi_{\zeta_1}^{d}(s) = s$，$\chi_{\bar{\zeta}_2}^{\zeta_1}(s) = 0.96s$，$\chi_{\bar{\zeta}_2}^{e_1}(s) = 0.72s$，$\chi_{\bar{\zeta}_2}^{d}(s) = 1.2s$，$\chi_{e_1}^{e_2}(s) = 0.9s$，$\chi_{e_1}^{\zeta_1}(s) = 5s$，$\chi_{e_1}^{\bar{\zeta}_2}(s) = 0.9s$，$\chi_{e_1}^{d}(s) = s$，$\chi_{e_2}^{e_1}(s) = 0.9s$，$\chi_{e_2}^{\zeta_1}(s) = 0.9s$，$\chi_{e_2}^{w}(s) = 5s$，$\ell_{\zeta_1}(s) = 0.1s$，$\ell_{\bar{\zeta}_2}(s) = 0.1s$，$\ell_{e_1}(s) = 0.1s$，$\ell_{e_2}(s) = 0.1s$。

定义 $V_z(z) = \max\{5.1|\zeta_1|, |\zeta_2|, |e_2|\}$。能够直接验证 $\chi_z^{e_1}(s) = 0.96s$、$\chi_z^{w}(s) = 5s$、$\chi_z^{d}(s) = 5.1s$、$\alpha_z(s) = 0.1s$、$\chi_{e_1}^{z}(s) = 0.98s$、$L_g^a(s) = 10$、$L_g^b(s) = 1$。利用定理 6.1，将事件触发采样机制(4.94)中的增益选取为 $\gamma_w^x(s) = 0.19s$、$\gamma_w^d(s) = 0.014s$。同时，选取 $\varphi(s) = s$。

在仿真中，考虑初始状态 $x_1(0) = -2$、$x_2(0) = 2$、$\xi_1(0) = 0$、$\xi_2(0) = 0$、$\zeta_1(0) = 1$ 以及外部干扰 $d(t) = (\cos(17t)+\sin(15t)+\sin(21t)+\sin(11t))/5$。图 6.2～图 6.5 分别给出了基于事件触发采样机制(4.94)的闭环系统状态轨迹、观测器状态轨迹、控制输入、采样间隔。仿真结果表明，对于由式(6.48)～式(6.50)构成的输出反馈型非线性被控对象，所设计的由式(6.13)～式(6.16)构成的控制器和事件触发采样机制(4.94)能够避免无限快采样，并且实现了输入到状态镇定。

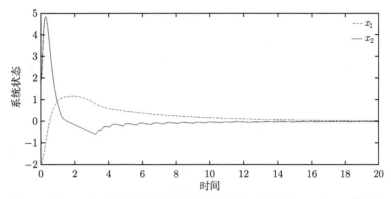

图 6.2 例 6.1 中事件触发输出反馈控制的被控对象状态 x_1 和 x_2 的轨迹

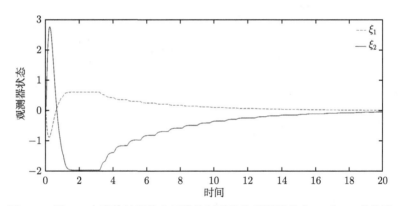

图 6.3 例 6.1 中事件触发输出反馈控制系统的观测器状态 ξ_1 和 ξ_2 的轨迹

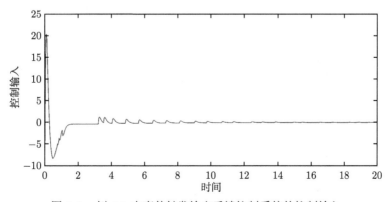

图 6.4 例 6.1 中事件触发输出反馈控制系统的控制输入

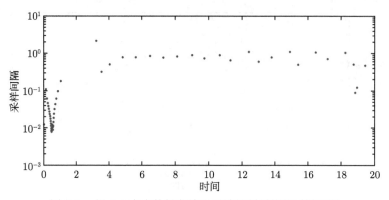

图 6.5   例 6.1 中事件触发输出反馈控制系统的采样间隔

第 7 章　不确定非完整被控对象的事件触发状态反馈镇定

非完整约束在各类机械被控对象中广泛存在[356-357]，例如航天和地面移动机器人、水面和水下航行器等。同第 4 章所考虑的严格反馈型被控对象一样，非完整被控对象也是非线性控制所研究的几大类典型被控对象之一。这类被控对象本身固有的非完整性约束（直观而言，速度自由度个数小于位置自由度个数），导致无法通过光滑或连续的时不变状态反馈来实现镇定[358]。针对这类被控对象的典型控制器设计方法依赖状态分离和缩放，要求反馈状态光滑，因此不适用于存在采样误差的情形。本章介绍一种基于集值映射的状态分离与缩放，提出基于扇形域的事件触发采样机制设计方法，该方法与集值构造性控制、多回路小增益集成设计相结合，能够克服不确定非完整被控对象的事件触发状态反馈镇定中面临的上述困难。

7.1　问题描述

考虑一类动力学包含扰动和不确定非线性漂移项的非完整链式被控对象：

$$
\begin{aligned}
\dot{x}_0 &= d_0(t)u_0 + \phi_0(t, x_0) \\
\dot{x}_1 &= d_1(t)x_2 u_0 + \phi_1(t, x_0, x, u_0) \\
&\ \vdots \\
\dot{x}_{n-2} &= d_{n-2}(t)x_{n-1} u_0 + \phi_{n-2}(t, x_0, x, u_0) \\
\dot{x}_{n-1} &= d_{n-1}(t)u + \phi_{n-1}(t, x_0, x, u_0)
\end{aligned}
\tag{7.1}
$$

其中，$x_0 \in \mathbb{R}$ 和 $x = [x_1, x_2, \cdots, x_{n-1}]^{\mathrm{T}} \in \mathbb{R}^{n-1}$ 是状态，$u_0 \in \mathbb{R}$ 和 $u \in \mathbb{R}$ 是控制输入，干扰 $d_i(i = 0, 1, \cdots, n-1)$ 关于时间 t 分段连续，不确定非线性漂移项 $\phi_i(i = 0, 1, \cdots, n-1)$ 对时间 t 分段连续且对其他变量局部利普希茨。定义 t_0 为初始时刻。

假设 7.1　存在正的常数 c_{i1} 和 c_{i2} 使得

$$
c_{i1} \leqslant d_i(t) \leqslant c_{i2}, \quad i = 0, 1, \cdots, n-1
\tag{7.2}
$$

对所有 $t \geqslant t_0$ 都成立。

假设 7.2 *存在常数 a_0 使得*

$$|\phi_0(t,x_0)| \leqslant a_0|x_0|$$

对所有 $t \geqslant t_0$、$x_0 \in \mathbb{R}$ 都成立。对于每个 $i = 1, 2, \cdots, n-1$，存在非负且光滑的函数 $\phi_i^d : \mathbb{R} \times \cdots \times \mathbb{R} \to \mathbb{R}_+$ 使得

$$|\phi_i(t,x_0,x,u_0)| \leqslant |[x_1, x_2, \cdots, x_i]^{\mathrm{T}}|\phi_i^d(x_0, x_1, \cdots, x_i, u_0)$$

对所有 $t \geqslant t_0$、$x_0 \in \mathbb{R}$、$u_0 \in \mathbb{R}$、$x \in \mathbb{R}^{n-1}$ 都成立。

　　模型(7.1)可看作无干扰链式模型[356]（$d_{(\cdot)}(t) \equiv 1$ 和 $\phi_{(\cdot)} \equiv 0$）的扰动形式。文献 [359] 指出，许多非完整被控对象模型都能够转化成模型(7.1)。

　　对于非完整被控对象(7.1)，本章的目标是设计事件触发的控制器使得对于任意初始状态，闭环系统状态都有界且趋近于原点，同时要求采样间隔具有正的下界。具体而言，对于任意 $k \in \mathbb{S} \subseteq \mathbb{Z}_+$，当 $t \in [t_k, t_{k+1})$ 时，期望所设计的控制器具有如下形式：

$$u_0(t) = \kappa_0(x_0(t_k), x(t_k)) \tag{7.3}$$

$$u(t) = \kappa(x_0(t_k), x(t_k)) \tag{7.4}$$

7.2　状态反馈控制器设计

　　非完整被控对象(7.1)可看作 x_0-子系统和 x-子系统构成的串级系统。直观而言，可以先设计控制器 u_0 来镇定 x_0-子系统，然后将 x_0 和 u_0 看作外部输入再设计 u 来镇定 x-子系统。在不考虑事件触发采样的情况下，最重要的是避免 $x_0 = 0$ 并以此来保证 x-子系统的可控性。当需要考虑事件触发采样时，为避免 $x_0 = 0$，本节采用扇形域方法设计 u_0，其既能够保证 x_0-子系统在原点处渐近稳定，又能够保证 $x_0 \neq 0$。进一步利用 σ-缩放技术[360] 将 x-子系统等价地转化成一个下三角系统。那么利用集值构造性控制和多回路小增益集成的方法就能够解决非完整被控对象(7.1)的事件触发镇定问题。

7.2.1　基于扇形域方法的控制器设计（u_0 部分）

　　对于 x_0-子系统，设计如下负反馈控制器：

$$u_0 = -\lambda_0 x_0^s \tag{7.5}$$

其中，λ_0 是正的常数，x_0^s 表示 x_0 的采样值且满足

$$x_0^s(t) = x_0(t_k), \quad t \in [t_k, t_{k+1}), \quad k \in \mathbb{S} \tag{7.6}$$

定义采样误差

$$w_0 = x_0^s - x_0 \tag{7.7}$$

将式(7.7)代入式(7.5)，可得

$$u_0 = -\lambda_0(x_0 + w_0) \tag{7.8}$$

受控 x_0-子系统具有如下性质。

命题 7.1 考虑由被控对象 x_0-子系统(7.1)、控制器(7.5)构成的闭环系统。如果 w_0 满足

$$|w_0(t)| \leqslant \delta_0|x_0(t)|, \quad t_0 \leqslant t < T_{\max} \tag{7.9}$$

其中，$t_0 < T_{\max} \leqslant \infty$，$\delta_0$ 满足

$$0 < \delta_0 < \frac{c_{01}}{c_{02}} \tag{7.10}$$

$$\lambda_0 > \frac{a_0}{c_{01} - c_{02}\delta_0} \tag{7.11}$$

那么 $x_0(t)$ 在区间 $t_0 \leqslant t < T_{\max}$ 上有定义且满足

$$x_0(t) \in \left[x_0(t_0)\mathrm{e}^{-a_1(t-t_0)}, x_0(t_0)\mathrm{e}^{-a_2(t-t_0)}\right] \tag{7.12}$$

其中，$a_1 = \lambda_0 c_{02}(1 + \delta_0) + a_0$，$a_2 = \lambda_0 c_{01} - \lambda_0 c_{02}\delta_0 - a_0$。

当满足条件(7.9)~条件(7.11)时，利用格朗沃尔-贝尔曼（Gronwall-Bellman）不等式[228] 能够直接证明受控 x_0-子系统的解在区间 $t_0 \leqslant t < T_{\max}$ 上存在，并且满足条件(7.12)。

7.2.2 基于 σ-缩放和集值映射的构造性控制器设计（u 部分）

1. 状态缩放

命题 7.1 说明，如果 $x_0(t_0) \neq 0$，那么 $x_0(t) \neq 0$ 对所有 $t \geqslant t_0$ 都成立。利用文献 [360] 中的 σ-缩放技术

$$z_i = \frac{x_i}{x_0^{n-i-1}}, \quad i = 1, 2, \cdots, n-1 \tag{7.13}$$

将式(7.1)中的 x-子系统转化成

$$\dot{z}_i = \frac{d_i u_0}{x_0} z_{i+1} + \frac{\phi_i}{x_0^{n-i-1}} - z_i \frac{(n-i-1)(d_0 u_0 + \phi_0)}{x_0},$$

$$i = 1, 2, \cdots, n - 2 \tag{7.14}$$

$$\dot{z}_{n-1} = d_{n-1}u + \phi_{n-1}(t, x_0, x, u_0)$$

可以看出，σ-缩放技术(7.13)在 $x_0 = 0$ 处不连续。

定义 z_i 为新的状态。将式(7.5)中的 u_0 代入式(7.14)，可得如下 z-系统：

$$\dot{z}_i = \lambda_i(t, x_0, w_0)z_{i+1} + \bar{\phi}_i(t, x_0, w_0, x),$$

$$i = 1, 2, \cdots, n - 2 \tag{7.15}$$

$$\dot{z}_{n-1} = \lambda_{n-1}(t, x_0, w_0)u + \bar{\phi}_{n-1}(t, x_0, w_0, x)$$

其中，

$$\lambda_i(t, x_0, w_0) = -\lambda_0 d_i(t)\left(1 + \frac{w_0}{x_0}\right), \ i = 1, 2, \cdots, n - 2$$

$$\lambda_{n-1}(t, x_0, w_0) = d_{n-1}(t) \tag{7.16}$$

$$\bar{\phi}_i(t, x_0, w_0, x) = \frac{\phi_i(t, x_0, x, -\lambda_0(x_0 + w_0))}{x_0^{n-i-1}}$$

$$- z_i \frac{(n - i - 1)(-\lambda_0 d_0(t)(x_0 + w_0) + \phi_0)}{x_0}$$

命题 7.2 给出了 z_i-系统的动力学的一些性质，其将在后续的控制器递归设计中用到。

命题 7.2　在满足假设 7.1 和假设 7.2 的情况下，考虑 z-系统(7.15)。当条件(7.9)对所有 $t_0 \leqslant t < T_{\max}$ 都成立时，存在正的常数 k_{i1} 和 k_{i2} 使得

$$k_{i1} \leqslant |\lambda_i(t, x_0, w_0)| \leqslant k_{i2}, \quad i = 1, 2, \cdots, n - 1 \tag{7.17}$$

对所有 $t_0 \leqslant t < T_{\max}$、$x_0 \in \mathbb{R}$、$w_0 \in \mathbb{R}$ 都成立；存在局部利普希茨的函数 $\bar{\phi}_i^d \in \mathcal{K}_\infty$ 使得

$$|\bar{\phi}_i(t, x_0, w_0, x)| \leqslant \bar{\psi}_i([x_0, z_1, z_2, \cdots, z_i]^{\mathrm{T}}), \quad i = 1, 2, \cdots, n - 1 \tag{7.18}$$

对所有 $t_0 \leqslant t < T_{\max}$、$x_0 \in \mathbb{R}$、$w_0 \in \mathbb{R}$、$x \in \mathbb{R}^{n-1}$ 都成立。

命题 7.2 的证明在附录 C.4 中给出。

由命题 7.1 可见，如果 $x_0(t_0) \neq 0$，那么条件(7.12)成立，其保证了 σ-缩放技术(7.13)在区间 $t_0 \leqslant t < T_{\max}$ 上的有效性。关于可能存在 $x_0(t_0) = 0$ 的情形，将在 7.4 节讨论。

2. 基于集值映射的递归控制设计

注意到 z-系统(7.15)具有下三角结构，因此可以利用 5.4.1节中使用基于集值映射的递归设计方法来构造控制器。

z_i^s 表示 z_i 的采样值：

$$z_i^s(t) = z_i(t_k), \quad t \in [t_k, t_{k+1}), \quad k \in \mathbb{S} \tag{7.19}$$

定义采样误差

$$w_i = z_i^s - z_i \tag{7.20}$$

为便于讨论，记

$$w = [w_1, w_2, \cdots, w_{n-1}]^{\mathrm{T}} \tag{7.21}$$

在控制器设计过程中，假设 w 在区间 $t \in [t_0, T_{\max})$ 上是分段连续且有界的函数。记 $w_T = \|w\|_{[t_0, T_{\max})}$、$w_{iT} = \|w_i\|_{[t_0, T_{\max})}$、$\bar{w}_{iT} = [w_{1T}, w_{2T}, \cdots, w_{iT}]^{\mathrm{T}}$。

（1）初始步。

设 $e_1 = z_1$，那么

$$\dot{e}_1 = \lambda_1(z_2 - e_2) + \bar{\phi}_1(t, x_0, w_0, x) + \lambda_1 e_2$$

其中，$\lambda_1 =: \lambda_1(t, x_0, w_0)$，$e_2$ 是新状态变量。

定义集值映射

$$S_1(z_1, w_{1T}) = \{\mathrm{sgn}(\lambda_1)\kappa_1(z_1 + w_1) : |w_1| \leqslant w_{1T}\}$$

其中，$\kappa_1 : \mathbb{R} \to \mathbb{R}$ 是奇的、严格递减的、连续可导的函数。

定义新状态变量

$$e_2 = d(z_2, S_1(z_1, w_{1T})) \tag{7.22}$$

显然 $z_2 - e_2 \in S_1(z_1, w_{1T})$。函数 d 已在式(5.20)中定义。

由于 κ_1 是连续可导的函数，集值映射 S_1 的边界 $\max S_1$、$\min S_1$ 几乎处处连续可导。因此，e_2 的导数几乎处处存在。下面将以递归方式导出新的 e_i-子系统（$2 \leqslant i \leqslant n-1$），并且用微分包含表示各子系统的动力学来处理由采样误差不可导所导致的递归设计困难。

（2）递归步。

为便于讨论，记 $S_0(\bar{z}_0, \bar{w}_{0T}) = \{0\}$。定义集值映射

$$S_j(\bar{z}_j, \bar{w}_{jT}) = \{\mathrm{sgn}(\lambda_j)\kappa_j(z_j + w_j - p_{j-1}^*) :$$

$$p_{j-1}^{*} \in S_{j-1}(\bar{z}_{j-1}, \bar{w}_{(j-1)T}), \ |w_j| \leqslant w_{jT}\}, \quad j = 1, 2, \cdots, i \tag{7.23}$$

其中，$\bar{z}_j = [z_1, z_2, \cdots, z_j]$，$\kappa_j : \mathbb{R} \to \mathbb{R}$ 是奇的、严格递减的、连续可微的函数。选取

$$\kappa_i(r) = -\nu_i(|r|)r, \quad r \in \mathbb{R} \tag{7.24}$$

其中，$\nu_i : \mathbb{R}_+ \to \mathbb{R}_+$ 是正的、非减的、连续可导的函数。

对于每个 $k = 1, 2, \cdots, i$，定义新状态变量

$$e_{k+1} = d(z_{k+1}, S_k(\bar{z}_k, \bar{w}_{kT})) \tag{7.25}$$

命题 7.3 表明，集值映射(7.23)能够将受控系统转化成以 e_i（$1 \leqslant i \leqslant n-1$）为状态的子系统构成的关联系统。

命题 7.3　假设 $x_0 \neq 0$。考虑 z-系统(7.15)，满足性质(7.17)和性质(7.18)。当 $e_i \neq 0$ 时，e_i-子系统的动力学写作

$$\dot{e}_i = \lambda_i z_{i+1} + \Phi_i(t, x_0, w_0, x, \bar{z}_i) \tag{7.26}$$

其中，

$$|\Phi_i(t, x_0, w_0, x, \bar{z}_i)| \leqslant \psi_{\Phi_i}(|[\bar{e}_i^{\mathrm{T}}, \bar{w}_{(i-1)T}^{\mathrm{T}}, x_0]^{\mathrm{T}}|) \tag{7.27}$$

其中，$\psi_{\Phi_i} \in \mathcal{K}_\infty$ 是局部利普希茨的函数，$\bar{e}_i = [e_1, e_2, \cdots, e_i]$，$e_n = 0$。

附录 C.5 给出了命题 7.3 的证明。

基于上述讨论，e_i-子系统(7.26)可等价地写作

$$\dot{e}_i = \lambda_i(z_{i+1} - e_{i+1}) + \Phi_i(t, x_0, w_0, x, \bar{z}_i) + \lambda_i e_{i+1} \tag{7.28}$$

同时，由 e_{i+1} 的定义(7.25)可直接保证

$$z_{i+1} - e_{i+1} \in S_i(\bar{z}_i, \bar{w}_{iT}) \tag{7.29}$$

将式(7.29)代入式(7.28)，可得

$$\begin{aligned}
\dot{e}_i \in \{&\mathrm{sgn}(\lambda_j)\lambda_i \kappa_j(z_j + w_j - p_{j-1}^{*}) + \Phi_i(t, x_0, w_0, x, \bar{z}_i) + \lambda_i e_{i+1} : \\
&p_{j-1}^{*} \in S_{j-1}(\bar{z}_{j-1}, \bar{w}_{(j-1)T}), \ |w_j| \leqslant w_{jT}\} \\
:=& F_i(t, x_0, w_0, x, \bar{z}_i, \bar{w}_{iT}, e_{i+1})
\end{aligned} \tag{7.30}$$

（3）最终步。

在第 $i = n - 1$ 步，控制器 u 出现。设计如下控制器：

$$p_1 = \mathrm{sgn}(\lambda_1)\kappa_1(z_1^s) \tag{7.31}$$

$$p_i = \mathrm{sgn}(\lambda_i)\kappa_i(z_i^s - p_{i-1}), \ i = 2, 3, \cdots, n-2 \tag{7.32}$$

$$u = \mathrm{sgn}(\lambda_{n-1})\kappa_{n-1}(z_{n-1}^s - p_{n-2}) \tag{7.33}$$

不难验证 $u \in S_{n-1}(\bar{z}_{n-1}, w_T)$。

命题 7.4 考虑 e_i-子系统(7.30)。对于任意的局部利普希茨函数 $\gamma_{e_i}^{e_k}, \gamma_{e_i}^{w_j}, \gamma_{e_i}^{x_0} \in \mathcal{K}_\infty$ ($k = 1, 2, \cdots, i-1, i+1$, $j = 1, 2, \cdots, i-1$)，存在奇的、严格递减的、连续可导的函数 κ_i 使得 e_i-子系统均是输入到状态稳定的，并且具有李雅普诺夫函数 $V_i(e_i) = |e_i|$ 满足

$$V_i(e_i) \geqslant \max_{k=1,2,\cdots,i-1} \left\{ \gamma_{e_i}^{e_k}(V_k(e_k)), \gamma_{e_i}^{e_{i+1}}(V_{i+1}(e_{i+1})), \gamma_{e_i}^{w_k}(w_{kT}), \gamma_{e_i}^{w_i}(w_{iT}), \gamma_{e_i}^{x_0}(|x_0|) \right\}$$

$$\Rightarrow \max_{f_i \in F_i(t, x_0, w_0, x, \bar{z}_i, \bar{w}_{iT}, e_{i+1})} \nabla V_i f_i \leqslant -\ell_i V_i(e_i) \tag{7.34}$$

其中，$\gamma_{e_i}^{w_i}(s) = s/b_i$, $0 < b_i < 1$。

附录 C.6 给出了命题 7.4 的证明。

命题 7.4 表明，受控系统能够转化为由多个输入到状态稳定子系统构成的关联系统。命题 7.5 表明，当 e_i-子系统的增益选取满足多回路小增益条件时，上述关联系统是输入到状态稳定的。

命题 7.5 考虑 e_i-子系统(7.30)。通过恰当选取虚拟控制器函数 κ_i 能够保证增益 $\gamma_{(\cdot)}^{(\cdot)}$ 是局部利普希茨的函数，并且满足

$$\begin{aligned}
\gamma_{e_1}^{e_2} \circ \gamma_{e_2}^{e_3} \circ \gamma_{e_3}^{e_4} \circ \cdots \circ \gamma_{e_{i-1}}^{e_i} \circ \gamma_{e_i}^{e_1} &< \mathrm{Id} \\
\gamma_{e_2}^{e_3} \circ \gamma_{e_3}^{e_4} \circ \cdots \circ \gamma_{e_{i-1}}^{e_i} \circ \gamma_{e_i}^{e_2} &< \mathrm{Id} \\
&\vdots \\
\gamma_{e_{i-1}}^{e_i} \circ \gamma_{e_i}^{e_{i-1}} &< \mathrm{Id}
\end{aligned} \tag{7.35}$$

那么，存在 $\beta_z \in \mathcal{KL}$、局部利普希茨的函数 $\gamma_z^w, \gamma_z^{x_0} \in \mathcal{K}$ 使得对于任意的 $z(t_0)$、w_T、连续且有界的 x_0，

$$|z(t)| \leqslant \max\{\beta_z(|z(t_0)|, t), \gamma_z^w(w_T), \gamma_z^{x_0}(\|x_0\|_{[t_0, T_{\max}]})\} \tag{7.36}$$

对所有 $t_0 \leqslant t < T_{\max}$ 都成立。

附录 C.7 给出了命题 7.5 的证明。

7.3 基于扇形域和小增益方法的事件触发采样机制设计

由于 x_0-子系统和 z-系统相互关联，因此其各自的事件触发采样机制不能独立设计。事实上，仅当 $x_0 \neq 0$ 时，状态 z 才有定义。那么，对于 x_0-子系统，设计的阈值信号需要保证 $x_0 \neq 0$。借鉴控制器 u_0 的设计方法，仍然利用扇形域方法为 x_0-子系统设计阈值信号。对于 z-系统，可直接利用基于轨迹的小增益方法设计阈值信号。具体而言，设计如下事件触发采样机制：

$$t_{k+1} = \inf\left\{ t > t_k : |w_0(t)| \geqslant \delta_0 |x_0(t)| \text{ 或 } |w(t)| \geqslant \max\{\rho_z(|z(t)|), \rho_{x_0}(|x_0(t)|)\} \right\}$$

$$(7.37)$$

其中，$\rho_z, \rho_{x_0} \in \mathcal{K}_\infty$ 且其反函数是局部利普希茨的函数。

当 w_0 有定义时，事件触发采样机制(7.37)的阈值信号中的第一个触发条件能够保证条件(7.9)恒成立。δ_0 可看作是 x_0 到 w_0 的静态关联增益。当 w 有定义时，事件触发采样机制(7.37)的阈值信号中的第二个条件能够保证

$$|w(t)| \leqslant \max\{\rho_z(|z(t)|), \rho_{x_0}(|x_0(t)|)\} \tag{7.38}$$

其中，ρ_z 和 ρ_{x_0} 可看作是 z 和 x_0 分别到 w 的静态关联增益。

由图 7.1 可见，事件触发的闭环系统可看作是由增益描述的关联系统。下面介绍如何选取关联增益来实现基于事件触发的镇定。

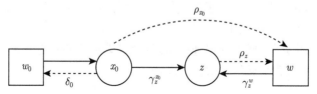

图 7.1　事件触发控制的闭环系统转化为关联系统

虚线表示事件触发采样机制中能够调整的增益

定理 7.1 给出了非完整被控对象(7.1)基于事件触发的镇定结果。

定理7.1　在满足假设 7.1 和假设 7.2 的情况下，考虑非完整被控对象(7.1)、由式(7.5) 和式(7.31)～式(7.33)构成的控制器、事件触发采样机制(7.37)。假设 $x_0(t_0) \neq 0$。如果：① δ_0 满足条件(7.10)和条件(7.11)；② $\rho_z \in \mathcal{K}_\infty$ 的反函数是局部利普希茨的，并且满足

$$\rho_z \circ \gamma_z^w < \mathrm{Id} \tag{7.39}$$

③ $\rho_{x_0} \in \mathcal{K}_\infty$ 的反函数是局部利普希茨的。那么闭环系统状态渐近收敛，并且采样间隔具有正的下界。

证明 首先证明当所有信号均有定义时，事件触发控制的闭环系统状态渐近收敛。然后证明采样间隔有正的下界，其能够保证闭环系统的所有信号对于 $t \geqslant t_0$ 都有定义。

（a）收敛性分析。

当所有信号均有定义时，事件触发采样机制(7.37)能保证性质(7.9)和性质(7.38)都成立。假设闭环系统中的所有信号的右最大定义区间为 $[0, T_{\max})$，其中，$0 < T_{\max} \leqslant \infty$。

考虑 w 和 z 之间的相互关联。条件(7.39)、条件(7.36)、条件(7.38)能够保证满足 2.4.1 节中的基于轨迹的非线性小增益条件。因此，存在 $\bar{\beta}_z \in \mathcal{KL}$ 和 $\bar{\gamma}_z^{x_0} \in \mathcal{K}$ 使得

$$|z(t)| \leqslant \max\{\bar{\beta}_z(|z(t_0)|, t), \bar{\gamma}_z^{x_0}(\|x_0\|_{[t_0, T_{\max})})\} \tag{7.40}$$

对所有 $t_0 \leqslant t < T_{\max}$ 都成立。

由命题 7.1 可知，在满足条件(7.9)的情况下，存在 $\beta_{x_0} \in \mathcal{KL}$ 使得

$$|x_0(t)| \leqslant \beta_{x_0}(|x_0(t_0)|, t) \tag{7.41}$$

对所有 $t_0 \leqslant t < T_{\max}$ 都成立。

考虑由 x_0-子系统和 z-系统构成的关联系统，再次利用非线性小增益定理，能够证明存在 $\hat{\beta}_Z \in \mathcal{KL}$ 使得

$$|Z(t)| \leqslant \hat{\beta}_Z(|Z(t_0)|, t) \tag{7.42}$$

对所有 $t_0 \leqslant t < T_{\max}$ 都成立，其中，$Z = [x_0, z^{\mathrm{T}}]^{\mathrm{T}}$。

接下来证明采样间隔具有正的下界，并且所有信号对所有 $t \geqslant t_0$（即 $T_{\max} = \infty$）都有定义。

（b）采样间隔具有正的下界。

对于特定的 t_k，采样时刻 t'_k 和 t''_k 记为

$$t'_k = \inf\{t > t_k : |w_0(t)| \geqslant \delta_0 |x_0(t)|\}$$

$$t''_k = \inf\{t > t_k : |w(t)| \geqslant \max\{\rho_z(|z(t)|), \rho_{x_0}(|x_0(t)|)\}\}$$

显然，事件触发采样机制(7.37)触发的下一采样时刻 t_{k+1} 等于 $\min\{t'_k, t''_k\}$。如果能够证明 $t'_k - t_k$ 和 $t''_k - t_k$ 具有正的下界，那么采样间隔具有正的下界。

首先证明 $t'_k - t_k$ 具有正的下界。定义两个集合：

$$\Omega_1(x_0(t_k)) = \left\{ x_0 \in \mathbb{R} : |x_0 - x_0(t_k)| \leqslant \frac{\delta_0}{1 + \delta_0}|x_0(t_k)| \right\} \tag{7.43}$$

$$\Omega_2(x_0(t_k)) = \{ x_0 \in \mathbb{R} : |x_0 - x_0(t_k)| \leqslant \delta_0|x_0| \} \tag{7.44}$$

利用引理 A.3，可证明 $\Omega_1(x_0(t_k)) \subseteq \Omega_2(x_0(t_k))$。

在满足假设 7.1 和假设 7.2 的情况下，有

$$|d_0 u_0 + \phi_0(t, x_0)| = |-d_0 \lambda_0 x_0(t_k) + \phi_0(t, x_0(t_k) - w_0)|$$

$$\leqslant \left(c_{02}\lambda_0 + a_0 + \frac{a_0 \delta_0}{1 + \delta_0} \right) |x_0(t_k)|$$

$$:= C_{x_0}|x_0(t_k)|$$

当 $x_0 \neq 0$ 时，闭环系统状态 x_0 从 $x_0(t_k)$ 出发到处式(7.43)区域的边界所需的最小时间可由下式估算：

$$T_{\Delta'} \geqslant \min \left\{ \frac{\dfrac{\delta_0}{1 + \delta_0}|x_0(t_k)|}{C_{x_0}|x_0(t_k)|}, T_{\max} \right\} = \min \left\{ \frac{\dfrac{\delta_0}{1 + \delta_0}}{C_{x_0}}, T_{\max} \right\}$$

因为 $\Omega_1(x_0(t_k)) \subseteq \Omega_2(x_0(t_k))$，并且 $x_0(t)$ 在时间轴上连续，所以闭环系统状态 x_0 从 $x_0(t_k)$ 出发到处于 $\Omega_2(x_0(t_k))$ 区域的边界所需的最小时间不小于 $T_{\Delta'}$。

接下来证明 $t''_k - t_k$ 具有正的下界。定义两个集合：

$$\Theta_1(z(t_k)) = \{ z \in \mathbb{R} : |z - z(t_k)|$$

$$\leqslant \max\{\rho_z \circ (\mathrm{Id} + \rho_z)^{-1}(|z(t_k)|), \rho_{x_0}(|x_0|)\}$$

$$:= \max\{\bar{\rho}_z(|z(t_k)|), \rho_{x_0}(|x_0|)\}\} \tag{7.45}$$

$$\Theta_2(z(t_k)) = \{ z \in \mathbb{R} : |z - z(t_k)| \leqslant \max\{\rho_z(|z|), \rho_{x_0}(|x_0|)\}\} \tag{7.46}$$

利用引理 A.3，可证明 $\Theta_1(z(t_k)) \subseteq \Theta_2(z(t_k))$。

在满足命题 7.2 的情况下，存在正且非减的连续函数 $L : \mathbb{R}_+ \to \mathbb{R}_+$ 使得

$$|\dot{z}| \leqslant L(\max\{|x_0|, |w|, |z(t_k)|\}) \max\{|x_0|, |w|, |z(t_k)|\} \tag{7.47}$$

如果 $z \in \Theta_1(z(t_k))$，那么

$$|\dot{z}| \leqslant L(\max\{|x_0|, \bar{\rho}_z(|z(t_k)|), \rho_{x_0}(|x_0|), |z(t_k)|\})$$

$$\times \max\{|x_0|, \bar{\rho}_z(|z(t_k)|), \rho_{x_0}(|x_0|), |z(t_k)|\}$$

$$\leqslant L(\max\{\hat{\rho}_z(|z(t_k)|), \bar{\rho}_{x_0}(|x_0|)\}) \max\{\hat{\rho}_z(|z(t_k)|), \bar{\rho}_{x_0}(|x_0|)\} \tag{7.48}$$

其中，$\hat{\rho}_z(s) = \max\{\bar{\rho}_z(s), s\}$，$\bar{\rho}_{x_0}(s) = \max\{\rho_{x_0}(s), s\}$。

利用引理 A.4，可证明对于反函数是局部利普希茨的 $\bar{\rho}_z, \rho_{x_0} \in \mathcal{K}_\infty$，存在正且非减的连续函数 $\hat{L} : \mathbb{R}_+ \to \mathbb{R}_+$ 使得

$$L(\max\{\hat{\rho}_z(|z(t_k)|), \bar{\rho}_{x_0}(|x_0|)\}) \max\{\hat{\rho}_z(|z(t_k)|), \bar{\rho}_{x_0}(|x_0|)\}$$

$$\leqslant \hat{L}(\max\{|z(t_k)|, |x_0|\}) \max\{\bar{\rho}_z(|z(t_k)|), \rho_{x_0}(|x_0|)\}$$

$$\leqslant \hat{L}(\max\{\|z\|_{[t_0, T)}, \|x_0\|_{[t_0, T_{\max})}\}) \max\{\bar{\rho}_z(|z(t_k)|), \rho_{x_0}(|x_0|)\}$$

闭环系统状态 z 从 $z(t_k)$ 出发到处于式(7.45)区域的边界所需的最小时间可由下式估算：

$$T_{\Delta''} \geqslant \min\left\{\frac{1}{\hat{L}(\hat{\beta}_Z(|Z(t_0)|, T_{\max}))}, T_{\max}\right\}$$

因为 $\Theta_1(z(t_k)) \subseteq \Theta_2(z(t_k))$，并且 $z(t)$ 在时间轴上连续，所以闭环系统状态 z 从 $z(t_k)$ 出发到处于 $\Theta_2(z(t_k))$ 区域的边界所需的最小时间不小于 $T_{\Delta''}$。

综上所述，有

$$t_{k+1} - t_k \geqslant T_\Delta = \min\{T_{\Delta'}, T_{\Delta''}\} \tag{7.49}$$

性质(7.42)和性质(7.49)保证采样间隔具有正的下界。也就是说，不会出现无限快采样。因为 x_0 和 z 在 $t \in [0, T_{\max})$ 上有界，所以闭环系统状态在 $[0, T_{\max})$ 上不会有限时间逃逸。利用解的连续性，可得 $T_{\max} = \infty$。因此，性质(7.42)中的 $T_{\max}$ 可替换成 ∞。 $\qquad\square$

7.4 特殊情况：初始状态 $x_0(t_0) = 0$

以上仅讨论了 $x_0(t_0) \neq 0$ 的情况。当 $x_0(t_0) = 0$ 时，一个直观的解决方案是应用开环控制来驱使 x_0 在投入闭环控制前到达非零点。具体而言，设计如下控制器：

$$u_0 = u_0^* \neq 0 \tag{7.50}$$

因为 ϕ_0 是全局利普希茨的函数，所以 x_0 不会在有限时间内逃逸到无穷大。在某个 $x_0 \neq 0$ 的时刻 T_d，控制器(7.50)切换到式(7.5)。

因为 ϕ_i 中存在强非线性项，所以对 x-子系统也应用开环控制可能会导致状态 x 有限时间内逃逸。为解决此问题，在 $[t_0, t_0 + T_d]$ 时间间隔内，为 u 设计如下反馈控制器：

$$p_1 = \kappa_1^*(x_1^s) \tag{7.51}$$

$$p_i = \kappa_i^*(x_i^s - p_{i-1}), \ i = 2, 3, \cdots, n-2 \tag{7.52}$$

$$u = \kappa_{n-1}^*(x_{n-1}^s - p_{n-2}) \tag{7.53}$$

其中，对于每个 $i = 1, 2, \cdots, n-1$，$\kappa_i^* : \mathbb{R} \to \mathbb{R}$ 是合理选取的函数，x_i^s 表示 x_i 的采样值。为保证采样间隔具有正的下界，在 $[t_0, t_0 + T_d]$ 时间间隔内，设计如下阈值信号为常数的事件触发采样机制：

$$t_{k+1} = \inf\Big\{ t > t_k : |X(t) - X(t_k)| \geqslant \epsilon \Big\} \tag{7.54}$$

其中，$X = [x_1, x_2, \cdots, x_{n-1}]^{\mathrm{T}}$，$\epsilon$ 为任意正的常数。具体设计方法可参考已有的结果[66]。

上述控制器能够保证 $x_0(t_0 + T_d) \neq 0$。当 $t = t_0 + T_d$ 时，由式(7.50)和式(7.51)~式(7.53)构成的控制器切换到由式(7.5)和式(7.31)~式(7.33)构成的控制器。同时，事件触发采样机制(7.54)切换到式(7.37)。

7.5　仿真与实验

以轮式移动机器人为例验证本章设计方法的有效性。

考虑轮式移动机器人停车问题（如图 7.2 所示）。机器人的运动学模型为[361]

$$\dot{x} = p_1^* v \cos\theta, \ \ \dot{y} = p_1^* v \sin\theta, \ \ \dot{\theta} = p_2^* \omega \tag{7.55}$$

其中，未知参数 p_1^* 和 p_2^* 由后轮的半径以及它们之间的距离决定，并假定参数在已知的区间 $[p_{\min}, p_{\max}]$（$0 < p_{\min} < p_{\max} < \infty$）内。

定义的新状态 $x_1 = x \sin\theta - y \cos\theta$、$x_2 = x \cos\theta + y \sin\theta$、$x_0 = \theta$ 以及新的控制输入 $u_0 = \omega$、$u = v$。被控对象(7.55)转化为

$$\dot{x}_0 = p_2^* u_0, \ \ \ \dot{x}_1 = p_2^* x_2 u_0, \ \ \ \dot{x}_2 = p_1^* u - p_2^* x_1 u_0 \tag{7.56}$$

其与非完整被控对象(7.1)的形式一样，并且满足假设 7.1 和假设 7.2。

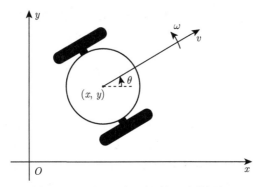

图 7.2 轮式移动机器人的运动学图解

7.5.1 数值仿真

在仿真中，选取 $p_{\min} = 1$ 和 $p_{\max} = 1.5$。利用命题 7.1 选取 $\lambda_0 = 0.1$ 和 $\delta_0 = 0.1$。设计如下控制器：

$$u_0 = -0.1x_0^s \tag{7.57}$$

当 $x_0(0) \neq 0$ 时，利用状态缩放技术 (7.13)，(x_1, x_2)-子系统 (7.56) 转化成 z-系统：

$$\dot{z}_1 = -\lambda_0 p_2^* \left(1 + \frac{w_0}{x_0}\right)(z_2 - z_1) \tag{7.58}$$

$$\dot{z}_2 = p_1^* u + \lambda_0 p_2^* z_1 x_0 (x_0 + w_0) \tag{7.59}$$

根据 7.2 节内容，设计如下控制器：

$$u = \kappa_2(z_2^s - \kappa_1(z_1^s)) \tag{7.60}$$

其中，$\kappa_1(s) = 2.7s$，$\kappa_2(s) = -(0.0056|s|^3 + 0.017|s| + 3.42)s$。定义 $V_i(e_i) = |e_i|$。不难验证每个 e_i-子系统均是输入到状态稳定的。性质 (7.34) 中的增益取作 $\gamma_{e_1}^{e_2}(s) = 0.99s$，$\gamma_{e_2}^{e_1}(s) = 0.99s$，$\gamma_{e_1}^{w_1}(s) = 5s$，$\gamma_{e_2}^{w_1}(s) = 5s$，$\gamma_{e_2}^{w_2}(s) = 5s$，$\gamma_{e_2}^{x_0}(s) = 5.88s$，$\ell_1(s) = \ell_2(s) = 0.1s$。同时，可直接验证性质 (7.36) 成立，其中 $\gamma_z^w(s) = 30s$，$\gamma_z^{x_0}(s) = 20s^4$。

利用定理 7.1，设计如下事件触发采样机制：

$$t_{k+1} = \inf\Big\{t > t_k : |w_0(t)| \geqslant 0.1|x_0(t)| \ \text{或} \ |w(t)| \geqslant \max\{0.03|z(t)|, 0.1|x_0(t)|\}\Big\} \tag{7.61}$$

作为对比，本节也给出了周期性采样控制情况下的仿真结果。具体设计如下周期性采样机制：

$$t_{k+1} = t_k + T_s \tag{7.62}$$

其中，$T_s > 0$ 是采样间隔。

在仿真中，选取初始状态 $x(0) = -1$、$y(0) = -1$、$\theta(0) = 1.2$。由图 7.3～图 7.7 给出的仿真结果可见，本章所提出的事件触发控制策略能够实现渐近镇定。表 7.1 中利用最终边界（ultimate bound，UB）、AISI、Min-ISI、最大采样间隔（maximum intersampling interval，Max-ISI）、数据传输总量（amount of data transferred，ADT）来刻画事件触发采样机制的性能。与周期性采样控制结果对比可见，事件触发采样在保持控制效果相近的情况下，能够有效地减少数据采样次数。

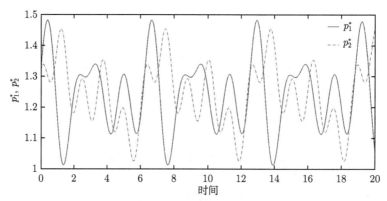

图 7.3　数值仿真中未知参数 p_1^* 和 p_2^* 的变化轨迹

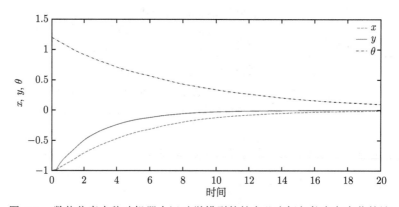

图 7.4　数值仿真中移动机器人运动学模型的笛卡儿坐标与航向角变化轨迹

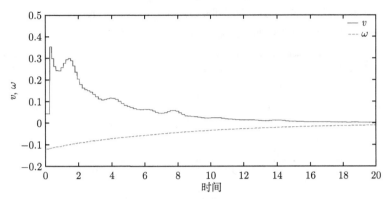

图 7.5 数值仿真中移动机器人的线速度和角速度轨迹

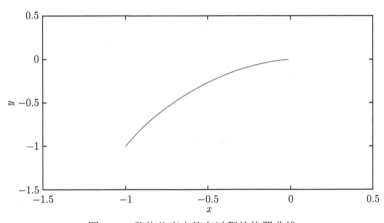

图 7.6 数值仿真中停车过程的位置曲线

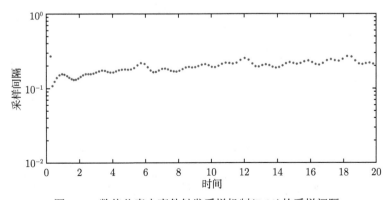

图 7.7 数值仿真中事件触发采样机制(7.61)的采样间隔

表 7.1　事件触发采样机制 (7.61) 和周期性采样机制 (7.62) 下的 UB ($\sqrt{x^2 + y^2}$)、AISI ($\bigcup\limits_{k \in \mathbb{S}} \{t_{k+1} - t_k\}/k$)、Min-ISI ($\min\limits_{k \in \mathbb{S}}\{t_{k+1} - t_k\}$)、Max-ISI ($\max\limits_{k \in \mathbb{S}}\{t_{k+1} - t_k\}$)、ADT ($k$)

采样机制	UB	AISI	Min-ISI	Max-ISI	ADT
ET, $T_m = 15$	0.038	0.183	0.108	0.270	82
TT, $T_m = 15, T_s = 0.02$	0.040	0.020	0.020	0.020	750
ET, $T_m = 20$	0.012	0.192	0.108	0.272	104
TT, $T_m = 20, T_s = 0.02$	0.013	0.020	0.020	0.020	1000
ET, $T_m = 30$	0.001	0.204	0.108	0.276	147
TT, $T_m = 30, T_s = 0.02$	0.001	0.020	0.020	0.020	1500

注：T_m 表示仿真时间；ET 表示事件触发采样机制；TT 表示周期性采样机制

7.5.2　实验

在实验中，由式(7.57)~式(7.60)构成的控制器和事件触发采样机制(7.61)部署于同一台远程计算机上。计算机和移动机器人之间通过无线网络通信。实验中使用的采样频率是 50Hz。也就是说，每隔 0.02s 验证一次触发条件。实验系统如图 7.8 所示，本例的相关讨论默认使用国际标准单位制。

图 7.9 和图 7.10 给出了事件触发控制的移动机器人的状态轨迹。表 7.2 利用 AISI、Min-ISI、Max-ISI、ADT 来刻画事件触发采样机制的性能。

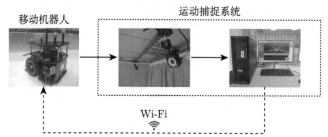

图 7.8　基于移动机器人的事件触发控制实验系统原理框图

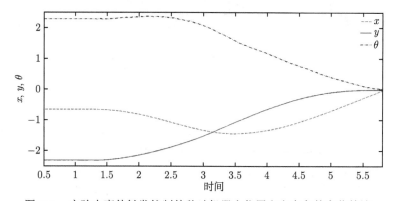

图 7.9　实验中事件触发控制的移动机器人位置和方向角的变化轨迹

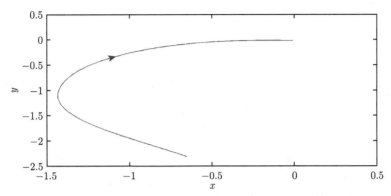

图 7.10 实验中事件触发控制的移动机器人停车过程中的位置曲线

表 **7.2** **实验中事件触发采样机制 (7.61) 和周期性采样机制 (7.62) 下的 UB、AISI、**
Min-ISI、Max-ISI、ADT

采样机制	UB	AISI	Min-ISI	Max-ISI	ADT
ET (7.61)	0.036	0.093	0.020	1.380	58
TT (7.62), $T_s = 0.02$	0.034	0.020	0.020	0.020	270

第 8 章 不确定非完整被控对象的事件触发输出反馈镇定

在前一章工作的基础上，本章设计一种仅依赖于输出采样值的非线性观测器来估计不可测状态，进而设计对采样误差鲁棒的控制器。为了处理非完整性约束和不可测状态，本章设计一种静态触发采样机制和动态触发采样机制相结合的事件触发采样机制。

8.1 问 题 描 述

考虑一类动力学包含不确定非线性漂移项的非完整链式被控对象

$$\dot{x}_0 = u_0 + c_0 x_0$$

$$\dot{x}_1 = x_2 u_0 + \phi_1(t, x_0, x, u_0)$$

$$\vdots \tag{8.1}$$

$$\dot{x}_{n-2} = x_{n-1} u_0 + \phi_{n-2}(t, x_0, x, u_0)$$

$$\dot{x}_{n-1} = u + \phi_{n-1}(t, x_0, x, u_0)$$

其中，$c_0 \in \mathbb{R}$，其他变量和函数的定义与式(7.1)中的一致。本章考虑仅 (x_0, x_1) 是可测状态，状态 $(x_2, x_3, \cdots, x_{n-1})$ 不能用于反馈控制设计。

假设 8.1 存在非负且光滑的函数 ψ_i^d 使得

$$|\phi_i(t, x_0, x, u_0)| \leqslant |x_1| \psi_i^d(x_0, x_1, u_0), \quad i = 1, 2, \cdots, n-1$$

对所有 $t \geqslant t_0$、$x_0 \in \mathbb{R}$、$u_0 \in \mathbb{R}$、$x \in \mathbb{R}^{n-1}$ 都成立。

对于被控对象(8.1)，期望设计如下形式的控制器：

$$u_0 = \upsilon_0(x_0(t_k), x_1(t_k)) \tag{8.2}$$

$$\dot{\xi} = g_c(\xi, x_0(t_k), x_1(t_k)) \tag{8.3}$$

$$u = \upsilon(\xi, x_0(t_k), x_1(t_k)) \tag{8.4}$$

来实现事件触发的输出反馈镇定，其中 $\xi \in \mathbb{R}^m$ 是控制器的内部状态。

8.2 输出反馈控制器设计

将第 7 章全状态反馈的结果推广到输出反馈需要做如下两方面的工作：①仅用输出的采样值设计观测器来估计不可测的状态；②设计仅依赖于输出的事件触发采样机制，要求其既能够避免无限快采样，又能够保证闭环系统状态渐近收敛到原点。对于这类被控对象，本书设计一种基于非线性观测器的控制器和一种静态触发采样机制与动态触发采样机制相结合的事件触发采样机制来实现基于事件触发的输出反馈镇定。

8.2.1 基于扇形域方法的控制器设计（u_0 部分）

与 7.2.1 节中的控制器设计思路一致，在输出反馈的情况下，仍然为 u_0 设计控制器：

$$u_0 = -\lambda_0 x_0^s \tag{8.5}$$

其中，λ_0 是正的常数，x_0^s 表示 x_0 的采样值，并且满足

$$x_0^s(t) = x_0(t_k), \quad t \in [t_k, t_{k+1}), \quad k \in \mathbb{S} \tag{8.6}$$

定义采样误差

$$w_0 = x_0^s - x_0 \tag{8.7}$$

将式(8.7)代入式(8.5)，控制器(8.5)可等价地写作

$$u_0 = -\lambda_0(x_0 + w_0) \tag{8.8}$$

命题 8.1 考虑由被控对象(8.1)中 x_0-子系统、控制器(8.5)构成的受控系统。如果 w_0 满足

$$|w_0(t)| \leqslant \mu_0 |x_0(t)|, \quad t_0 \leqslant t < T_{\max} \tag{8.9}$$

其中，μ_0 满足

$$0 < \mu_0 < 1 \tag{8.10}$$

$$\lambda_0 > \frac{|c_0|}{1 - \mu_0} \tag{8.11}$$

那么 $x_0(t)$ 对所有 $t_0 \leqslant t < T_{\max}$ 都有定义，并且满足

$$x_0(t) \in \left[x_0(t_0) e^{-a_1(t-t_0)}, x_0(t_0) e^{-a_2(t-t_0)} \right] \tag{8.12}$$

其中，$a_1 = \lambda_0 + \lambda_0 \mu_0 + |c_0|$，$a_2 = \lambda_0 - \lambda_0 \mu_0 - |c_0|$。

扇形域条件(8.9)能够保证受控 x_0-子系统在原点处渐近稳定，并且具有一个李雅普诺夫函数 $V_{x_0}(x_0) = |x_0|$，满足

$$\nabla V_{x_0}(x_0)\dot{x}_0 \leqslant -\ell_{x_0} V_{x_0}(x_0), \quad \text{a.e.} \tag{8.13}$$

其中，$\ell_{x_0} = \lambda_0 - |c_0| - \lambda_0 \mu_0$。

8.2.2　基于 σ-缩放和非线性观测器的控制器设计（u 部分）

1. 状态缩放

考虑 $x_0(t_0) \neq 0$ 的情况。利用与第 7 章一致的缩放技术(7.13)，被控对象(8.1)中的 x-子系统转化成如下 z-系统：

$$\dot{z}_i = \chi_0(x_0, w_0)z_{i+1} + \chi_i(x_0, w_0)z_i + \hat{\phi}_i(t, x_0, x, w_0)$$
$$\dot{z}_{n-1} = u(t) + \hat{\phi}_{n-1}(t, x_0, x, w_0) \tag{8.14}$$

其中，对于 $i = 1, 2, \cdots, n-1$，

$$\chi_0(x_0, w_0) = -\lambda_0 \left(1 + \frac{w_0}{x_0}\right) \tag{8.15}$$

$$\chi_i(x_0, w_0) = (n - i - 1)\left(\lambda_0 - c_0 + \frac{\lambda_0 w_0}{x_0}\right) \tag{8.16}$$

$$\hat{\phi}_i(t, x_0, x, w_0) = \frac{\phi_i(t, x_0, x, -\lambda_0(x_0 + w_0))}{x_0^{n-i-1}} \tag{8.17}$$

命题 8.2　在满足假设 8.1 的情况下，考虑被控对象(8.14)。如果条件(8.9)对所有 $t_0 \leqslant t < T_{\max}$ 都成立，那么存在正的常数 L_{i1} 和 L_{i2} 使得

$$L_{i1} \leqslant |\chi_i(x_0, w_0)| \leqslant L_{i2}, \quad i = 0, 1, \cdots, n-2 \tag{8.18}$$

对所有 $x_0 \in \mathbb{R}$、$w_0 \in \mathbb{R}$ 都成立；存在局部利普希茨的函数 $\hat{\phi}_i^d \in \mathcal{K}_\infty$ 使得

$$|\hat{\phi}_i(t, x_0, x, w_0)| \leqslant \hat{\phi}_i^d([x_0, z_1]^{\mathrm{T}}), \quad i = 1, 2, \cdots, n-1 \tag{8.19}$$

对所有 $t_0 \leqslant t < T_{\max}$、$x_0 \in \mathbb{R}$、$w_0 \in \mathbb{R}$ 都成立。

命题 8.2 的证明可参照命题 7.2 的证明。

2. 基于观测器的输出反馈控制器设计

使用 z_1^s 表示 z_i 的采样值

$$z_1^s(t) = z_1(t_k), \quad t \in [t_k, t_{k+1}), \quad k \in \mathbb{S} \tag{8.20}$$

定义采样误差

$$w_1 = z_1^s - z_1 \tag{8.21}$$

对于以 x_0 和 z_1 为输出的被控对象(8.14)，利用其输出反馈结构，仅使用 x_0 和 z_1 的采样值 x_0^s 和 z_1^s 构造如下非线性观测器：

$$
\begin{aligned}
\dot{\xi}_0 &= -\lambda_0 x_0^s + c_0 \xi_0 \\
\dot{\xi}_1 &= \chi_0^\xi(\xi_0, x_0^s)(\xi_2 + L_2\xi_1) + \chi_1^\xi(\xi_0, x_0^s)\xi_1 + \rho(\xi_1 - z_1^s) \\
\dot{\xi}_i &= \chi_0^\xi(\xi_0, x_0^s)(\xi_{i+1} + L_{i+1}\xi_1) + \chi_i^\xi(\xi_0, x_0^s)\xi_i \\
&\quad - L_i\left(\chi_0^\xi(\xi_0, x_0^s)(\xi_2 + L_2\xi_1) + \chi_1^\xi(\xi_0, x_0^s)\xi_1\right), \\
&\quad i = 2, 3, \cdots, n-2 \\
\dot{\xi}_{n-1} &= u - L_{n-1}\left(\chi_0^\xi(\xi_0, x_0^s)(\xi_2 + L_2\xi_1) + \chi_1^\xi(\xi_0, x_0^s)\xi_1\right)
\end{aligned}
\tag{8.22}
$$

其中，$\chi_i^\xi(\xi_0, x_0^s) = \chi_i(\xi_0, x_0^s - \xi_0)$，$\rho : \mathbb{R} \to \mathbb{R}$ 是奇且严格递减的函数，$L_2, L_3, \cdots,$ L_{n-1} 均是正的常数。在观测器(8.22)中，ξ_0、ξ_1、ξ_i 分别是 x_0、z_1、$z_i - L_i z_1$（$2 \leqslant i \leqslant n-1$）的估计值。为便于讨论，定义观测误差

$$\zeta_0 = x_0 - \xi_0 \tag{8.23}$$

$$\zeta_1 = z_1 - \xi_1 \tag{8.24}$$

$$\zeta_i = z_i - L_i z_1 - \xi_i, \quad i = 2, 3, \cdots, n-1 \tag{8.25}$$

注意到观测器(8.22)中的 ξ_0-子系统是受控 x_0-子系统的复制系统。选取 $\xi_0(t_0) = x_0(t_0)$。不难验证 $\zeta_0 \equiv 0$。也就是说，

$$\xi_0(t) = x_0(t) \tag{8.26}$$

对所有 $t_0 \leqslant t < T_{\max}$ 都成立。

利用观测器的估计值，设计如下控制器：

$$e_1 = z_1 \tag{8.27}$$

$$e_2 = \xi_2 - v_1(e_1 - \zeta_1) \tag{8.28}$$

$$e_i = \xi_i - v_{i-1}(e_{i-1}), \quad i = 3, 4, \cdots, n-1 \tag{8.29}$$

$$u = v_{n-1}(e_{n-1}) \tag{8.30}$$

其中，对于每个 $i = 1, 2, \cdots, n-1$，v_i 均是奇的、单调的、连续可导的函数。不难验证 $e_1 - \zeta_1 = z_1 - \zeta_1 = \xi_1$。这说明该控制器仅用到观测器的状态 $\xi_1, \xi_2, \cdots, \xi_n$。

8.2.3　基于非线性小增益定理的稳定性分析

将由被控对象(8.14)、观测器(8.22)、控制器(8.30)构成的受控系统看作由以 ζ_1、$\bar{\zeta}_2 = [\zeta_2, \zeta_3, \cdots, \zeta_{n-1}]^{\mathrm{T}}$、$e_i$ 为状态的子系统构成的关联系统。合理选取 ρ、$L_2, L_3, \cdots, L_{n-1}$、$v_1, v_2, \cdots, v_{n-1}$ 能够使每个子系统均是输入到状态稳定的，并且具有如下李雅普诺夫函数：

$$V_{\zeta_1}(\zeta_1) = \alpha_V(|\zeta_1|) \tag{8.31}$$

$$V_{\bar{\zeta}_2}(\bar{\zeta}_2) = (\bar{\zeta}_2^{\mathrm{T}} P \bar{\zeta}_2)^{\frac{1}{2}} \tag{8.32}$$

$$V_{e_i}(e_i) = \alpha_V(|e_i|), \quad i = 1, 2, \cdots, n-1 \tag{8.33}$$

其中，对于给定 $N \in \mathbb{Z}_+$，$\alpha_V = s^N/N$，P 是对称且正定的矩阵。

1. $\bar{\zeta}_2$-子系统

在满足性质(8.26)的情况下，对 $\bar{\zeta}_2$ 求导可得

$$\dot{\bar{\zeta}}_2 = A\bar{\zeta}_2 + A_\Delta(x_0, w_0)\bar{\zeta}_2 + \psi_{\bar{\zeta}_2}(t, \zeta_1, e_1, x_0, x, w_0) \tag{8.34}$$

其中，

$$A = \begin{bmatrix} L_2\lambda_0 + b_2 & -\lambda_0 & 0 & \cdots & 0 & 0 \\ L_3\lambda_0 & b_3 & -\lambda_0 & \cdots & 0 & 0 \\ \vdots & \vdots & \vdots & & \vdots & \vdots \\ L_{n-2}\lambda_0 & 0 & 0 & \cdots & b_{n-2} & -\lambda_0 \\ L_{n-1}\lambda_0 & 0 & 0 & \cdots & 0 & 0 \end{bmatrix}$$

$$b_i = (n-i-1)(\lambda_0 - c_0)$$

$$A_\Delta(x_0, w_0) = \frac{\lambda_0 w_0}{x_0}\Delta^*, \quad \Delta^* = \begin{bmatrix} L_2 + n - 3 & -1 & 0 & \cdots & 0 & 0 \\ L_3 & n - 4 & -1 & \cdots & 0 & 0 \\ \vdots & \vdots & \vdots & & \vdots & \vdots \\ L_{n-2} & 0 & 0 & \cdots & 1 & -1 \\ L_{n-1} & 0 & 0 & \cdots & 0 & 0 \end{bmatrix}$$

$$\psi_{\bar{\zeta}_2} = \begin{bmatrix} L_2\chi_2 e_1 + (L_3\chi_0 - L_2 L_2\chi_0 - L_2\chi_1)\zeta_1 + \hat{\phi}_2 - L_2\hat{\phi}_1 \\ \vdots \\ L_{n-2}\chi_{n-2}e_1 + (L_{n-1}\chi_0 - L_{n-2}L_2\chi_0 - L_{n-2}\chi_1)\zeta_1 + \hat{\phi}_{n-2} - L_{n-2}\hat{\phi}_1 \\ -L_{n-1}(\chi_1 + L_2\chi_0)\zeta_1 + \hat{\phi}_{n-1} - L_{(n-1)}\hat{\phi}_1 \end{bmatrix}$$

在满足条件(8.9)、条件(8.18)、条件(8.19)的情况下,可直接证明 $|A_\Delta(x_0, w_0)| \leqslant \mu_0 \lambda_0 |\Delta^*|$,并且存在局部利普希茨的函数 $\psi_{\bar\zeta_2}^{\zeta_1}, \psi_{\bar\zeta_2}^{e_1}, \psi_{\bar\zeta_2}^{x_0} \in \mathcal{K}_\infty$ 使得

$$|\psi_{\bar\zeta_2}| \leqslant \psi_{\bar\zeta_2}^{\zeta_1}(|\zeta_1|) + \psi_{\bar\zeta_2}^{e_1}(|e_1|) + \psi_{\bar\zeta_2}^{x_0}(|x_0|) \tag{8.35}$$

合理选取 $L_2, L_3, \cdots, L_n$ 使得实矩阵 A 是赫尔维茨的,那么存在正定矩阵 $P = P^{\mathrm{T}} \in \mathbb{R}^{(n-2) \times (n-2)}$ 满足 $PA + A^{\mathrm{T}}P = -2I_{n-2}$。定义 $\bar{V}_{\bar\zeta_2}(\bar\zeta_2) = \bar\zeta_2^{\mathrm{T}} P \bar\zeta_2$。那么,存在 $\underline{\alpha}_{\bar\zeta_2}, \overline{\alpha}_{\bar\zeta_2} \in \mathcal{K}_\infty$ 使得 $\underline{\alpha}_{\bar\zeta_2}(|\bar\zeta_2|) \leqslant \bar{V}_{\bar\zeta_2}(\bar\zeta_2) \leqslant \overline{\alpha}_{\bar\zeta_2}(|\bar\zeta_2|)$,并且满足

$$\nabla \bar{V}_{\bar\zeta_2}(\bar\zeta_2) \dot{\bar\zeta}_2 = -2\bar\zeta_2^{\mathrm{T}} \bar\zeta_2 + 2\bar\zeta_2^{\mathrm{T}} PA_\Delta(x_0, w_0)\bar\zeta_2 + 2\bar\zeta_2^{\mathrm{T}} P \psi_{\bar\zeta_2}$$

$$\leqslant -\frac{3}{2} \bar\zeta_2^{\mathrm{T}} \bar\zeta_2 + 2\mu_0 \lambda_0 |P| |\Delta^*| \bar\zeta_2^{\mathrm{T}} \bar\zeta_2 + 2|P|^2 |\psi_{\bar\zeta_2}|^2$$

选取 μ_0 满足条件(8.10)和

$$\mu_0 \leqslant \frac{1}{4} \lambda_0 |P| |\Delta^*| \tag{8.36}$$

于是,

$$\nabla \bar{V}_{\bar\zeta_2}(\bar\zeta_2) \dot{\bar\zeta}_2 \leqslant -\frac{1}{\lambda_{\max}(P)} V_{\bar\zeta_2}(\bar\zeta_2) + 2|P|^2 \left(\psi_{\bar\zeta_2}^{\zeta_1}(|\zeta_1|) + \psi_{\bar\zeta_2}^{e_1}(|e_1|) + \psi_{\bar\zeta_2}^{x_0}(|x_0|) \right)$$

那么存在局部利普希茨的函数 $\chi_{\bar\zeta_2}^{\zeta_1}, \chi_{\bar\zeta_2}^{e_1}, \chi_{\bar\zeta_2}^{x_0} \in \mathcal{K}_\infty$ 和正定的连续函数 $\ell_{\bar\zeta_2}$ 使得

$$V_{\bar\zeta_2}(\bar\zeta_2) \geqslant \max \left\{ \chi_{\bar\zeta_2}^{\zeta_1}(V_{\zeta_1}(\zeta_1)), \chi_{\bar\zeta_2}^{e_1}(V_{e_1}(e_1)), \chi_{\bar\zeta_2}^{x_0}(V_{x_0}(x_0)) \right\}$$

$$\Rightarrow \nabla V_{\bar\zeta_2}(A\bar\zeta_2 + A_\Delta \bar\zeta_2 + \psi_{\bar\zeta_2}) \leqslant -\ell_{\bar\zeta_2}(V_{\bar\zeta_2}(\bar\zeta_2)), \text{ a.e.} \tag{8.37}$$

2. ζ_1-子系统和 e_i-子系统

对 ζ_1 和 e_i 分别求导,可得

$$\dot\zeta_1 = \rho(\zeta_1 + w_1) + (\chi_1 + L_2\chi_0)\zeta_1 + \chi_0\zeta_2 + \hat\phi_1 \tag{8.38}$$

$$\dot{e}_1 = \chi_0 v_1(e_1 - \zeta_1) + \psi_{e_1}(t, e_1, e_2, \zeta_2, x_0, x, w_0) \tag{8.39}$$

$$\dot{e}_2 = \chi_0 v_2(e_2) + \psi_{e_2}(t, e_1, e_2, e_3, \zeta_1, w_1, x_0, x, w_0) \tag{8.40}$$

$$\dot{e}_i = \chi_0^{(a_i)} v_i(e_i) + \psi_{e_i}(t, e_1, e_2, \cdots, e_{i+1}, \zeta_1, \zeta_2, x_0, x, w_0, w_1),$$

$$i = 3, 4, \cdots, n - 1 \tag{8.41}$$

其中,对于 $i = 3, \cdots, n-2$,$a_i = 1$,$a_{n-1} = 0$。

由式(8.38)~式(8.41)构成的受控系统与式(7.28)形式一致。在满足条件(8.9)、条件(8.18)、条件(8.19)的情况下，能够证明存在连续可导的函数 ρ 和 υ_i 使得 ζ_1-子系统和 e_i-子系统均是输入到状态稳定的，并且李雅普诺夫函数 $V_{\zeta_1}(\zeta_1) = \alpha_V(|\zeta_1|)$、$V_{e_i}(e_i) = \alpha_V(|e_i|)$ 满足

$$V_{\zeta_1}(\zeta_1) \geqslant \max\left\{\chi_{\zeta_1}^{\bar\zeta_2}(V_{\bar\zeta_2}(\bar\zeta_2)), \chi_{\zeta_1}^{e_1}(V_{e_1}(e_1)), \chi_{\zeta_1}^{w_1}(|w_1|), \chi_{\zeta_1}^{x_0}(V_{x_0}(x_0))\right\}$$

$$\Rightarrow \nabla V_{\zeta_1}(\zeta_1)\dot\zeta_1 \leqslant -\ell_{\zeta_1} V_{\zeta_1}(\zeta_1), \quad \text{a.e.} \tag{8.42}$$

$$V_{e_1}(e_1) \geqslant \max\left\{\chi_{e_1}^{e_2}(V_{e_2}(e_2)), \chi_{e_1}^{\zeta_1}(V_{\zeta_1}(\zeta_1)), \chi_{e_1}^{\bar\zeta_2}(V_{\bar\zeta_2}(\bar\zeta_2)), \chi_{e_1}^{x_0}(V_{x_0}(x_0))\right\}$$

$$\Rightarrow \nabla V_{e_1}(e_1)\dot e_1 \leqslant -\ell_{e_1} V_{e_1}(e_1), \quad \text{a.e.} \tag{8.43}$$

$$V_{e_2}(e_2) \geqslant \max\left\{\chi_{e_2}^{e_1}(V_{e_1}(e_1)), \chi_{e_2}^{e_3}(V_{e_3}(e_3)), \chi_{e_2}^{\zeta_1}(V_{\zeta_1}(\zeta_1)), \chi_{e_2}^{w_1}(|w_1|), \chi_{e_2}^{x_0}(V_{x_0}(x_0))\right\}$$

$$\Rightarrow \nabla V_{e_2}(e_2)\dot e_2 \leqslant -\ell_{e_2} V_{e_2}(e_2), \quad \text{a.e.} \tag{8.44}$$

$$V_{e_i}(e_i) \geqslant \max_{j=1,2,\cdots,i-1,i+1}\left\{\chi_{e_i}^{e_j}(V_{e_j}(e_j)), \chi_{e_i}^{\zeta_1}(V_{\zeta_1}(\zeta_1)), \chi_{e_i}^{\bar\zeta_2}(V_{\bar\zeta_2}(\bar\zeta_2)), \chi_{e_i}^{x_0}(V_{x_0}(x_0)),\right.$$

$$\left. \chi_{e_i}^{w_1}(|w_1|)\right\}$$

$$\Rightarrow \nabla V_{e_i}(e_i)\dot e_i \leqslant -\ell_{e_i} V_{e_i}(e_i), \quad \text{a.e.} \tag{8.45}$$

其中，$i = 3, 4, \cdots, n-1$，$\ell_{(\cdot)}$ 是正的常数，$\chi_{e_{n-1}}^{e_n} = 0$，$\chi_{(\cdot)}^{(\cdot)} \in \mathcal{K}_\infty$ 是局部利普希茨的函数。

3. 基于非线性小增益定理的稳定集成

受控系统已转化成由多个输入到状态稳定的子系统构成的关联系统。下面利用多回路非线性小增益定理来分析受控系统的稳定性。为便于讨论，定义 $Y = [\zeta_1, \bar\zeta_2^{\text{T}}, e_1, e_2, \cdots, e_{n-1}]^{\text{T}}$。

命题8.3　考虑被控对象(8.14)、由式(7.5)和式(8.27)~式(8.30)构成的控制器。假设 $x_0(t_0) \neq 0$。如果选取 ρ、$L_2, L_3, \cdots, L_{n-1}$、$\upsilon_1, \upsilon_2, \cdots, \upsilon_{n-1}$ 使得性质(8.37)、性质(8.42)~性质(8.45)中的增益满足

$$\chi_{i_1}^{i_2} \circ \chi_{i_2}^{i_3} \circ \cdots \circ \chi_{i_r}^{i_1} < \text{Id} \tag{8.46}$$

其中，$r = 2, 3, \cdots, n+1$，$i_j \in \{\zeta_1, \bar\zeta_2^{\text{T}}, e_1, e_2, \cdots, e_{n-1}\}$，若 $j \neq j'$，则 $i_j \neq i_{j'}$，那么存在 $\beta_Y \in \mathcal{KL}$ 和局部利普希茨的函数 $\gamma_Y^w, \gamma_Y^{x_0} \in \mathcal{K}_\infty$ 使得对任意初始状态 $Y(t_0)$ 和分段连续且有界的 w_1 和 x_0，

$$|Y(t)| \leqslant \max\{\beta_Y(|Y(t_0)|, t), \gamma_Y^w(\|w_1\|_{[t_0, T_{\max}]}), \gamma_Y^{x_0}(\|x_0\|_{[t_0, T_{\max}]})\}$$

对所有 $t_0 \leqslant t < T_{\max}$ 都成立。

命题 8.3 可以利用多回路非线性小增益定理（见第 2 章）来证明。

8.3 基于扇形域和小增益方法的事件触发采样机制设计

为保证 x-子系统的可控性，与 7.3 节一致，仍然利用扇形域方法为 x_0-子系统设计阈值信号。对于 z-系统，因为仅有部分状态能够用于事件触发采样机制设计，所以 6.3 节给出的依赖于全状态的静态阈值信号不再适用。本节借助 3.4 节介绍的事件触发采样机制设计方法构造一类动态的阈值信号。具体而言，设计如下动态事件触发采样机制：

$$t_{k+1} = \inf\{t > t_k : |w_0(t)| \geqslant \mu_0 |x_0(t)| \text{ 或 } |w_1(t)| \geqslant \mu_1(t)\} \qquad (8.47)$$

其中，μ_0 满足条件(8.10)和条件(8.36)，信号 μ_1 由如下动态系统生成：

$$\mu_1(t) = \varphi_1(\eta_1(t)), \quad \dot{\eta}_1(t) = -\nu_1(\eta_1(t)) \qquad (8.48)$$

其中，$\eta_1 \in \mathbb{R}_+$ 是状态，$\nu_1 \in \mathbb{R}_+ \to \mathbb{R}_+$ 是局部利普希茨的正定函数，$\varphi_1 \in \mathcal{K}_\infty$ 是连续可导的函数。选取正的初始状态 $\eta_1(t_0)$，其能够保证 $\mu_1(t_0)$ 是正的。

如下命题给出了要保证上述事件触发控制系统在原点处渐近稳定参数 ν_1 和 φ_1 所需满足的条件。

命题 8.4 考虑以 x_0、ζ_1、$\bar{\zeta}_2^{\mathrm{T}}$、$e_1, e_2, \cdots, e_{n-1}$ 为状态的子系统构成的关联系统，并假设满足多回路小增益条件(8.46)。

(1) 存在局部利普希茨的函数 $\varrho_{x_0}, \varrho_{\zeta_1}, \varrho_{\bar{\zeta}_2}, \varrho_{e_i} \in \mathcal{K}_\infty$ 使

$$\tilde{V}_{x_0}(x_0) = \varrho_{x_0}(V_{x_0}(x_0)) \qquad (8.49)$$

$$\tilde{V}_{\zeta_1}(\zeta_1) = \varrho_{\zeta_1}(V_{\zeta_1}(\zeta_1)) \qquad (8.50)$$

$$\tilde{V}_{\bar{\zeta}_2}(\bar{\zeta}_2) = \varrho_{\bar{\zeta}_2}(V_{\bar{\zeta}_2}(\bar{\zeta}_2)) \qquad (8.51)$$

$$\tilde{V}_{e_i}(e_i) = \varrho_{e_i}(V_{e_i}(e_i)), \ i = 1, 2, \cdots, n-1 \qquad (8.52)$$

分别是 x_0-子系统、ζ_1-子系统、$\bar{\zeta}_2$-子系统、e_i-子系统的新输入到状态稳定李雅普诺夫函数。并且，当式(8.37)和式(8.42)~式(8.45)中的李雅普诺夫函数替换成式(8.50)~式(8.52)中的新函数，函数 $\chi_{(\cdot)}^{(\cdot)}$、$\ell_{(\cdot)}$、$\chi_{\zeta_1}^{w_1}$、$\chi_{e_i}^{w_1}$ 分别替换成函数 $\tilde{\chi}_{(\cdot)}^{(\cdot)} \in \mathcal{K} < \mathrm{Id}$、$\tilde{\ell}_{(\cdot)} \in \mathcal{P}$、$\tilde{\chi}_{\zeta_1}^{w_1} = \varrho_{\zeta_1} \circ \chi_{\zeta_1}^{w_1}$、$\tilde{\chi}_{e_i}^{w_1} = \varrho_{e_i} \circ \chi_{e_i}^{w_1}$ 时，性质(8.37)和性质(8.42)~性质(8.45)仍然成立。

（2）选取 φ_1 使 $\max\limits_{i=2,3,\cdots,n-1}\{\tilde{\chi}_{\zeta_1}^{w_1},\tilde{\chi}_{e_i}^{w_1}\}\circ\varphi_1<\mathrm{Id}$，那么

$$V(\varsigma)=\max_{i=1,2,\cdots,n-1}\left\{\tilde{V}_{x_0}(x_0),\tilde{V}_{\zeta_1}(\zeta_1),\tilde{V}_{\bar{\zeta}_2}(\bar{\zeta}_2),\tilde{V}_{e_i}(e_i),\eta_1\right\}$$

满足

$$D^+V(\varsigma(t))\leqslant-\alpha(V(\varsigma(t))) \tag{8.53}$$

其中，$\alpha(s)=\min\limits_{i=1,2,\cdots,n-1}\{\tilde{\ell}_{x_0}(s),\tilde{\ell}_{\zeta_1}(s),\tilde{\ell}_{\bar{\zeta}_2}(s),\tilde{\ell}_{e_i}(s),\nu_1(s)\}$，$\varsigma=[x_0,\zeta_1,\bar{\zeta}_2^{\mathrm{T}},$ $e_1,\cdots,e_{n-1},\eta_1]^{\mathrm{T}}$。

命题 8.4 的证明在附录 C.8 中给出。

定理 8.1 给出了被控对象(8.1)的事件触发输出反馈镇定结果。

定理 8.1　在满足假设 8.1 的情况下，考虑被控对象(8.1)、式(7.5)和式(8.27)～式(8.30)构成的输出反馈控制器以及式(8.47)～式(8.48)构成的事件触发采样机制。假设 $x_0(t_0)\neq0$。如果选取系统(8.48)中的 ν_1 和 φ_1 满足：① $\max\limits_{i=2,3,\cdots,n-1}\{\tilde{\chi}_{\zeta_1}^{w_1},\tilde{\chi}_{e_i}^{w_1}\}\circ$ $\varphi_1<\mathrm{Id}$，并且 $\varrho_{x_0}^{-1}\circ\varphi_1^{-1}$、$\alpha_V^{-1}\circ\varrho_{(s_1)}^{-1}\circ\varphi_1^{-1}$($s_1\in\{\zeta_1,e_1,e_2,\cdots,e_{n-1}\}$)、$\sqrt{\alpha_{\bar{\zeta}_2}}^{-1}\circ\varrho_{\bar{\zeta}_2}^{-1}\circ$ φ_1^{-1} 均是局部利普希茨的函数；② 对于任意 $s\in\mathbb{R}_+$，$\nu_1\leqslant\min\limits_{i=1,2,\cdots,n-1}\{\tilde{\ell}_{x_0}(s),\tilde{\ell}_{\zeta_1}(s),$ $\tilde{\ell}_{\bar{\zeta}_2}(s),\tilde{\ell}_{e_i}(s)\}$，并且对于如下局部利普希茨的正定函数

$$\theta_\nu(s)=\begin{cases}\partial\varphi_1(\varphi_1^{-1}(s))\nu_1(\varphi_1^{-1}(s)),&s>0\\0,&s=0\end{cases}$$

存在常数 $\Delta>0$ 使 $\theta_\nu(s)/s$ 在 $s\in(0,\Delta)$ 上非减。那么能够实现事件触发的输出反馈镇定。

证明　利用定理 7.1 的证明思路，结合 2.4.1 节中基于轨迹的非线性小增益定理来证明由被控对象(8.1)、式(7.5)和式(8.27)～式(8.30)构成的输出反馈控制器以及由式(8.47)～式(8.48)构成的事件触发采样机制所构成的闭环系统状态有界性的收敛性。

下面证明采样间隔具有正的下界。对于特定的 t_k，将如下事件触发采样机制独立触发的下一采样时刻记作 t_k'：

$$t_k'=\inf\{t>t_k:|w_0(t)|\geqslant\mu_0|x_0(t)|\} \tag{8.54}$$

将如下事件触发采样机制独立触发的下一采样时刻记作 t_k''：

$$t_k''=\inf\{t>t_k:|w_1(t)|\geqslant\mu_1(t)\} \tag{8.55}$$

利用定理 7.1，能够证明存在正的常数 t'_Δ 使得 $t'_k - t_k \geqslant t'_\Delta$。此外，利用第 3 章的结果，能够证明存在正的常数 $T_{\Delta''}$ 使得 $t''_k - t_k > T_{\Delta''}$。由以上讨论可得

$$t_{k+1} - t_k \geqslant t_\Delta = \min\{T_{\Delta'}, T_{\Delta''}\}$$

因此，$\mathbb{S} = \mathbb{Z}_+$ 且 $\lim_{k \to \infty} t_k < \infty$ 不可能发生。也就是说，状态 $(x_0(t), x(t))$ 对所有 $t \geqslant t_0$ 都有定义。 □

与 7.4 节所采用的策略类似，当 $x_0(t_0) = 0$ 时，在 $[t_0, t_0 + T_d]$ 时间段内，仍然选取控制器(7.50)来驱使 x_0 离开零点，并且可设计类似于式(8.3)、式(8.4)构成的输出反馈控制器来驱动 x 系统。同时，在 $[t_0, t_0 + T_d]$ 时间段内，设计如下事件触发采样机制：

$$t_{k+1} = \inf\Big\{t > t_k : |x_1(t) - x_1(t_k)| \geqslant \epsilon\Big\} \tag{8.56}$$

其中，ϵ 是任意正的常数。

当 $t \geqslant T_d$ 时，控制器切换成由式(7.5)和式(8.27)~式(8.30)构成的输出反馈控制器。同时，事件触发采样机制(8.56)切换成式(8.47)。

8.4 数 值 仿 真

本节利用数值仿真来验证所设计的输出反馈控制器和动态事件触发采样机制的有效性。考虑如下三阶非完整链式被控对象：

$$\dot{x}_0 = u_0, \qquad \dot{x}_1 = x_2 u_0 + 0.05 x_1, \qquad \dot{x}_2 = u \tag{8.57}$$

其中，$x_0 \in \mathbb{R}$ 和 $x_1 \in \mathbb{R}$ 是输出，$x_2 \in \mathbb{R}$ 是不可测的状态。考虑 x_2 不能够用于控制器和事件触发采样机制设计的情况。

利用命题 8.1，选取 $\lambda_0 = 0.1$ 和 $\mu_0 = 0.1$，可得

$$u_0 = -0.1 x_0^s \tag{8.58}$$

当 $x_0(0) \neq 0$ 时，利用 σ-缩放技术(7.13)将三阶非完整链式被控对象(8.57)中的 (x_1, x_2)-子系统转化成 (z_1, z_2)-子系统：

$$\dot{z}_1 = -0.1\left(1 + \frac{w_0}{x_0}\right)z_2 + 0.1\left(1 + \frac{w_0}{x_0}\right)z_1 + 0.05z_1$$

$$\dot{z}_2 = u + 2z_1 x_0$$

根据 8.2.2 节中的设计过程，设计如下非线性观测器：

$$\dot{\xi}_0 = -0.1x_0^s \tag{8.59}$$

$$\dot{\xi}_1 = \chi_0^\xi(\xi_2 - 0.1\xi_1) + \chi_1^\xi\xi_1 + \rho(\xi_1 - z_1^s) \tag{8.60}$$

$$\dot{\xi}_2 = u + 0.1(\chi_0^\xi(\xi_2 - 0.1\xi_1) + \chi_1^\xi\xi_1) \tag{8.61}$$

其中，$\chi_0^\xi = -0.1(1 + (\xi_0 - x_0^s)/\xi_0)$，$\chi_1^\xi = -\chi_0^\xi$，$\rho(s) = -2s$。

利用观测器的估计值，设计如下控制器：

$$u = v_2(\xi_2 - v_1(\xi_1)) \tag{8.62}$$

其中，$v_1 = 5.8s$，$v_2 = -40s$。定义 $V_{\zeta_1}(\zeta_1) = |\zeta_1|$、$V_{\bar{\zeta}_2}(\bar{\zeta}_2) = |\bar{\zeta}_2|$、$V_{e_1}(e_1) = |e_1|$、$V_{e_2}(e_2) = |e_2|$。不难验证 ζ_1-子系统、$\bar{\zeta}_2$-子系统、e_1-子系统、e_2-子系统均是输入到状态稳定的。性质(8.37)、性质(8.42)、性质(8.43)、性质(8.44)中增益取作 $\chi_{\zeta_1}^{\bar{\zeta}_2}(s) = 0.24s$，$\chi_{\zeta_1}^{e_1}(s) = 0.19s$，$\chi_{\zeta_1}^{w_1}(s) = 5s$，$\chi_{\bar{\zeta}_2}^{\zeta_1}(s) = 4s$，$\chi_{\bar{\zeta}_2}^{e_1}(s) = 0.67s^2$，$\chi_{e_1}^{\zeta_1}(s) = 5s$，$\chi_{e_1}^{\bar{\zeta}_2}(s) = 0.99s$，$\chi_{e_1}^{e_2}(s) = 0.99s$，$\chi_{e_2}^{e_1}(s) = 0.99s$，$\chi_{e_2}^{\zeta_1}(s) = 0.99s$，$\chi_{e_2}^{w_1}(s) = 5s$，$\ell_{\bar{\zeta}_2}(s) = 0.005s$，$\ell_{\zeta_1}(s) = 0.01s$，$\ell_{e_1}(s) = 0.01s$，$\ell_{e_2}(s) = 0.01s$。利用命题 8.4 和定理 8.1，将事件触发采样机制中的函数选作 $\nu_1(s) = 0.004s$ 和 $\varphi_1(s) = 0.04s$。

图 8.1～图 8.4 给出了以 $x_0(0) = 2$、$x_1(0) = 1$、$x_2(0) = 1$、$\xi_0(0) = 2$、$\xi_1(0) = 0$、$\xi_2(0) = 0$、$\eta_1(0) = 2$、$\mu_1(0) = 0.08$ 为初始条件的仿真结果。能够看出，对于输出反馈型非完整链式被控对象(8.57)，基于非线性观测器的控制器(8.62)和事件触发采样机制(8.47)能够实现基于事件触发的输出反馈镇定。

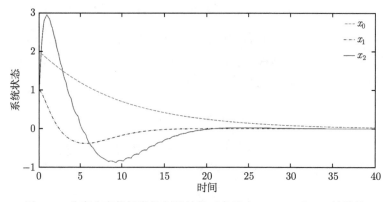

图 8.1　仿真中事件触发控制的被控对象状态 x_0、x_1 和 x_2 的轨迹

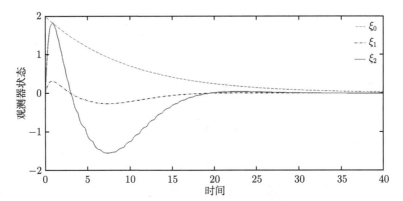

图 8.2　仿真中事件触发控制系统的观测器状态 ξ_0、ξ_1 和 ξ_2 的轨迹

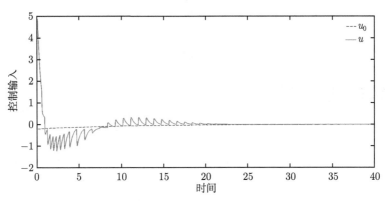

图 8.3　仿真中事件触发控制系统的控制输入 u_0 和 u

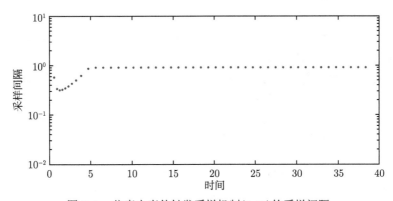

图 8.4　仿真中事件触发采样机制(8.47)的采样间隔

第 9 章　非完整移动机器人的事件触发
轨迹跟踪控制

仅利用不连续的反馈（视觉、图像等）实现连续跟踪控制是移动机器人在不确定环境下完成复杂任务的基本要求。本章研究如何通过事件触发的方式来达到这一目标。具体而言，本章将研究事件触发的非完整移动机器人轨迹跟踪控制问题。为解决这一问题，本章所提出的新方法包括改进的动态反馈线性化、嵌套限幅控制器鲁棒化设计等。

9.1　问题描述

考虑非完整移动机器人模型：

$$\dot{x} = v\cos\theta, \qquad \dot{y} = v\sin\theta, \qquad \dot{\theta} = \omega \tag{9.1}$$

其中，$[x,y]^{\mathrm{T}} \in \mathbb{R}^2$ 表示机器人的位置，$\theta, v, \omega \in \mathbb{R}$ 分别表示方向角、线速度、角速度，v 和 ω 是控制输入。本章的主要目标是为非完整移动机器人(9.1)设计一种基于数据采样的控制器，以实现对以下参考轨迹的跟踪：

$$\dot{x}_r = v_r\cos\theta_r, \qquad \dot{y}_r = v_r\sin\theta_r, \qquad \dot{\theta}_r = \omega_r \tag{9.2}$$

其中，$x_r, y_r, \theta_r \in \mathbb{R}$ 是状态，$v_r, \omega_r \in \mathbb{R}$ 是输入。变量 $x_r, y_r, \theta_r, v_r, \omega_r$ 分别对应于 x, y, θ, v, ω；见图 9.1。记 $\eta_r = [x_r, y_r, \theta_r, v_r, \omega_r]^{\mathrm{T}}$。

与现有的移动机器人跟踪控制的结果不同，本章考虑非完整移动机器人的状态信息经由数据采样通道传输到控制器的情形。同时，还考虑将移动机器人的控制输入限定在期望范围内。具体而言，对于任意 $k \in \mathbb{S} \subseteq \mathbb{Z}_+$，当 $t \in [t_k, t_{k+1})$ 时，期望设计如下基于数据采样的控制器：

$$\dot{\xi}(t) = \kappa_\xi(\eta_r(t), \xi(t), x(t_k), y(t_k), \theta(t_k)) \tag{9.3}$$

$$v(t) = \kappa_v(\eta_r(t), \xi(t), x(t_k), y(t_k), \theta(t_k)) \tag{9.4}$$

$$\omega(t) = \kappa_\omega(\eta_r(t), \xi(t), x(t_k), y(t_k), \theta(t_k)) \tag{9.5}$$

其中，函数 κ_ξ、κ_v、κ_ω 满足 $|\kappa_v(\cdot)| \leqslant \bar{\kappa}_v$、$|\kappa_\omega(\cdot)| \leqslant \bar{\kappa}_\omega$。此处，$\bar{\kappa}_v$ 和 $\bar{\kappa}_\omega$ 是正的常数。利用上述控制器，期望跟踪误差有界且收敛到原点的一个邻域内。也就是说，

$$\overline{\lim_{t\to\infty}} \left\| \begin{bmatrix} x(t) - x_r(t) \\ y(t) - y_r(t) \\ \mathrm{mod}(\theta(t) - \theta_r(t), 2\pi) \end{bmatrix} \right\| \leqslant \epsilon \tag{9.6}$$

其中，非负的常数 ϵ 用来量化邻域的大小。进一步，期望通过合理选取控制器和采样机制参数实现渐近跟踪（$\epsilon = 0$）。

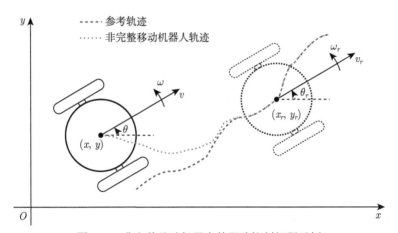

图 9.1　非完整移动机器人的跟踪控制问题示例

假设 v_r 和 ω_r 满足如下边界条件。

假设 9.1　*参考速度 v_r 和 ω_r 满足如下条件：*

（1）v_r 连续可导，并且存在已知的、正的常数 v_r^d 使 $|\dot{v}_r(t)| \leqslant v_r^d$ 对所有 $t \geqslant 0$ 都成立；

（2）存在已知的、正的常数 $\underline{v}_r$ 和 $\bar{v}_r$ 使 $0 < \underline{v}_r \leqslant v_r(t) \leqslant \bar{v}_r$ 对所有 $t \geqslant 0$ 都成立；

（3）存在已知的、正的常数 $\bar{\omega}_r$ 使得 $|\omega_r(t)| \leqslant \bar{\omega}_r$ 对所有 $t \geqslant 0$ 都成立。

9.2　基于数据采样的控制器设计

如果方向角 θ 已知，在 $v \neq 0$ 的情况下，通过标准的动态反馈线性化技术[362-363] 能够将非完整移动机器人模型转化成二阶积分器模型。但是，对于本章所考虑的情况，控制器仅能够获取 θ 的采样值，因此标准的动态反馈线性化不再适用。本章使用 θ_r 代替 θ 来实施一种类似于标准动态反馈线性化的模型转换。这

种处理方式仅能保证对非完整移动机器人模型实现部分线性化，并在跟踪误差系统中引入一个含有依赖于 $\theta - \theta_r$ 的非线性扰动项。针对这种跟踪误差系统，本节提出一类新的鲁棒限幅控制器。在采样误差满足限幅扇形域约束的情况下，通过适当选取控制器参数能够使受控跟踪误差系统在原点处局部实用稳定。在此基础上，依据该限幅扇形域约束来设计事件触发采样机制，实现事件触发的跟踪控制。

9.2.1　改进的动态反馈线性化

首先对移动机器人模型(9.1)的输入 v 和参考模型(9.2)的输入 v_r 进行动态扩展。具体而言，定义

$$\dot{v} = \mu \tag{9.7}$$

$$\dot{v}_r = \mu_r \tag{9.8}$$

那么

$$\begin{bmatrix} \ddot{x} \\ \ddot{y} \end{bmatrix} = \begin{bmatrix} \cos\theta & -v\sin\theta \\ \sin\theta & v\cos\theta \end{bmatrix} \begin{bmatrix} \mu \\ \omega \end{bmatrix} := \Phi(\theta, v) \begin{bmatrix} \mu \\ \omega \end{bmatrix} \tag{9.9}$$

$$\begin{bmatrix} \ddot{x}_r \\ \ddot{y}_r \end{bmatrix} = \begin{bmatrix} \cos\theta_r & -v_r\sin\theta_r \\ \sin\theta_r & v_r\cos\theta_r \end{bmatrix} \begin{bmatrix} \mu_r \\ \omega_r \end{bmatrix} := \Phi(\theta_r, v_r) \begin{bmatrix} \mu_r \\ \omega_r \end{bmatrix} \tag{9.10}$$

定义跟踪误差 $\tilde{x} = x - x_r$、$\tilde{y} = y - y_r$、$\tilde{\mu} = \mu - \mu_r$、$\tilde{\omega} = \omega - \omega_r$。由式(9.9)和式(9.10)构造如下跟踪误差系统：

$$\begin{bmatrix} \ddot{\tilde{x}} \\ \ddot{\tilde{y}} \end{bmatrix} = \Phi(\theta, v) \begin{bmatrix} \mu \\ \omega \end{bmatrix} - \Phi(\theta_r, v_r) \begin{bmatrix} \mu_r \\ \omega_r \end{bmatrix}$$

$$= \Phi(\theta_r, v_r) \begin{bmatrix} \tilde{\mu} \\ \tilde{\omega} \end{bmatrix} + (\Phi(\theta, v) - \Phi(\theta_r, v_r)) \begin{bmatrix} \mu \\ \omega \end{bmatrix} \tag{9.11}$$

或者可等价地写作

$$\dot{\tilde{x}} = \tilde{v}_x, \quad \dot{\tilde{v}}_x = \tilde{u}_x + \Delta_1(\zeta) \tag{9.12}$$

$$\dot{\tilde{y}} = \tilde{v}_y, \quad \dot{\tilde{v}}_y = \tilde{u}_y + \Delta_2(\zeta) \tag{9.13}$$

其中，$\tilde{u}_x$ 和 $\tilde{u}_y$ 是新的控制输入，

$$\begin{bmatrix} \tilde{v}_x \\ \tilde{v}_y \end{bmatrix} = \begin{bmatrix} v_x - v_{xr} \\ v_y - v_{yr} \end{bmatrix} = \begin{bmatrix} v\cos\theta - v_r\cos\theta_r \\ v\sin\theta - v_r\sin\theta_r \end{bmatrix} \tag{9.14}$$

$$\begin{bmatrix} \tilde{u}_x \\ \tilde{u}_y \end{bmatrix} = \Phi(\theta_r, v_r) \begin{bmatrix} \tilde{\mu} \\ \tilde{\omega} \end{bmatrix} \tag{9.15}$$

$$\zeta = [v, \omega, \mu, \theta, v_r, \theta_r]^{\mathrm{T}} \tag{9.16}$$

$$\begin{bmatrix} \Delta_1(\zeta) \\ \Delta_2(\zeta) \end{bmatrix} = (\Phi(\theta, v) - \Phi(\theta_r, v_r)) \begin{bmatrix} \mu \\ \omega \end{bmatrix} \tag{9.17}$$

这样，跟踪控制问题就转化成了对由式(9.12)和式(9.13)构成的跟踪误差系统的镇定问题。利用上述变换，设计如下跟踪控制器：

$$v(t) = \xi(t) \tag{9.18}$$

$$\dot{\xi}(t) = \mu_r(t) + \cos\theta_r(t)\tilde{u}_x(t) + \sin\theta_r(t)\tilde{u}_y(t) \tag{9.19}$$

$$\omega(t) = \omega_r(t) - \frac{\sin\theta_r(t)}{v_r(t)}\tilde{u}_x(t) + \frac{\cos\theta_r(t)}{v_r(t)}\tilde{u}_y(t) \tag{9.20}$$

9.2.2 二阶积分器限幅反馈下鲁棒镇定

由式(9.12)和式(9.13)构成的跟踪误差系统可看作是一个包含扰动项 Δ_1 和 Δ_2 的二阶积分器系统。本节给出一个受扰动和测量误差影响的二阶积分器鲁棒镇定结果，所提出的限幅串级控制器能够满足限幅控制的要求。

引理 9.1 考虑受扰动影响的二阶积分器被控对象

$$\dot{p} = q \tag{9.21}$$

$$\dot{q} = u + d_u \tag{9.22}$$

$$p^s = p + d_p \tag{9.23}$$

$$q^s = q + d_q \tag{9.24}$$

其中，$[p,q]^{\mathrm{T}} =: Z \in \mathbb{R}^2$ 是状态，$u \in \mathbb{R}$ 是控制输入，$p^s \in \mathbb{R}$ 和 $q^s \in \mathbb{R}$ 分别是 p 和 q 的采样值，$d_p \in \mathbb{R}$ 和 $d_q \in \mathbb{R}$ 表示测量误差，$d_u \in \mathbb{R}$ 表示执行器扰动。设计如下控制器：

$$u = \varphi(q^s - \phi(p^s)) \tag{9.25}$$

其中，限幅函数 ϕ 和 φ 满足

$$\phi(s) = -\operatorname{sgn}(s)\min\{k_\phi|s|, \overline{\phi}\}, \quad s \in \mathbb{R} \tag{9.26}$$

$$\varphi(s) = -\operatorname{sgn}(s)\min\{k_\varphi|s|, \overline{\varphi}\}, \quad s \in \mathbb{R} \tag{9.27}$$

其中，参数 k_ϕ、$\overline{\phi}$、k_φ、$\overline{\varphi}$ 满足

$$k_\varphi \geqslant 4k_\phi, \quad \overline{\varphi} \geqslant 2.5k_\varphi\overline{\phi} \tag{9.28}$$

那么，存在 $\beta \in \mathcal{KL}$ 和正的常数 k_d^p、k_d^q、k_d^u 使得对于任意 $Z(0) \in \mathbb{R}^2$ 和满足 $\|d_q\|_\infty \leqslant k_\phi\overline{\phi}/(4k_\varphi)$、$\|d_u\|_\infty \leqslant k_\phi\overline{\phi}/4$ 的任意分段连续的函数 d_p、d_q、d_u，都有

$$|Z(t)| \leqslant \max\{\beta(|Z(0)|,t), k_d^p\|d_p\|_\infty, k_d^q\|d_q\|_\infty, k_d^u\|d_u\|_\infty\} \tag{9.29}$$

对所有 $t \geqslant 0$ 都成立，其中，$k_d^p = 2.7(1+k_\varphi)$，$k_d^q = 2.1k_\varphi(k_\varphi + 2k_\phi + 2)/k_\phi^2$，$k_d^u = 0.85(2(1+k_\phi) + k_\varphi)/k_\phi^2$。

附录 C.9 中给出了引理 9.1 的证明。图 9.2 给出了二阶积分器被控对象的串级限幅控制结构。

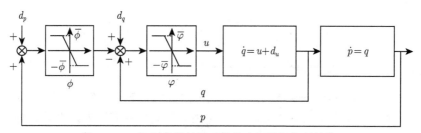

图 9.2　　二阶积分器被控对象的串级限幅控制结构

文献 [364] 和 [365] 已研究了限幅反馈的高阶积分器鲁棒镇定问题，其能够处理系统动力学中的干扰，但是未考虑测量误差的影响。当存在非连续测量误差时（比如采样误差），状态的测量值不连续，那么依赖于状态测量值导数的状态变换不再适用。在引理 9.1 的证明中（见附录 C.9），利用集值映射来覆盖非连续测量误差的影响，而基于集值映射定义的新状态几乎处处连续可导。这样就能够更好地解决非连续反馈的二阶积分器鲁棒镇定问题。

9.2.3　限幅反馈的鲁棒跟踪控制

利用引理 9.1，针对由式(9.12)和式(9.13)构成的跟踪误差系统的局部鲁棒镇定问题，设计如下串级限幅控制器：

$$\tilde{u}_x(t) = \varphi(\tilde{v}_x(t_k) - \phi(\tilde{x}(t_k))), \quad t \in [t_k, t_{k+1}) \tag{9.30}$$

$$\tilde{u}_y(t) = \varphi(\tilde{v}_y(t_k) - \phi(\tilde{y}(t_k))), \quad t \in [t_k, t_{k+1}) \tag{9.31}$$

其中，函数 ϕ 和 φ 分别满足条件(9.26)和条件(9.27)。为便于讨论，定义采样误差

$$d_{\tilde{x}}(t) = \tilde{x}(t_k) - \tilde{x}(t), \quad d_{\tilde{v}_x}(t) = \tilde{v}_x(t_k) - \tilde{v}_x(t) \tag{9.32}$$

$$d_{\tilde{y}}(t) = \tilde{y}(t_k) - \tilde{y}(t), \quad d_{\tilde{v}_y}(t) = \tilde{v}_y(t_k) - \tilde{v}_y(t) \tag{9.33}$$

记 $d = [d_{\tilde{x}}, d_{\tilde{v}_x}, d_{\tilde{y}}, d_{\tilde{v}_y}]^{\mathrm{T}}$、$X = [\tilde{x}, \tilde{v}_x]^{\mathrm{T}}$、$Y = [\tilde{y}, \tilde{v}_y]^{\mathrm{T}}$、$P = [X^{\mathrm{T}}, Y^{\mathrm{T}}]^{\mathrm{T}}$。

命题 9.1 表明,如果采样误差满足限幅扇形域约束,那么由式(9.12)、式(9.13)构成的跟踪误差系统和式(9.30)、式(9.31)构成的控制器所组成的受控系统在原点处局部实用稳定。不仅如此,如果扇形域具有零偏移量,那么受控系统在原点处局部渐近稳定。该命题将用于 9.3 节和 9.4 节的事件触发采样机制设计。

命题 9.1 考虑非完整移动机器人(9.1),参考模型(9.2),由式(9.3)~式(9.5)、式(9.18)~式(9.20)、式(9.30)、式(9.31)构成的控制器。对于任意特定的 $T_{\max} > 0$,假设

$$\max\{|d_{\tilde{x}}(t)|, |d_{\tilde{v}_x}(t)|, |d_{\tilde{y}}(t)|, |d_{\tilde{v}_y}(t)|\} \leqslant \max\{\min\{k_P|P(t)|, \epsilon_1\}, \epsilon_2\} \tag{9.34}$$

对所有 $0 \leqslant t < T_{\max}$ 都成立,其中,常数 k_P、ϵ_1、ϵ_2 满足 $2\max\{k_d^p, k_d^q\}k_P < 1$ 和 $0 \leqslant \epsilon_2 < \epsilon_1 \leqslant k_\phi\overline{\phi}/(4k_\varphi)$。选取控制器参数满足条件(9.26)~条件(9.28)和

$$1 \geqslant \frac{1.7c_\Delta(k_\varphi + 2k_\phi + 2)}{k_\phi^2} \tag{9.35}$$

$$\overline{\phi} \leqslant \frac{5.5c_\Delta \min\{\underline{v}_r - \underline{v}, \overline{v} - \overline{v}_r\}}{k_\phi} \tag{9.36}$$

其中,$c_\Delta = (\sqrt{2}(2+\pi)\overline{\varphi} + \pi v_r^d)/(2\underline{v}_r) + \overline{\omega}_r$,$0 < \underline{v} < \underline{v}_r < \overline{v}_r < \overline{v}$。那么存在 $\beta_P \in \mathcal{KL}$ 和 $\gamma_\epsilon \in \mathcal{K}_\infty$ 使得对于任意初始跟踪误差 $\tilde{x}(0), \tilde{y}(0) \in \mathbb{R}$ 和 $\max\{|\tilde{v}_x(0)|, |\tilde{v}_y(0)|\} \leqslant k_\phi\overline{\phi}/(8c_\Delta)$,有

$$|P(t)| \leqslant \max\{\beta_P(|P(0)|, t), \gamma_\epsilon(\epsilon_2)\} \tag{9.37}$$

对所有 $0 \leqslant t < T_{\max}$ 都成立,并且

$$0 < \underline{v} \leqslant v(t) \leqslant \overline{v} \tag{9.38}$$

$$|\omega(t)| \leqslant \overline{\omega}_r + \frac{2\overline{\varphi}}{\underline{v}_r} \tag{9.39}$$

对所有 $0 \leqslant t < T_{\max}$ 都成立。

证明 在命题给定的初始条件下,首先证明扰动项 Δ_1 和 Δ_2 在 $t \in [0, T_{\max})$ 上的有界性。之后,在满足条件(9.34)的情况下,利用引理 9.1 证明由式(9.12)、式(9.13)构成的跟踪误差系统和式(9.30)、式(9.31)构成的控制器所组成的受控系统在原点处局部实用稳定。也就是说,性质(9.37)成立。最后利用费马定理[325] 证明性质(9.38)和性质(9.39)。

（a）Δ_1 和 Δ_2 的有界性。

首先证明，如果 $-k_\phi\overline{\phi}/(8c_\Delta) \leqslant \tilde{v}_x(0), \tilde{v}_y(0) \leqslant k_\phi\overline{\phi}/(8c_\Delta)$，那么

$$\max\{|\Delta_1(\zeta(t))|, |\Delta_2(\zeta(t))|\} \leqslant \frac{k_\phi\overline{\phi}}{4} \tag{9.40}$$

对所有 $0 \leqslant t < T_{\max}$ 都成立。

定义两个集合：

$$A = \{(A_1, A_2) : (A_1 - v_{xr})^2 + (A_2 - v_{yr})^2 = \tilde{v}_x^2 + \tilde{v}_y^2\} \tag{9.41}$$

$$B = \{(B_1, B_2) : (B_1 - v_{xr})^2 + (B_2 - v_{yr})^2 \leqslant (v_r - \underline{v})^2\} \tag{9.42}$$

不难验证 $(v_x, v_y) \in A$。在满足假设 9.1 的情况下，如果 $\max\{|\tilde{v}_x|, |\tilde{v}_y|\} \leqslant \sqrt{2}\min\{\underline{v}_r - \underline{v}, \overline{v} - \overline{v}_r\}/2$，那么条件(9.41)和条件(9.42)能够保证 $A \subseteq B$ 和 $(0,0) \notin B$，从而可得 $(0,0) \notin A$。图 9.3 给出的是 $(v_x, v_y) \in A \subseteq B$ 的关系。如果 $\max\{|\tilde{v}_x|, |\tilde{v}_y|\} \leqslant \sqrt{2}\min\{\underline{v}_r - \underline{v}, \overline{v} - \overline{v}_r\}/2$，那么能够证明

$$|\operatorname{mod}(\theta(t) - \theta_r(t), 2\pi)| \leqslant \arcsin\left(\frac{\sqrt{\tilde{v}_x^2 + \tilde{v}_y^2}}{v_r}\right) \tag{9.43}$$

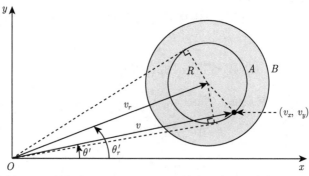

图 9.3　命题 9.1 证明中对 $(v_x, v_y) \in A \subseteq B$ 的直观表示（其中，$R = \sqrt{\tilde{v}_x^2 + \tilde{v}_y^2}$，$\theta' = \operatorname{mod}(\theta, 2\pi)$，$\theta_r' = \operatorname{mod}(\theta_r, 2\pi)$）

在满足假设 9.1 的情况下，利用式(9.14)、式(9.15)、式(9.17)、式(9.30)、式(9.31)、式(9.43)能够证明，如果 $\max\{|\tilde{v}_x(t)|, |\tilde{v}_y(t)|\} \leqslant \sqrt{2}\min\{\underline{v}_r - \underline{v}, \overline{v} - \overline{v}_r\}/2$ 对所有 $0 \leqslant t < T_{\max}$ 都成立，那么

$$|\Delta_1(\zeta(t))| \leqslant |\operatorname{mod}(\theta(t) - \theta_r(t), 2\pi)||\tilde{\mu}(t) + \mu_r(t)| + |\tilde{v}_y(t)||\tilde{\omega}(t) + \omega_r(t)|$$

$$\leqslant \arcsin\left(\frac{\sqrt{\tilde{v}_x^2(t)+\tilde{v}_y^2(t)}}{v_r(t)}\right)(\sqrt{2\overline{\varphi}}+v_r^d)+|\tilde{v}_y(t)|\left(\frac{\sqrt{2\overline{\varphi}}}{\underline{v}_r}+\overline{\omega}_r\right)$$

$$\leqslant \frac{\pi(\sqrt{2\overline{\varphi}}+v_r^d)}{2\underline{v}_r}(|\tilde{v}_x(t)|+|\tilde{v}_y(t)|)+\left(\frac{\sqrt{2\overline{\varphi}}}{\underline{v}_r}+\overline{\omega}_r\right)|\tilde{v}_y(t)|$$

$$\leqslant 2\left(\frac{\pi(\sqrt{2\overline{\varphi}}+v_r^d)}{2\underline{v}_r}+\frac{\sqrt{2\overline{\varphi}}}{\underline{v}_r}+\overline{\omega}_r\right)\max\{|\tilde{v}_x(t)|,|\tilde{v}_y(t)|\}$$

$$= 2c_\Delta \max\{|\tilde{v}_x(t)|,|\tilde{v}_y(t)|\} \tag{9.44}$$

对所有 $0 \leqslant t < T_{\max}$ 都成立。相似地，如果 $\max\{|\tilde{v}_x(t)|,|\tilde{v}_y(t)|\} \leqslant \sqrt{2}\min\{\underline{v}_r - \underline{v}, \overline{v}-\overline{v}_r\}/2$ 对所有 $0\leqslant t<T_{\max}$ 都成立,那么能够证明 $|\Delta_2(\zeta(t))|\leqslant 2c_\Delta \max\{|\tilde{v}_x(t)|, |\tilde{v}_y(t)|\}$ 对所有 $0 \leqslant t < T_{\max}$ 都成立。

在满足条件 (9.35) 和条件 (9.36) 的情况下，借助引理 9.1 中情况 (b) 的推导过程能够证明，如果 $-k_\phi\overline{\phi}/(8c_\Delta) \leqslant \tilde{v}_x(0), \tilde{v}_y(0) \leqslant k_\phi\overline{\phi}/(8c_\Delta)$，那么

$$\max\{|\tilde{v}_x(t)|,|\tilde{v}_y(t)|\} \leqslant \frac{k_\phi\overline{\phi}}{8c_\Delta}$$

$$\leqslant \frac{\sqrt{2}\min\{\underline{v}_r - \underline{v}, \overline{v} - \overline{v}_r\}}{2} \tag{9.45}$$

对所有 $0 \leqslant t < T_{\max}$ 都成立。性质(9.44)和性质(9.45)共同保证性质(9.40)对所有 $0 \leqslant t < T_{\max}$ 都成立。

（b）状态 P 的收敛性。

由条件(9.34)可得

$$\max\{\|d_{\tilde{x}}\|_{[0,T_{\max})},\|d_{\tilde{v}_x}\|_{[0,T_{\max})},\|d_{\tilde{y}}\|_{[0,T_{\max})},\|d_{\tilde{v}_y}\|_{[0,T_{\max})}\}$$

$$\leqslant \max\{\min\{k_P\|P\|_{[0,T_{\max})},\epsilon_1\},\epsilon_2\}$$

$$\leqslant \epsilon_1 \leqslant \frac{k_\phi\overline{\phi}}{4k_\varphi} \tag{9.46}$$

利用性质(9.40)、性质(9.44)、性质(9.46)及引理 9.1，可直接证明对于任意初始条件 $\tilde{x}(0), \tilde{y}(0) \in \mathbb{R}$ 和 $\tilde{v}_x(0), \tilde{v}_y(0) \in [-k_\phi\overline{\phi}/(8c_\Delta), k_\phi\overline{\phi}/(8c_\Delta)]$，有

$$|X(t)| \leqslant \max\{\beta(|X(0)|,t), k_d^p\|d_{\tilde{x}}\|_{[0,T_{\max})}, k_d^q\|d_{\tilde{v}_x}\|_{[0,T_{\max})},$$

$$2k_d^u c_\Delta \max\{\|\tilde{v}_x\|_{[0,T_{\max})},\|\tilde{v}_y\|_{[0,T_{\max})}\}\}$$

$$\leqslant \max\{\beta(|X(0)|,t), k_x\|X\|_{[0,T_{\max})}, k_x\|Y\|_{[0,T_{\max})},$$

$$k_\epsilon \max \left\{ \min \left\{ k_P \|P\|_{[0,T_{\max})}, \epsilon_1 \right\}, \epsilon_2 \right\} \}$$

$$\leqslant \max\{\beta(|X(0)|,t), k_x\|X\|_{[0,T_{\max})}, k_x\|Y\|_{[0,T_{\max})}, k_\epsilon\epsilon_2\} \tag{9.47}$$

$$|Y(t)| \leqslant \max\{\beta(|Y(0)|,t), k_x\|X\|_{[0,T_{\max})}, k_x\|Y\|_{[0,T_{\max})}, k_\epsilon\epsilon_2\} \tag{9.48}$$

对所有 $0 \leqslant t < T_{\max}$ 都成立, 其中, $k_x = 2\max\{k_d^q k_P, k_d^p k_P, c_\Delta k_d^u\}$, $k_\epsilon = \max\{k_d^q, k_d^p\}$。

在满足条件(9.35)的情况下, 可直接验证 $k_x < 1$。利用基于轨迹的非线性小增益定理（见 2.4.1 节）, 能够证明存在 $\beta_P \in \mathcal{KL}$ 和 $\gamma_\epsilon \in \mathcal{K}_\infty$ 使得性质(9.37)对所有 $0 \leqslant t < T_{\max}$ 都成立。

（c）控制输入 v 和 ω 的有界性。

性质(9.45)保证, 如果 $\sqrt{2}(\underline{v}_r - \underline{v})/2 \leqslant \sqrt{2}(\overline{v} - \overline{v}_r)/2$, 那么 $\max\{|\tilde{v}_x|, |\tilde{v}_y|\} \leqslant \sqrt{2}(\underline{v}_r - \underline{v})/2 \leqslant \sqrt{2}(v_r - \underline{v})/2 := c_{v_r}$, 从而保证

$$v = \sqrt{v_x^2 + v_y^2} = \sqrt{(\tilde{v}_x + v_{xr})^2 + (\tilde{v}_y + v_{yr})^2} \geqslant f(\tau),$$

其中,

$$f(\tau) = \begin{cases} \sqrt{(|\tau| - c_{v_r})^2}, & \sqrt{v_r^2 - c_{v_r}^2} \leqslant |\tau| \leqslant v_r \\ \sqrt{(|\tau| - c_{v_r})^2 + (\sqrt{v_r^2 - \tau^2} - c_{v_r})^2}, & c_{v_r} \leqslant |\tau| < \sqrt{v_r^2 - c_{v_r}^2} \\ \sqrt{(\sqrt{v_r^2 - \tau^2} - c_{v_r})^2}, & 0 \leqslant |\tau| < c_{v_r} \end{cases}$$

利用费马定理能够证明 $\min\{f(\tau) : 0 \leqslant |\tau| \leqslant v_r\} = \underline{v}$。同时能够证明 $v \leqslant \overline{v}$。利用式(9.20)可直接证明性质(9.39)成立。 $\qquad\square$

引理 9.1 给出的串级限幅控制器仅能保证对有界扰动项的鲁棒性。在命题 9.1 的证明中, 首先证明了扰动项 Δ_1 和 Δ_2 对所有 $0 \leqslant t < T_{\max}$ 都满足有界条件(9.40)。因此, 可直接利用引理 9.1 来分析所提出的采样控制器的鲁棒性。

命题 9.1 的一个特例是 $\epsilon_2 = 0$。在这种情况下, 由式(9.12)、式(9.13)构成的跟踪误差系统和式(9.30)、式(9.31)构成的控制器所组成的受控系统在原点处渐近稳定。正的 ϵ_2 以损失渐近收敛性为代价来降低采样率, 能够增加事件触发采样机制在实施过程中的灵活性（具体讨论见 9.3 节和 9.4 节）。

9.3　基于扇形域方法的事件触发采样机制设计

命题 9.1 表明, 限幅扇形域条件(9.34)能保证受控系统的局部实用收敛性。因此, 可利用此扇形域来设计事件触发采样机制的阈值信号。

尽管阈值信号限幅，但是充分利用闭环系统动力学的有界性，依然能够证明采样间隔具有正的下界。需要指出的是，传统的事件触发控制结果中的阈值信号往往是与状态或输出相关的径向无界函数[7,12-13]，其难以直接用来解决事件触发的非完整移动机器人跟踪控制问题。

利用扇形域(9.34)设计如下事件触发采样机制：当 $P(t_k) \neq 0$ 时，

$$t_{k+1} = \inf\big\{t > t_k : \max\{|\tilde{x}(t) - \tilde{x}(t_k)|, |\tilde{v}_x(t) - \tilde{v}_x(t_k)|,$$

$$|\tilde{y}(t) - \tilde{y}(t_k)|, |\tilde{v}_y(t) - \tilde{v}_y(t_k)|\}$$

$$\leqslant \max\big\{\min\{k_P|P(t)|, \epsilon_1\}, \epsilon_2\big\}\big\}, \quad t_0 = 0 \tag{9.49}$$

其中，k_P、ϵ_1、ϵ_2 已在式(9.34)中定义。图 9.4 所示为阈值信号 $\max\{\min\{k_P|P|, \epsilon_1\}, \epsilon_2\}$ 的定义。

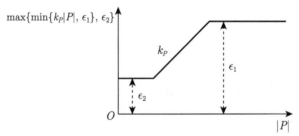

图 9.4　包含限幅和截断的阈值信号 $\max\{\min\{k_P|P|, \epsilon_1\}, \epsilon_2\}$ 的直观示例

定理 9.1 给出了非完整移动机器人基于事件触发的跟踪控制的结果。

定理 9.1　在满足假设 9.1 的情况下，考虑非完整移动机器人(9.1)，参考模型(9.2)，由式(9.18)~式(9.20)、式(9.26)~式(9.28)、式(9.30)、式(9.31)、式(9.35)以及式(9.36)构成的控制器，事件触发采样机制(9.49)。对于任意初始条件 $\tilde{x}(0), \tilde{y}(0) \in \mathbb{R}$ 和 $\tilde{v}_x(0), \tilde{v}_y(0) \in [-k_\phi\overline{\phi}/(8c_\Delta), k_\phi\overline{\phi}/(8c_\Delta)]$，能够保证跟踪误差有界，并且实现目标(9.6)，其中，ϵ 满足

$$\epsilon = \sqrt{\max\big\{\pi^2/(4\underline{v}_r^2), 1\big\}\gamma_\epsilon(\epsilon_2)} \tag{9.50}$$

如果取 $\epsilon_2 = 0$，那么仍然能够实现目标(9.6)，且 $\epsilon = 0$。

证明　首先证明当闭环信号有定义时，跟踪误差收敛。然后证明采样间隔具有正的下界，从而保证事件触发的闭环系统中的信号对所有 $t \geqslant 0$ 都有定义。

（a）有界性和收敛性分析（$0 \leqslant t < T_{\max}$）。

首先证明事件触发采样机制(9.49)能保证性质(9.34)对所有 $0 \leqslant t < T_{\max}$ 都成立。

如果 $P(t_k) \neq 0$，那么采样机制(9.49)能够直接保证 $\max\{|\tilde{x}(t)-\tilde{x}(t_k)|, |\tilde{v}_x(t)-$
$\tilde{v}_x(t_k)|, |\tilde{y}(t)-\tilde{y}(t_k)|, |\tilde{v}_y(t)-\tilde{v}_y(t_k)|\} \leqslant \max\{\min\{k_P|P(t)|, \epsilon_1\}, \epsilon_2\}$ 对所有 $t \in$
$[t_k, t_{k+1})$ 都成立。对于任意特定的 t_{k^*} ($k^* \in \mathbb{S}$) 并满足 $0 \leqslant t_{k^*} < T_{\max}$，若 $P(t_{k^*}) =$
0，则不触发采样事件，即 $t_{k^*+1} = T_{\max}$。不难看出，若 $P(t_{k^*}) = 0$，则 $\tilde{x}(t_{k^*}) =$
$\tilde{y}(t_{k^*}) = \tilde{v}_x(t_{k^*}) = \tilde{v}_y(t_{k^*}) = 0$，进而可得 $x(t_{k^*}) = x_r(t_{k^*})$、$y(t_{k^*}) = y_r(t_{k^*})$、
$v(t_{k^*}) = v_r(t_{k^*})$、$\mathrm{mod}(\theta(t_{k^*})-\theta_r(t_{k^*}), 2\pi) = 0$，并且 $\mu(t) = \mu_r(t)$ 和 $\omega(t) = \omega_r(t)$
对所有 $t \in [t_{k^*}, T_{\max})$ 都成立，从而保证 $\tilde{x}(t) = \tilde{y}(t) = \mathrm{mod}(\theta(t)-\theta_r(t), 2\pi) = 0$
对所有 $t \in [t_{k^*}, T_{\max})$ 都成立。综上所述，性质(9.34)对所有 $0 \leqslant t < T_{\max}$ 都成立。

在满足性质(9.34)的情况下，利用命题 9.1 能够证明性质(9.37)对所有 $0 \leqslant t <$
$T_{\max}$ 都成立。

（b）采样间隔具有正的下界。

定义如下三个集合：

$$\Omega_1(P(t_k)) = \big\{P : \max\{|\tilde{x}-\tilde{x}(t_k)|, |\tilde{v}_x-\tilde{v}_x(t_k)|,$$

$$|\tilde{y}-\tilde{y}(t_k)|, |\tilde{v}_y-\tilde{v}_y(t_k)|\} \leqslant \max\{\min\{k_P|P|, \epsilon_1\}, \epsilon_2\}\big\}$$
$$(9.51)$$

$$\Omega_2(P(t_k)) = \{P : |P-P(t_k)| \leqslant \max\{\min\{k_P|P|, \epsilon_1\}, \epsilon_2\}\} \qquad (9.52)$$

$$\Omega_3(P(t_k)) = \{P : |P-P(t_k)| \leqslant \max\{\min\{k_P'|P(t_k)|, \epsilon_1\}, \epsilon_2\}\} \qquad (9.53)$$

其中，$k_P' = k_P/(1+k_P)$。不难验证 $\Omega_2(P(t_k)) \subseteq \Omega_1(P(t_k))$。利用文献 [11] 中
引理 A.1，可得 $\Omega_3(P(t_k)) \subseteq \Omega_2(P(t_k))$，从而可得 $\Omega_3(P(t_k)) \subseteq \Omega_2(P(t_k)) \subseteq$
$\Omega_1(P(t_k))$。显然，P 由 $P(t_k)$ 始发到区域 $\Omega_3(P(t_k))$ 外的最短时间不大于最小采
样间隔 $\inf_{k \in \mathbb{S}}\{t_{k+1} - t_k\}$。

接下来估计状态 P 从 $P(t_k)$ 出发到区域 $\Omega_3(P(t_k))$ 边界的最短时间。将
式(9.30)和式(9.31)代入式(9.12)和式(9.13)，可得

$$\dot{\tilde{x}}(t) = \tilde{v}_x(t), \quad \dot{\tilde{v}}_x(t) = \varphi(\tilde{v}_x(t_k)-\phi(\tilde{x}(t_k))) + \Delta_1(\zeta(t)) \qquad (9.54)$$

$$\dot{\tilde{y}}(t) = \tilde{v}_y(t), \quad \dot{\tilde{v}}_y(t) = \varphi(\tilde{v}_y(t_k)-\phi(\tilde{y}(t_k))) + \Delta_2(\zeta(t)) \qquad (9.55)$$

利用式(9.26)、式(9.27)、式(9.32)、式(9.33)、式(9.44)、式(9.45)、式(9.53)，能够证
明对于任意初始跟踪误差 $\tilde{x}(0), \tilde{y}(0) \in \mathbb{R}$、$\tilde{v}_x(0), \tilde{v}_y(0) \in [-k_\phi\overline{\phi}/(8c_\Delta), k_\phi\overline{\phi}/(8c_\Delta)]$
和任意 $k \in \mathbb{S}$，当 $t \in [t_k, t_{k+1})$ 时，都有

$$|\dot{P}(t)| \leqslant c_P^v(|\tilde{v}_x(t_k)| + |\tilde{v}_y(t_k)|) + k_\varphi(|\phi(\tilde{x}(t_k))| + |\phi(\tilde{y}(t_k))|)$$

$$+ c_P^d(|d_{\tilde{v}_x}(t)| + |d_{\tilde{v}_y}(t)|)$$

$$\leqslant c_P^v(|\tilde{v}_x(t_k)| + |\tilde{v}_y(t_k)|) + k_\varphi(|\phi(\tilde{x}(t_k))| + |\phi(\tilde{y}(t_k))|)$$

$$+ 2c_P^d \max\left\{\min\left\{k_P'|P(t_k)|, \epsilon_1\right\}, \epsilon_2\right\}$$

$$\leqslant f(P(t_k)) + 2c_P^d \max\left\{\min\left\{k_P'|P(t_k)|, \epsilon_1\right\}, \epsilon_2\right\}$$

$$\leqslant c_P + 2c_P^d \max\left\{\min\left\{k_P'|P(t_k)|, \epsilon_1\right\}, \epsilon_2\right\} \tag{9.56}$$

其中，$c_P^v = (1 + k_\varphi + 2c_\Delta)$，$c_P^d = (1 + 2c_\Delta)$，$c_P = c_P^v k_\phi \overline{\phi}/(4c_\Delta) + 2k_\varphi \overline{\phi}$，

$$f(P(t_k)) = c_P^v(|\tilde{v}_x(t_k)| + |\tilde{v}_y(t_k)|) + k_\varphi(|\phi(\tilde{x}(t_k))| + |\phi(\tilde{y}(t_k))|) \tag{9.57}$$

因此，P 从 $P(t_k)$ 出发到区域 $\Omega_3(P(t_k))$ 边界的最短时间 T_Δ 满足

$$T_\Delta \geqslant \frac{\max\left\{\min\left\{k_P'|P(t_k)|, \epsilon_1\right\}, \epsilon_2\right\}}{f(P(t_k)) + 2c_P^d \max\left\{\min\left\{k_P'|P(t_k)|, \epsilon_1\right\}, \epsilon_2\right\}}$$

$$\geqslant \max\left\{\min\left\{\frac{k_P'}{2(c_P^v + k_\varphi k_\phi + c_P^d k_P')}, \frac{\epsilon_1}{f(P(t_k)) + 2c_P^d \epsilon_1}\right\},\right.$$

$$\left.\frac{\epsilon_2}{f(P(t_k)) + 2c_P^d \epsilon_2}\right\}$$

$$\geqslant \max\{\min\{T_1, T_2\}, T_3\} \tag{9.58}$$

其中，

$$T_1 = \frac{k_P'}{2(c_P^v + k_\varphi k_\phi + c_P^d k_P')} \tag{9.59}$$

$$T_2 = \frac{\epsilon_1}{c_P + 2c_P^d \epsilon_1} \tag{9.60}$$

$$T_3 = \frac{\epsilon_2}{c_P + 2c_P^d \epsilon_2} \tag{9.61}$$

由于 T_1、T_2、T_3 与 k 无关，因此

$$\inf_{k \in \mathbb{S}}\{t_{k+1} - t_k\} \geqslant \max\{\min\{T_1, T_2\}, T_3\} \tag{9.62}$$

性质(9.62)说明不会出现无限快采样。利用 $P(t)$ 在 $t \in [0, T_{\max})$ 上的有界性，能够证明 $T_{\max} = \infty$。将性质(9.37)中的 $T_{\max}$ 替换成 ∞，可得 $\lim\limits_{t \to \infty}|P(t)| \leqslant \gamma_\epsilon(\epsilon_2)$。利用性质(9.43)和性质(9.45)，可得

$$\lim_{t \to \infty}\left\|\begin{bmatrix} x(t) - x_r(t) \\ y(t) - y_r(t) \\ \mathrm{mod}(\theta(t) - \theta_r(t), 2\pi) \end{bmatrix}\right\|$$

$$\leqslant \lim_{t\to\infty} \sqrt{\tilde{x}^2(t) + \tilde{y}^2(t) + \frac{\pi^2}{4\underline{v}_r^2}(\tilde{v}_x^2(t) + \tilde{v}_y^2(t))}$$

$$\leqslant \lim_{t\to\infty} \sqrt{\max\left\{\frac{\pi^2}{4\underline{v}_r^2}, 1\right\}} \sqrt{\tilde{x}^2(t) + \tilde{y}^2(t) + \tilde{v}_x^2(t) + \tilde{v}_y^2(t)}$$

$$\leqslant \sqrt{\max\left\{\frac{\pi^2}{4\underline{v}_r^2}, 1\right\}} \gamma_\epsilon(\epsilon_2)$$

$$= \epsilon \tag{9.63}$$

□

如果初始状态 $\max\{|\tilde{v}_x(0)|, |\tilde{v}_y(0)|\} > k_\phi\overline{\phi}/(8c_\Delta)$，那么能够在有限时间内将 $\tilde{v}_x$ 和 $\tilde{v}_y$ 控制到区域 $\max\{|\tilde{v}_x|, |\tilde{v}_y|\} < k_\phi\overline{\phi}/(8c_\Delta)$ 中。设计如下初始化控制器：

$$\omega = -k_s \operatorname{mod}(\tilde{\theta}(0), 2\pi) + \omega_r \tag{9.64}$$

$$\mu = -k_s \tilde{v}(0) + \mu_r \tag{9.65}$$

其中，$0 < k_s < 1$，$\tilde{\theta} = \theta - \theta_r$，$\tilde{v} = v - v_r$。当 $T_0 = 1/k_s$ 时，能够保证

$$\operatorname{mod}(\tilde{\theta}(T_0), 2\pi) = 0, \quad \tilde{v}(T_0) = 0 \tag{9.66}$$

不难验证，$\max\{|\tilde{v}_x(T_0)|, |\tilde{v}_y(T_0)|\} \leqslant k_\phi\overline{\phi}/(8c_\Delta)$。在 T_0 时刻，由式(9.7)、式(9.64)、式(9.65)构成的控制器切换为由式(9.18)~式(9.20)、式(9.26)~式(9.28)、式(9.30)、式(9.31)、式(9.35)及式(9.36)构成的控制器。不难看出，由式(9.64)和式(9.65)构成的控制器仅使用了初始值 $\tilde{\theta}(0)$ 和 $\tilde{v}(0)$ 以及参考信号 ω_r 和 μ_r。

文献 [92]、[93]、[98] 给出的非完整移动机器人事件触发跟踪控制的结果仅保证了跟踪误差的实用收敛性。本章的研究不局限于实用收敛性，通过合理设计控制器和事件触发采样机制，能够实现渐近跟踪。

9.4 推广性结果：自触发控制和周期性采样控制

作为事件触发控制的推广，自触发控制不需要对状态进行连续反馈，而是仅使用当前采样时刻 t_k 测量的状态值来计算下一个采样时刻 t_{k+1}。如果选用的采样间隔相同，那么自触发控制就退化为常规的周期性采样控制。

定理 9.1表明，如果满足饱和扇形域约束，那么闭环事件触发控制系统在原点处局部实用稳定。而且，$t_{k+1} - t_k$ 具有依赖于 $P(t_k)$ 的正的下界 [见式(9.58)中第三个不等式]。因此，可以考虑利用 $P(t_k)$ 来计算 T_Δ，并且取 $t_{k+1} = t_k + T_\Delta$ 作为下一个采样时刻。

9.4.1 自触发控制

首先考虑方向角和位置信息均是自触发反馈的情形。为保证实现的灵活性，此结果后续将推广到方向角 θ 连续反馈而位置自触发反馈的情形。

1. 方向角 θ 自触发反馈

在这种情况下，仍然选取由式(9.18)~式(9.20)、式(9.26)~式(9.28)、式(9.30)、式(9.31)、式(9.35)及式(9.36)构成的控制器。利用性质(9.58)设计如下自触发采样机制：

$$t_{k+1} = \max\left\{ \min\left\{ T_1, \frac{\epsilon_1}{f(P(t_k)) + 2c_P^d \epsilon_1} \right\}, \frac{\epsilon_2}{f(P(t_k)) + 2c_P^d \epsilon_2} \right\} + t_k, \quad t_0 = 0 \tag{9.67}$$

在 t_k 时刻，状态 $x(t_k)$、$y(t_k)$、$\theta(t_k)$ 的采样值传输到自触发采样机制和控制器。同时，计算出下一次的采样时刻值。

定理 9.2 给出了方向角 θ 自触发反馈时非完整移动机器人自触发跟踪控制的结果。

定理 9.2 在满足假设 9.1 的情况下，考虑非完整移动机器人(9.1)，参考模型(9.2)，由式(9.18)~式(9.20)、式(9.26)~式(9.28)、式(9.30)、式(9.31)、式(9.35)及式(9.36)构成的控制器，自触发采样机制(9.67)。对于任意初始跟踪误差 $\tilde{x}(0), \tilde{y}(0) \in \mathbb{R}$ 和 $\tilde{v}_x(0), \tilde{v}_y(0) \in [-k_\phi \overline{\phi}/(8c_\Delta), k_\phi \overline{\phi}/(8c_\Delta)]$，能够保证跟踪误差有界，并且实现目标(9.6)，其中，ϵ 满足

$$\epsilon = \sqrt{\max\left\{ \pi^2/(4\underline{v}_r^2), 1 \right\} \gamma_\epsilon(\epsilon_2)} \tag{9.68}$$

如果取 $\epsilon_2 = 0$，那么仍然能够实现目标(9.6)，且 $\epsilon = 0$。

证明 自触发采样机制 (9.67) 能够保证性质(9.58)成立（参见定理 9.1 的证明）。对于任意 $k \in \mathbb{S}$，当 $t \in [t_k, t_{k+1})$ 时，自触发采样机制(9.67)能够保证 $P(t) \in \Omega_3(P(t_k)) \subseteq \Omega_1(P(t_k))$，从而保证性质(9.34)对所有 $t \geqslant 0$ 都成立。命题 9.1 能保证性质(9.37)对所有 $t \geqslant 0$ 都成立。因此，能够实现目标(9.6)。 □

由性质(9.45)可见，$\tilde{v}_x$ 和 $\tilde{v}_y$ 有界。于是，可以将自触发采样机制(9.67)中的函数 f 替换成

$$f_s(P) = \max_{\max\{|\tilde{v}_x|, |\tilde{v}_y|\} \leqslant k_\phi \overline{\phi}/(8c_\Delta)} f([\tilde{x}, \tilde{y}, \tilde{v}_x, \tilde{v}_y]^{\mathrm{T}}) \tag{9.69}$$

这一改进能保证仅利用位置跟踪误差的采样值实现自触发控制。

2. 方向角 θ 连续反馈

在这种情况下，由于控制器能够连续获取方向角 θ 的信息，因此可以利用标准的动态反馈线性化方法来设计限幅的采样控制器。

（1）控制器设计。

在 $v \neq 0$ 和 $v_r \neq 0$ 的情况下，设计

$$\begin{bmatrix} \mu \\ \omega \end{bmatrix} = \Phi^{-1}(\theta, v) \begin{bmatrix} u'_x \\ u'_y \end{bmatrix}, \quad \begin{bmatrix} \mu_r \\ \omega_r \end{bmatrix} = \Phi^{-1}(\theta_r, v_r) \begin{bmatrix} u'_{xr} \\ u'_{yr} \end{bmatrix} \tag{9.70}$$

其中，u'_x、u'_y、u'_{xr}、u'_{yr} 分别代表移动机器人(9.1)和参考模型(9.2)的加速度。μ、μ_r、Φ 分别在式(9.7)、式(9.8)、式(9.9)中定义。定义如下跟踪误差系统：

$$\dot{\tilde{x}} = \tilde{v}_x, \quad \dot{\tilde{v}}_x = \tilde{u}'_x \tag{9.71}$$

$$\dot{\tilde{y}} = \tilde{v}_y, \quad \dot{\tilde{v}}_y = \tilde{u}'_y \tag{9.72}$$

其中，$\tilde{x}$、$\tilde{y}$、$\tilde{v}_x$、$\tilde{v}_y$ 已分别在式(9.11)和式(9.14)中定义，$\tilde{u}'_x = u'_x - u'_{xr}$ 和 $\tilde{u}'_y = u'_y - u'_{yr}$ 是新的控制输入。

利用 9.2 节中的控制器设计思路，本节设计如下控制器：

$$\tilde{u}'_x(t) = \varphi\left(\tilde{v}_x(t) - \phi(\tilde{x}(t_k))\right) \tag{9.73}$$

$$\tilde{u}'_y(t) = \varphi\left(\tilde{v}_y(t) - \phi(\tilde{y}(t_k))\right) \tag{9.74}$$

$$\dot{\xi}(t) = \cos\theta(t)(\tilde{u}'_x(t) + u'_{xr}(t)) + \sin\theta(t)(\tilde{u}'_y(t) + u'_{yr}(t)) \tag{9.75}$$

$$v(t) = \xi(t) \tag{9.76}$$

$$\omega(t) = \frac{-\sin\theta(t)(\tilde{u}'_x(t) + u'_{xr}(t)) + \cos\theta(t)(\tilde{u}'_y(t) + u'_{yr}(t))}{v(t)} \tag{9.77}$$

其中，函数 ϕ 和 φ 分别满足条件(9.26)和条件(9.27)，并且其参数满足条件(9.28)和 $0 < \overline{\phi} \leqslant k_\varphi \min\{\underline{v}_r - \underline{v}, \overline{v} - \overline{v}_r\}/(1.5k_\varphi + 1.1k_\phi)$。

由式(9.71)～式(9.74)构成的受控系统可看作是由式(9.12)、式(9.13)、式(9.30)、式(9.31)构成的受控系统的一个特例（见 9.2 节）。利用命题 9.1 的证明思路，能够证明当采样误差满足如下扇形域约束时，闭环系统在原点处局部实用稳定：

$$\max\{|\tilde{x}(t) - \tilde{x}(t_k)|\} \leqslant T_4 \max\{|X(t)|, \delta(t), \varrho\} \tag{9.78}$$

$$\max\{|\tilde{y}(t) - \tilde{y}(t_k)|\} \leqslant T_4 \max\{|Y(t)|, \delta(t), \varrho\} \tag{9.79}$$

其中，$0 \leqslant t < T_{\max}$，$T_4 = 5/(6(1 + k_\varphi))$，$\varrho$ 是非负的常数。此处，信号 δ 由动态系统 $\dot{\delta}(t) = -g(\delta(t))$ 生成，其中，$\delta(0) > 0$，动力学 $g(\cdot)$ 是正定函数。渐近收敛且正的信号 δ 能够保证式(9.78)和式(9.79)不等号右边是正的。那么对于任意初始跟踪误差 $\tilde{x}(0), \tilde{y}(0) \in \mathbb{R}$ 和 $\tilde{v}_x(0), \tilde{v}_y(0) \in [-\overline{\phi} - 3k_\phi\overline{\phi}/(4k_\varphi), \overline{\phi} + 3k_\phi\overline{\phi}/(4k_\varphi)]$，能够证明

$$|\bar{P}(t)| \leqslant \max\left\{\bar{\beta}(|\bar{P}(0)|, t), k_\varrho\varrho\right\} \tag{9.80}$$

对所有 $0 \leqslant t < T_{\max}$ 都成立，其中，$\bar{P} = [P^{\mathrm{T}}, \delta]^{\mathrm{T}}$，$\bar{\beta} \in \mathcal{KL}$，$k_\varrho = 4$。同时，也不难证明 $0 < \underline{v} \leqslant v(t) \leqslant \overline{v}$ 和 $|\omega(t)| \leqslant 2(\overline{\varphi} + v_r^d + \overline{v}_r\overline{\omega}_r)/\underline{v}$ 对所有 $0 \leqslant t < T_{\max}$ 都成立。此处，对所有的 $0 \leqslant t < T_{\max}$，$v(t) \neq 0$ 能够保证式(9.70)中 $\Phi^{-1}(\theta, v)$ 的有效性，从而保证由式(9.71)和式(9.72)构成的跟踪误差系统的存在性。

（2）自触发采样机制设计。

受自触发采样机制(9.67)的启发，利用扇形域(9.78)和扇形域(9.79)设计如下自触发采样机制：

$$t_{k+1} = \max\{T_4, \min\{f_m(\tilde{x}(t_k), \varrho), f_m(\tilde{y}(t_k), \varrho)\}\} + t_k, \quad t_0 = 0 \tag{9.81}$$

其中，$f_m(s, r) = T_4' \max\{|s|, r\}/((1 + k_\varphi)(\overline{\phi} + 3k_\phi\overline{\phi}/(4k_\varphi)) + k_\varphi(|\phi(s)|))$，$T_4' = T_4/(1 + T_4)$。显然，自触发采样机制(9.81)能保证采样间隔具有正的下界 T_4，从而避免了无限快采样。

考虑方向角 θ 连续反馈的情况，定理 9.3 给出了非完整移动机器人(9.1)自触发跟踪控制的结果。

定理 9.3 在满足假设 9.1 的情况下，考虑非完整移动机器人(9.1)，参考模型(9.2)，由式(9.26)~式(9.28)、式(9.36)、式(9.73)~式(9.77)构成的控制器，自触发采样机制(9.81)。对于任意初始值 $\tilde{x}(0), \tilde{y}(0) \in \mathbb{R}$ 和 $\tilde{v}_x(0), \tilde{v}_y(0) \in [-k_\phi\overline{\phi}/(8c_\Delta), k_\phi\overline{\phi}/(8c_\Delta)]$，能够保证跟踪误差有界，并且实现目标(9.6)，其中，ϵ 满足

$$\epsilon = 4\varrho\sqrt{\max\left\{\pi^2/(4\underline{v}_r^2), 1\right\}} \tag{9.82}$$

如果取 $\varrho = 0$，那么仍然能够实现目标(9.6)，且 $\epsilon = 0$。

证明 由于扇形域条件(9.78)和条件(9.79)能够保证跟踪误差的收敛性，因此仅需证明自触发采样机制(9.81)能够保证性质(9.78)和性质(9.79)对所有 $t \geqslant 0$ 都成立。首先定义

$$t_{k+1}^x = \inf\{t > t_k : |\tilde{x}(t) - \tilde{x}(t_k)| \geqslant T_4 \max\{|X(t)|, \delta(t), \varrho\}\} \tag{9.83}$$

$$t_{k+1}^y = \inf\{t > t_k : |\tilde{y}(t) - \tilde{y}(t_k)| \geqslant T_4 \max\{|Y(t)|, \delta(t), \varrho\}\} \tag{9.84}$$

不难验证扇形域条件(9.78)和条件(9.79)对所有 $t_k \leqslant t \leqslant \min\{t_{k+1}^k, t_{k+1}^y\}$ 都成立。现在证明由自触发采样机制(9.81)计算的采样时刻 t_{k+1} 满足 $t_{k+1} \leqslant \min\{t_{k+1}^x, t_{k+1}^y\}$。

首先证明 $t_{k+1}^x \geqslant t_k + T_4$。由式(9.71)可得 $|\dot{\tilde{x}}| \leqslant |\tilde{v}_x| \leqslant \max\{|X|, \delta\}$。因为 δ 恒大于零，所以 $\max\{|X|, \delta\}$ 非零。与 9.3 节中采样间隔存在正的下界的证明方法一致，可直接证明

$$t_{k+1}^x - t_k \geqslant \frac{T_4 \max\{|X|, \delta, \varrho\}}{\max\{|X|, \delta\}} \geqslant \frac{T_4 \max\{|X|, \delta\}}{\max\{|X|, \delta\}} = T_4 \qquad (9.85)$$

需要注意的是，采样间隔下界 T_4 与参数 ϱ 无关。因此，当 $\varrho = 0$ 时，$t_{k+1}^x - t_k \geqslant T_4$ 仍然成立。

接下来证明 $t_{k+1}^x - t_k \geqslant f_m(\tilde{x}(t_k), \varrho)$。当 $X(t_k) \neq 0$ 时，定义如下集合：

$$\Omega_4(X(t_k)) = \{X : |X - X(t_k)| \leqslant T_4' \max\{|X(t_k)|, \varrho\}\} \qquad (9.86)$$

不难验证，X 从 $X(t_k)$ 出发到区域(9.86)边界的最短时间不小于 $t_{k+1}^x - t_k$。借鉴附录 C.9 中引理 9.1的情况（b）的推导过程，可以证明如果 $\max\{|\tilde{v}_x(0)|, |\tilde{v}_y(0)|\} \leqslant \overline{\phi} + 3k_\phi \overline{\phi}/(4k_\varphi)$，那么 $\max\{|\tilde{v}_x(t)|, |\tilde{v}_y(t)|\} \leqslant \overline{\phi} + 3k_\phi \overline{\phi}/(4k_\varphi)$ 对所有 $0 \leqslant t < T_{\max}$ 都成立。于是，由式(9.71)和式(9.73)可得

$$|\dot{X}(t)| \leqslant (1 + k_\varphi)(|\tilde{v}_x(t)|) + k_\varphi(|\phi(\tilde{x}(t_k))|)$$

$$\leqslant (1 + k_\varphi)\left(\overline{\phi} + \frac{3k_\phi \overline{\phi}}{4k_\varphi}\right) + k_\varphi(|\phi(\tilde{x}(t_k))|) \qquad (9.87)$$

对所有 $0 \leqslant t < T_{\max}$ 都成立，并结合性质(9.86)有

$$t_{k+1}^x - t_k \geqslant \frac{T_4' \max\{|X(t_k)|, \varrho\}}{(1 + k_\varphi)\left(\overline{\phi} + \dfrac{3k_\phi \overline{\phi}}{4k_\varphi}\right) + k_\varphi(|\phi(\tilde{x}(t_k))|}$$

$$\geqslant f_m(\tilde{x}(t_k), \varrho) \qquad (9.88)$$

由上述讨论可知，$t_{k+1}^x \geqslant t_k + \max\{T_4, f_m(\tilde{x}(t_k), \varrho)\}$ 且 $t_{k+1}^y \geqslant t_k + \max\{T_4, f_m(\tilde{y}(t_k), \varrho)\}$。因此，

$$\min\left\{t_{k+1}^x, t_{k+1}^y\right\} = t_k + \max\{T_4, \min\{f_m(\tilde{x}(t_k), \varrho), f_m(\tilde{y}(t_k), \varrho)\}\}$$

$$= t_{k+1} \qquad (9.89)$$

利用 $P(t)$ 和 $\delta(t)$ 在 $t \in [0, T_{\max})$ 上的有界性，不难证明 $T_{\max} = \infty$。性质(9.83)、性质(9.84)、性质(9.89) 能够保证扇形域条件(9.78)和条件(9.79)对所有 $t \geqslant 0$ 都成立。因此，可直接将性质(9.80)中的 $T_{\max}$ 替换为 ∞，就能够保证跟踪误差的局部实用收敛性。利用与性质(9.63)相同的证明方法，能够证明性质(9.82)。　　□

9.4.2 周期性采样控制

周期性采样控制可以看作是一类具有固定触发采样间隔的、特殊的自触发控制。

利用 ϕ 的定义(9.26)，不难验证式(9.57)中参数 $\phi(\tilde{x}(t_k))$ 和 $\phi(\tilde{y}(t_k))$ 具有一个正的常数上界 $\overline{\phi}$。当使用

$$c_P = \max_{\max\{|\phi(\tilde{x})|, |\phi(\tilde{y})|\} \leqslant \overline{\phi}} f_s([\tilde{x}, \tilde{y}, \tilde{v}_x, \tilde{v}_y]^{\mathrm{T}}) \tag{9.90}$$

替换函数 f 时，自触发采样机制(9.67)仍然有效。在这种情况下，采样间隔是一个固定的常数，自触发控制就简化成了周期性采样控制。具体而言，选取采样间隔

$$t_{k+1} = \max\{\min\{T_1, T_2\}, T_3\} + t_k, \quad t_0 = 0 \tag{9.91}$$

其中，参数 T_1、T_2、T_3 已分别由式(9.59)、式(9.60)、式(9.61)定义。定理 9.4 可直接利用定理 9.2 来证明。

定理 9.4 在满足假设 9.1 的情况下，考虑非完整移动机器人(9.1)，参考模型(9.2)，由式(9.18)~式(9.20)、式(9.26)~式(9.28)、式(9.30)、式(9.31)、式(9.35)及式(9.36)构成的控制器，周期性数据采样机制(9.91)。对于任意初始值 $\tilde{x}(0)、\tilde{y}(0) \in \mathbb{R}$ 和 $\tilde{v}_x(0), \tilde{v}_y(0) \in [-k_\phi\overline{\phi}/(8c_\Delta), k_\phi\overline{\phi}/(8c_\Delta)]$，能够保证跟踪误差有界，并且实现目标(9.6)，其中，ϵ 满足

$$\epsilon = \sqrt{\max\{\pi^2/(4\underline{v}_r^2), 1\}}\gamma_\epsilon(\epsilon_2) \tag{9.92}$$

如果取 $\epsilon_2 = 0$，那么仍然能够实现目标(9.6)，且 $\epsilon = 0$。

如果控制器能够连续获取方向角 θ 的测量值，那么可以利用自触发采样机制(9.81)设计周期性数据采样机制

$$t_{k+1} = T_4 + t_k, \quad t_0 = 0 \tag{9.93}$$

其中，T_4 已在式(9.81)中定义。定理 9.5 是定理 9.3 的直接推广。

定理 9.5 在满足假设 9.1 的情况下，考虑非完整移动机器人(9.1)，参考模型(9.2)，由式(9.26)~式(9.28)、式(9.36)、式(9.73)~式(9.77)构成的控制器，周期性数据采样机制(9.93)。对于满足 $\tilde{x}(0)、\tilde{y}(0) \in \mathbb{R}$ 和 $\tilde{v}_x(0), \tilde{v}_y(0) \in [-k_\phi\overline{\phi}/(8c_\Delta), k_\phi\overline{\phi}/(8c_\Delta)]$ 的任意初始值，跟踪误差有界，并且能够实现目标(9.6)，其中，$\epsilon = 0$。

9.5 仿真与实验

本节利用数值仿真和物理实验来验证本章所提方法的有效性。

9.5.1　数值仿真

1. 方向角 θ 由事件触发反馈的情形

本节验证 9.3 节中的事件触发采样机制(9.49)的有效性。在数值仿真中，参考轨迹由动态系统(9.2)生成。选取参考轨迹的初始状态 $x_r(0) = -2$、$y_r(0) = -1$、$\theta_r(0) = 0$，参考线速度 $v_r \equiv 2$，参考角速度 ω_r：当 $0 \leqslant t < 50$ 时，$\omega_r(t) = 0.1\cos(0.1t)$；当 $t \geqslant 50$ 时，$\omega_r(t) = 0.15\cos(0.01t)$。不难验证参考轨迹满足假设 9.1，并且 $v_r^d = 0$、$\underline{v}_r = \overline{v}_r = 2$、$\overline{\omega} = 0.15$。

利用 9.2 节中的结果，设计如下控制器：

$$\phi(s) = -\operatorname{sgn}(s)\min\{k_\phi|s|, \overline{\phi}\}, \quad s \in \mathbb{R} \tag{9.94}$$

$$\varphi(s) = -\operatorname{sgn}(s)\min\{k_\varphi|s|, \overline{\varphi}\}, \quad s \in \mathbb{R} \tag{9.95}$$

$$\tilde{u}_x(t) = \varphi(\tilde{v}_x(t_k) - \phi(\tilde{x}(t_k))), \quad t \in [t_k, t_{k+1}), \quad k \in \mathbb{S} \tag{9.96}$$

$$\tilde{u}_y(t) = \varphi(\tilde{v}_y(t_k) - \phi(\tilde{y}(t_k))), \quad t \in [t_k, t_{k+1}), \quad k \in \mathbb{S} \tag{9.97}$$

$$\dot{\xi}(t) = \mu_r(t) + \cos\theta_r(t)\tilde{u}_x(t) + \sin\theta_r(t)\tilde{u}_y(t) \tag{9.98}$$

$$v(t) = \xi(t) \tag{9.99}$$

$$\omega(t) = \omega_r(t) - \frac{\sin\theta_r(t)}{v_r(t)}\tilde{u}_x(t) + \frac{\cos\theta_r(t)}{v_r(t)}\tilde{u}_y(t) \tag{9.100}$$

其中，$k_\phi = 4.03$，$\overline{\phi} = 0.00236$，$k_\varphi = 16.926$，$\overline{\varphi} = 0.1$。不难验证条件(9.28)、条件(9.35)、条件(9.36)成立，并且 $c_\Delta = 0.33$、$\underline{v} = 1$、$\overline{v} = 2$。因此，性质(9.29)成立，并且 $k_d^p = 48.4$、$k_d^q = 59.06$、$k_d^u = 1.42$。利用命题 9.1，选取事件触发采样机制(9.49)中的参数 $k_P = 0.0138$、$\epsilon_1 = 0.00018$、$\epsilon_2 = 0.00017$。

在仿真中，选取非完整移动机器人的初始状态 $x(0) = -0.93$、$y(0) = -2.06$、$\theta(0) = 0.8$、$v(0) = 1$。不难看出，该初始状态不满足定理 9.1 所需的初始条件 $\max\{|\tilde{v}_x(0)|, |\tilde{v}_y(0)|\} \leqslant k_\phi\overline{\phi}/(8c_\Delta)$。因此，在 $[0, T_0]$ 时间段内，应用初始化控制器。设计如下初始化控制器：

$$\dot{v} = 0.5 + \mu_r, \quad \omega = -0.4 + \omega_r \tag{9.101}$$

选取 $T_0 = 2$。图 9.5~图 9.8 给出了非完整移动机器人基于事件触发跟踪控制的结果。在 $[0, 2]$ 时间段内，应用初始化控制器(9.101)，此时仅 $\theta(0)$ 传输到控制器(9.101)。在 $t = 2$ 时刻，控制器(9.101)切换成由式(9.94)~式(9.100)构成的控制器，并由事件触发采样机制(9.49)来决定采样时刻。仿真结果表明，采样间隔具有正的下界，并且被控状态始终保持于期望范围内。

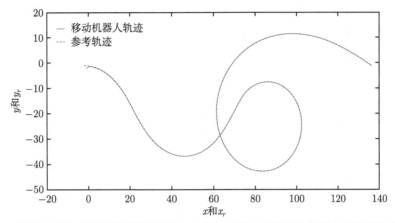

图 9.5 数值仿真中事件触发采样机制(9.49)作用下的非完整移动机器人位置变化曲线及
期望曲线（扫封底二维码查看彩图）

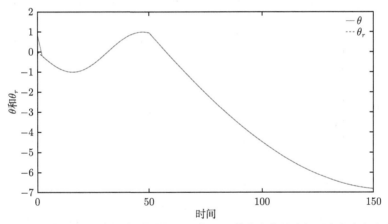

图 9.6 数值仿真中事件触发采样机制(9.49)作用下的非完整移动机器人方向角变化轨迹
（扫封底二维码查看彩图）

2. 方向角 θ 连续反馈的情形

考虑控制器能够连续获取方向角 θ 的情形。在仿真中，参考轨迹由动态系统(9.2)生成。选取参考轨迹的初始状态 $x_r(0) = -0.142$、$y_r(0) = -1.043$、$\theta_r(0) = -0.293$，参考线速度 $v_r \equiv 2$，参考角速度 ω_r 选为：当 $0 \leqslant t < 10$ 时，$\omega_r(t) = 0.2$；当 $10 \leqslant t < 30$ 时，$\omega_r(t) = 0.3$；当 $t \geqslant 30$ 时，$\omega_r(t) = 0.2$。可直接验证假设 9.1 成立，并且 $v_r^d = 0$、$\underline{v}_r = \overline{v}_r = 0.2$、$\overline{\omega} = 0.3$。

利用 9.4.1节中的结果，设计如下控制器：

$$\phi(s) = -\operatorname{sgn}(s) \min\{k_\phi|s|, \overline{\phi}\}, \quad s \in \mathbb{R} \tag{9.102}$$

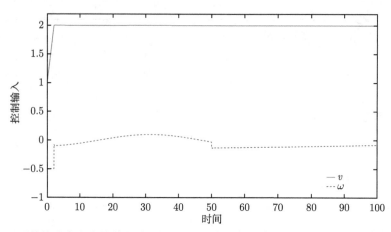

图 9.7　数值仿真中事件触发采样机制(9.49)作用下的非完整移动机器人的控制输入

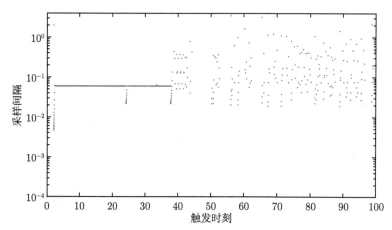

图 9.8　数值仿真中事件触发采样机制(9.49)作用下的非完整移动机器人的采样间隔

$$\varphi(s) = -\operatorname{sgn}(s)\min\{k_\varphi|s|, \overline{\varphi}\}, \quad s \in \mathbb{R} \tag{9.103}$$

$$\tilde{u}'_x(t) = \varphi\left(\tilde{v}_x(t) - \phi(\tilde{x}(t_k))\right), \quad t \in [t_k, t_{k+1}), \quad k \in \mathbb{S} \tag{9.104}$$

$$\tilde{u}'_y(t) = \varphi\left(\tilde{v}_y(t) - \phi(\tilde{y}(t_k))\right), \quad t \in [t_k, t_{k+1}), \quad k \in \mathbb{S} \tag{9.105}$$

$$\dot{\xi}(t) = \cos\theta(t)(\tilde{u}'_x(t) + u'_{xr}(t)) + \sin\theta(t)(\tilde{u}'_y(t) + u'_{yr}(t)) \tag{9.106}$$

$$v(t) = \xi(t) \tag{9.107}$$

$$\omega(t) = \frac{-\sin\theta(t)(\tilde{u}'_x(t) + u'_{xr}(t)) + \cos\theta(t)(\tilde{u}'_y(t) + u'_{yr}(t))}{v(t)} \tag{9.108}$$

其中，$k_\phi = 0.1$，$\overline{\phi} = 0.06$，$k_\varphi = 0.5$，$\overline{\varphi} = 0.075$。不难验证满足条件(9.28)和 $0 < \overline{\phi} \leqslant k_\varphi \min\{v_r - \underline{v}, \overline{v} - \overline{v}_r\}/(1.5k_\varphi + 1.1k_\phi)$，并且有 $\underline{v} = 0.08$ 和 $\overline{v} = 0.32$。利用扇形域条件(9.78)和条件(9.79)，选取自触发采样机制(9.81)的参数 $T_4 = 0.55$。

在仿真中，选取非完整移动机器人的初始状态 $x(0) = -0.243$、$y(0) = -1.25$、$\theta(0) = -0.512$、$v(0) = 0.199$。可直接验证初始状态满足定理 9.3 所需的条件 $\max\{|\tilde{v}_x(0)|, |\tilde{v}_y(0)|\} \leqslant \overline{\phi} + 3k_\phi\overline{\phi}/(4k_\varphi)$。

当 $\varrho = 1.2$ 时，图 9.9~图 9.12 给出的非完整移动机器人自触发跟踪控制的仿真结果表明，采样间隔的下界大于 3，并且被控状态始终保持于期望范围内。

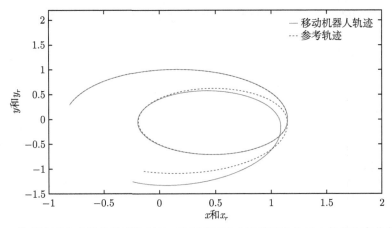

图 9.9　数值仿真中自触发采样机制(9.81)作用下的非完整移动机器人的位置变化曲线及期望曲线

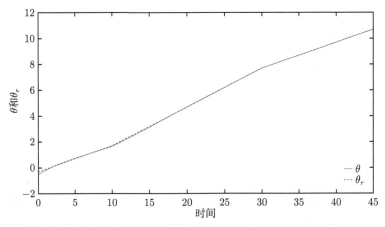

图 9.10　数值仿真中自触发采样机制(9.81)作用下的非完整移动机器人方向角变化轨迹

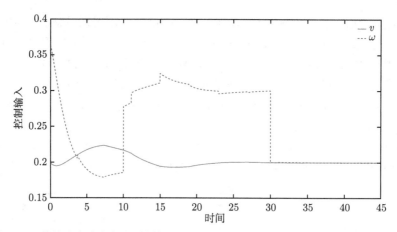

图 9.11　数值仿真中自触发采样机制(9.81)作用下的非完整移动机器人的控制输入

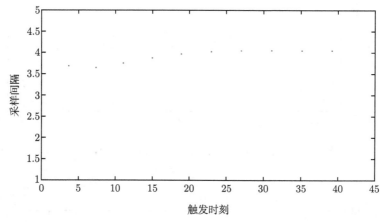

图 9.12　数值仿真中自触发采样机制(9.81)作用下的非完整移动机器人的采样间隔

利用 UB（$\displaystyle\max_{T_s-10\leqslant\tau\leqslant T_s}\sqrt{\tilde{x}^2(\tau)+\tilde{y}^2(\tau)+(\mathrm{mod}(\theta(\tau)-\theta_r(\tau),2\pi))^2}$，其中，$T_s$ 为仿真运行时间）、Min-ISI、Max-ISI、采样总次数（total number of times，TT）来刻画自触发采样机制(9.81)的性能。为更好地说明此自触发采样机制在 ϱ 不同取值时的性能，此部分考虑更为一般的参考轨迹。选取参考轨迹的初始状态 $x_r(0)=-0.142$、$y_r(0)=-1.043$、$\theta_r(0)=-0.293$，参考线速度 $v_r(t)=0.2+0.01\sin(0.4t)$，参考角速度 ω_r：当 $0\leqslant t<10$ 时，$\omega_r(t)=0.2\sin(0.2t)$；当 $10\leqslant t<30$ 时，$\omega_r(t)=0.3\sin(0.2t)$；当 $t\geqslant30$ 时，$\omega_r(t)=0.2\sin(0.2t)$。可直接验证参考轨迹的参数满足假设 9.1，并且 $v_r^d=0.01$、$\underline{v}_r=0.19$、$\overline{v}_r=0.21$、$\overline{\omega}=0.3$。

选取与上面仿真一致的控制器、自触发采样机制以及非完整移动机器人的状态初始值。设仿真时间为 80s。表 9.1 中给出采样机制(9.81)在 ϱ 不同取值时的 UB、

Min-ISI、Max-ISI、TT 。图 9.13 给出了 ϱ 对 UB 和 TT 的影响。仿真结果表明，较大的 ϱ 能够降低数据采样率，但是也有可能增加 UB。

表 9.1 自触发采样机制 (9.81) 在 ϱ 不同取值时的 UB、Min-ISI、Max-ISI 和 TT

ϱ	UB	Min-ISI	Max-ISI	TT
0	0.0257	0.55	2.657	126
0.17	0.0258	0.55	2.657	121
0.2	0.0259	0.626	2.657	105
0.3	0.0261	0.903	2.657	74
0.4	0.0264	1.163	2.657	57
0.8	0.0274	2.126	2.731	31

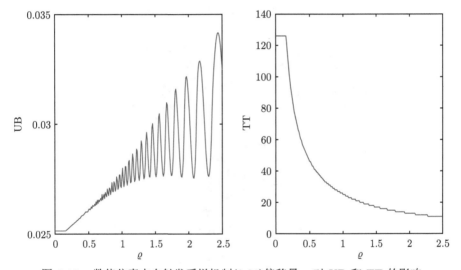

图 9.13 数值仿真中自触发采样机制(9.81)偏移量 ϱ 对 UB 和 TT 的影响

在 T_4 取不同值时，图 9.14 给出了 ϱ 对最小采样间隔的影响。将自触发采样机制(9.81)中的其他参数选取为 $k_\phi = 0.1$、$\overline{\phi} = 0.06$、$k_\varphi = 0.5$、$\phi(s) = -\operatorname{sgn}(s)$ $\min\{k_\phi|s|, \overline{\phi}\}$、$\max\{|\tilde{x}|, |\tilde{y}|\} \leqslant 1$。仿真结果表明，较大的 T_4 或者较大的 ϱ 导致较大的采样间隔下界。当 ϱ 缩小到一定程度时，采样间隔的下界不依赖于 ϱ。

9.5.2 实验

在图 9.15 所示的实验平台中验证 9.5.1节中所提出的自触发控制算法。

在实验中，仍然使用 9.5.1节中所用的状态初始值、参考轨迹、控制器、自触发采样机制。选取 $T_4 = 0.55$。图 9.16~图 9.19 给出了所提出的自触发控制器的控制效果。实验结果与仿真结果具有较好的一致性。

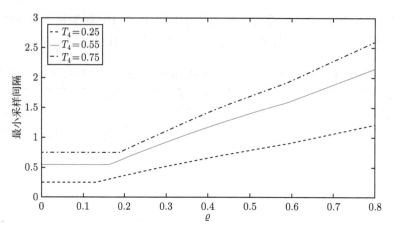

图 9.14　偏移量 ϱ 和自触发采样机制(9.81)的采样间隔下界之间的关系

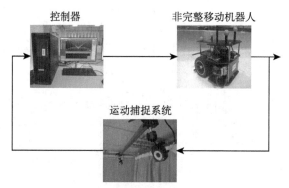

图 9.15　事件触发的移动机器人跟踪控制实验平台

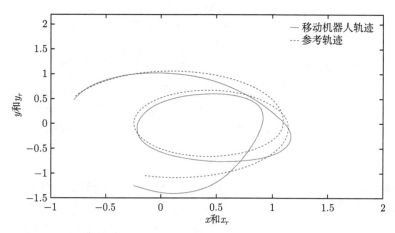

图 9.16　实验中自触发采样机制(9.81)作用下的非完整移动机器人的位置曲线及期望曲线

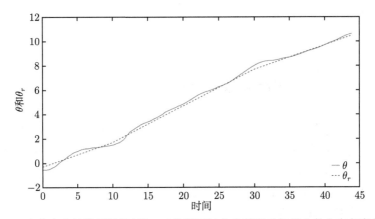

图 9.17 实验中自触发采样机制(9.81)作用下的非完整移动机器人的方向角变化轨迹

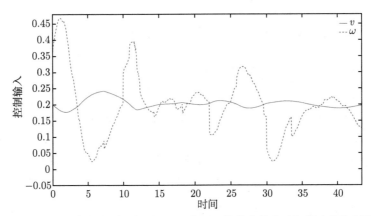

图 9.18 实验中自触发采样机制(9.81)作用下的非完整移动机器人的控制输入

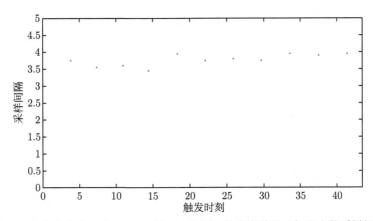

图 9.19 实验中自触发采样机制(9.81)作用下的非完整移动机器人的采样间隔

附录 A 技术引理

引理 A.1最初在研究非线性小增益定理时被提出，见文献 [240] 中的引理 A.1。需要注意的是，文献 [240] 主要考虑"+"型的关联，而用于本书中的引理 A.1考虑"max"型的关联。

引理 A.1 设 $\beta \in \mathcal{KL}$，$\rho \in \mathcal{K}$ 且满足 $\rho < \mathrm{Id}$，μ 是在区间 $(0,1]$ 上的实数。如果任意非负实函数 z 满足

$$z(t) \leqslant \max\{\beta(s,t), \rho(\|z\|_{[\mu t, \infty)}), \delta\}, \quad t \in [0,\infty) \tag{A.1}$$

其中，s 和 δ 是任意非负实数，那么存在 $\hat{\beta} \in \mathcal{KL}$ 使得

$$z(t) \leqslant \max\{\hat{\beta}(s,t), \delta\}, \quad t \in [0,\infty) \tag{A.2}$$

对所有 $t \in [0,\infty)$ 都成立。

引理 A.2 对于 $i = 1, 2, \cdots, n$，考虑 $\chi \in \mathcal{K}$ 和 $\chi_i \in \mathcal{K} \cup \{0\}$。如果对所有的 $i = 1, 2, \cdots, n$，有 $\chi \circ \chi_i < \mathrm{Id}$，那么存在在区间 $(0,\infty)$ 上连续可导的函数 $\hat{\chi} \in \mathcal{K}_\infty$ 使得 $\hat{\chi} > \chi$，并且 $\hat{\chi} \circ \chi_i < \mathrm{Id}$ 对所有 $i = 1, 2, \cdots, n$ 都成立。

证明 定义 $\bar{\chi}(s) = \max_{i=1,2,\cdots,n} \{\chi_i(s)\}$，$s \in \mathbb{R}_+$。显然，$\bar{\chi} \in \mathcal{K} \cup \{0\}$，并且 $\chi \circ \bar{\chi} < \mathrm{Id}$。利用文献 [241] 中的定理 3.1 和引理 A.1，可以证明存在函数 $\hat{\chi} \in \mathcal{K}_\infty$，其在区间 $(0,\infty)$ 上连续可导，满足 $\hat{\chi} > \chi$，并且 $\hat{\chi} \circ \bar{\chi} < \mathrm{Id}$。不难验证 $\hat{\chi} \circ \chi_i < \mathrm{Id}$ 对所有 $i = 1, 2, \cdots, n$ 都成立。 □

引理 A.3 任取 $a, b \in \mathbb{R}$，如果存在函数 $\theta \in \mathcal{K}$ 和常数 $c \geqslant 0$ 使得

$$|a - b| \leqslant \max\{\theta \circ (\mathrm{Id} + \theta)^{-1}(|a|), c\} \tag{A.3}$$

那么可得 $|a - b| \leqslant \max\{\theta(|b|), c\}$。

证明 首先考虑 $\theta \circ (\mathrm{Id} + \theta)^{-1}(|a|) \geqslant c$，其结合性质(A.3)可得

$$|a - b| \leqslant \theta \circ (\mathrm{Id} + \theta)^{-1}(|a|) \tag{A.4}$$

在这种情况下，有 $|a| - |b| \leqslant \theta \circ (\mathrm{Id} + \theta)^{-1}(|a|)$。因此 $(\mathrm{Id} - \theta \circ (\mathrm{Id} + \theta)^{-1})(|a|) \leqslant |b|$。注意到 $\mathrm{Id} - \theta \circ (\mathrm{Id} + \theta)^{-1} = (\mathrm{Id} + \theta) \circ (\mathrm{Id} + \theta)^{-1} - \theta \circ (\mathrm{Id} + \theta)^{-1} = (\mathrm{Id} + \theta)^{-1}$，那么可得 $|a| \leqslant (\mathrm{Id} + \theta)(|b|)$。再次利用性质(A.4)，可以证明 $|a - b| \leqslant \theta(|b|)$。同理，当 $\theta \circ (\mathrm{Id} + \theta)^{-1}(|a|) < c$ 时，可得 $|a - b| \leqslant c$。引理 A.3 证毕。 □

引理 A.4 对于任意局部利普希茨的函数 $h : \mathbb{R}^{n_1} \times \mathbb{R}^{n_2} \times \cdots \times \mathbb{R}^{n_m} \to \mathbb{R}^p$, 其满足 $h(0, 0, \cdots, 0) = 0$ 和反函数是局部利普希茨的任意 $\mathcal{K}_\infty$ 类函数 $\varphi_1, \varphi_2, \cdots,$ φ_m, 存在正的且非负的连续函数 $L_h : \mathbb{R}_+ \to \mathbb{R}_+$ 使得

$$|h(z_1, z_2, \cdots, z_m)| \leqslant L_h \left(\max_{i=1,2,\cdots,m} \{|z_i|\} \right) \max_{i=1,2,\cdots,m} \{\varphi_i(|z_i|)\} \tag{A.5}$$

对所有 z 都成立, 其中, $z = [z_1^{\mathrm{T}}, z_2^{\mathrm{T}}, \cdots, z_m^{\mathrm{T}}]^{\mathrm{T}}$。

证明 对于局部利普希茨的函数 h, 其满足 $h(0, 0, \cdots, 0) = 0$, 存在正且非减的连续函数 $L_{h0} : \mathbb{R}_+ \to \mathbb{R}_+$ 使得

$$|h(z_1, z_2, \cdots, z_m)| \leqslant L_{h0} \left(\max_{i=1,2,\cdots,m} \{|z_i|\} \right) \max_{i=1,2,\cdots,m} \{|z_i|\} \tag{A.6}$$

对所有 z 都成立。

定义 $\mathcal{K}_\infty$ 类函数

$$\breve{\varphi}(s) = \max_{i=1,2,\cdots,m} \{\varphi_i^{-1}(s)\}, \quad s \in \mathbb{R}_+ \tag{A.7}$$

因为 $\varphi_1^{-1}, \varphi_2^{-1}, \cdots, \varphi_m^{-1}$ 是局部利普希茨的函数, 所以 $\breve{\varphi}$ 是局部利普希茨的函数。

由 $\breve{\varphi}$ 的定义(A.7), 可得

$$\begin{aligned} \breve{\varphi} \left(\max_{i=1,2,\cdots,m} \{\varphi_i(|z_i|)\} \right) &= \max_{i=1,2,\cdots,m} \{\breve{\varphi} \circ \varphi_i(|z_i|)\} \\ &\geqslant \max_{i=1,2,\cdots,m} \{\varphi_i^{-1} \circ \varphi_i(|z_i|)\} \\ &= \max_{i=1,2,\cdots,m} \{|z_i|\} \end{aligned} \tag{A.8}$$

因为 $\breve{\varphi}$ 是局部利普希茨的函数, 所以存在正且非减的连续函数 $L_{\breve{\varphi}} : \mathbb{R}_+ \to \mathbb{R}_+$ 使得

$$\breve{\varphi} \left(\max_{i=1,2,\cdots,m} \{\varphi_i(|z_i|)\} \right) \leqslant L_{\breve{\varphi}} \left(\max_{i=1,2,\cdots,m} \{\varphi_i(|z_i|)\} \right) \max_{i=1,2,\cdots,m} \{\varphi_i(|z_i|)\} \tag{A.9}$$

将式(A.8)和式(A.9)代入到式(A.6)中, 可得

$$L_h \left(\max_{i=1,2,\cdots,m} \{|z_i|\} \right) \geqslant L_{h0} \left(\max_{i=1,2,\cdots,m} \{|z_i|\} \right) L_{\breve{\varphi}} \left(\max_{i=1,2,\cdots,m} \{\varphi_i(|z_i|)\} \right) \tag{A.10}$$

对所有 z 都成立, 其中, L_h 是正且非减的连续函数。引理 A.4 证毕。 $\quad\square$

引理 A.5 对于正且非减的连续函数 $K_0 : \mathbb{R}_+ \to \mathbb{R}_+$ 和局部利普希茨的函数 $\varphi \in \mathcal{K}_\infty$，存在正且非减的连续函数 $K : \mathbb{R}_+ \to \mathbb{R}_+$ 使得

$$K_0(s)s \leqslant K(s)\varphi^{-1}(s), \quad s \in \mathbb{R}_+ \tag{A.11}$$

证明   因为 $\varphi \in \mathcal{K}_\infty$ 且 φ 是局部利普希茨的，所以存在正且非减的连续函数 $\bar{K}_\varphi, \hat{K}_\varphi : \mathbb{R}_+ \to \mathbb{R}_+$ 使得

$$\varphi(s) \leqslant \bar{K}_\varphi(s)s = \hat{K}_\varphi(\varphi(s))s, \quad s \in \mathbb{R}_+ \tag{A.12}$$

其等价于

$$s \leqslant \hat{K}_\varphi(s)\varphi^{-1}(s), \quad s \in \mathbb{R}_+ \tag{A.13}$$

其能够保证

$$K_0(s)s \leqslant K_0(s)\hat{K}_\varphi(s)\varphi^{-1}(s), \quad s \in \mathbb{R}_+ \tag{A.14}$$

选取 $K(s) = K_0(s)\hat{K}_\varphi(s)$，那么就能够证明引理 A.5。   □

附录 B 增益配置

增益配置技术在关联非线性被控对象的反馈镇定中有着重要的作用。考虑一阶非线性被控对象

$$\dot{\eta} = \phi(\eta, \omega_1, \omega_2, \cdots, \omega_m) + \bar{\kappa} \tag{B.1}$$

$$\eta^s = \eta + \omega_{m+1} \tag{B.2}$$

其中，$\eta \in \mathbb{R}$ 是状态，$\bar{\kappa} \in \mathbb{R}$ 是控制输入，$\omega_1, \omega_2, \cdots, \omega_{m+1} \in \mathbb{R}$ 表示外部输入，$\eta^s \in \mathbb{R}$ 是 η 的测量值，非线性函数 $\phi(\eta, \omega_1, \omega_2, \cdots, \omega_m)$ 是局部利普希茨的且满足

$$|\phi(\eta, \omega_1, \omega_2, \cdots, \omega_m)| \leqslant \psi_\phi^\eta(|\eta|) + \sum_{k=1}^m \psi_\phi^{\omega_k}(|\omega_k|) \tag{B.3}$$

其中，$\psi_\phi^\eta, \psi_\phi^{\omega_1}, \psi_\phi^{\omega_2}, \cdots, \psi_\phi^{\omega_m} \in \mathcal{K}_\infty$。

引理 B.1 考虑被控对象(B.1)。对任意特定的 $0 < c < 1$，$\ell > 0$ 和 $\gamma_\eta^{\omega_1}, \gamma_\eta^{\omega_2}, \cdots, \gamma_\eta^{\omega_m} \in \mathcal{K}_\infty$，存在奇的且在 $(-\infty, 0) \cup (0, \infty)$ 上连续可微的函数 $\kappa : \mathbb{R} \to \mathbb{R}$，满足

$$\kappa((1-c)s) \geqslant \psi_\phi^\eta(s) + \sum_{k=1}^m \psi_\phi^{\omega_k} \circ \left(\gamma_\eta^{\omega_k}\right)^{-1}(s) + \frac{\ell}{2}s, \quad s \geqslant 0 \tag{B.4}$$

使得当控制器 $\bar{\kappa} = \kappa(\eta^s)$ 时，受控系统以 $V_\eta(\eta) = |\eta|$ 为输入到状态稳定李雅普诺夫函数是输入到状态稳定的。$V_\eta(\eta) = |\eta|$ 满足

$$V_\eta(\eta) \geqslant \max_{k=1,2,\cdots,m+1} \left\{ \gamma_\eta^{\omega_k}(|\omega_k|) \right\}$$

$$\Rightarrow \nabla V_\eta(\eta) \left(\phi(\eta, \omega_1, \omega_2, \cdots, \omega_m) + \kappa(\eta^s) \right) \leqslant -\ell V_\eta(\eta), \quad \text{a.e.} \tag{B.5}$$

其中，$\gamma_\eta^{\omega_{m+1}}(s) = s/c$。如果 $\left(\gamma_\eta^{\omega_1}\right)^{-1}, \cdots, \left(\gamma_\eta^{\omega_m}\right)^{-1}$ 是局部利普希茨的函数，那么能够选取函数 κ 在 $(-\infty, \infty)$ 上连续可导。

此处省略了引理 B.1 的证明。详细证明见文献 [366] 和 [367]。

附录 C　主要结果中相关命题的证明

C.1　命题 5.1 的证明

首先证明式(5.21)中 ϕ_i 满足

$$|\phi_i| \leqslant \psi_{\phi_i}(\|[\bar{e}_{i+1}^{\mathrm{T}}, \bar{w}_{i-1}^{\infty\mathrm{T}}, d^{\mathrm{T}}]^{\mathrm{T}}\|) \tag{C.1}$$

其中，$\psi_{\phi_i} \in \mathcal{K}_\infty$。由 e_i 的定义可知，对于每个 $i = 2, 3, \cdots, n$，有 $x_i - e_i \in S_{i-1}(\bar{x}_{i-1}, \bar{w}_{i-1}^\infty)$。

由 $e_1 = x_1$ 可直接得出

$$\begin{aligned}
\dot{e}_1 &= g_1(\bar{x}_1)x_2 + f_1(\bar{x}_1, d) \\
&= g_1(\bar{x}_1)(x_2 - e_2) + f_1(\bar{x}_1, d) + g_1(\bar{x}_1)e_2 \\
&:= g_1(\bar{x}_1)(x_2 - e_2) + \phi_1(\bar{x}_1, \bar{e}_2, d)
\end{aligned} \tag{C.2}$$

其中，$x_2 - e_2 \in S_1(\bar{x}_1, \bar{w}_1^\infty)$。在满足假设 5.1 的情况下，存在局部利普希茨的函数 $\psi_{\phi_1} \in \mathcal{K}_\infty$ 使得 $|\phi_1| \leqslant \psi_{\phi_1}(\|[\bar{e}_2^{\mathrm{T}}, \bar{w}_0^{\infty\mathrm{T}}, d^{\mathrm{T}}]^{\mathrm{T}}\|)$。

假设对于每个 $i = 1, 2, \cdots, k-1$，e_i-子系统可表示成式(5.21)，并且满足性质(C.1)。下面证明 e_k-子系统也可表示成式(5.21)，并且也满足性质(C.1)。

由于 κ_i 是严格递减的函数，因此对于特定的 $\bar{x}_i$，有 $\max S_i(\bar{x}_i, \bar{w}_i^\infty) = \kappa_i(x_i - w_i^\infty - \max S_{i-1}(\bar{x}_{i-1}, \bar{w}_{i-1}^\infty))$ 和 $\min S_i(\bar{x}_i, \bar{w}_i^\infty) = \kappa_i(x_i + w_i^\infty - \min S_{i-1}(\bar{x}_{i-1}, \bar{w}_{i-1}^\infty))$。记 $S_0(\bar{x}_0, \bar{w}_0^\infty) = \{0\}$。$\kappa_i$ 的连续可导性保证了 $\max S_i(\bar{x}_i, \bar{w}_i^\infty)$ 关于 $\bar{x}_i$ 是连续可导的。

当 $e_k > 0$ 时，有

$$\begin{aligned}
\dot{e}_k &= \dot{x}_k - \nabla\max S_{k-1}(\bar{x}_{k-1}, \bar{w}_{k-1}^\infty)\dot{\bar{x}}_{k-1} \\
&= g_{k+1}(\bar{x}_{k+1})(x_{k+1} - e_{k+1}) + f_i(\bar{x}_k, d) - \nabla\max S_{k-1}(\bar{x}_{k-1}, \bar{w}_{k-1}^\infty)\dot{\bar{x}}_{k-1} \\
&\quad + g_{k+1}(\bar{x}_{k+1})e_{k+1} \\
&:= g_{k+1}(\bar{x}_{k+1})(x_{k+1} - e_{k+1}) + \phi_k(\bar{x}_k, \bar{w}_{k-1}^\infty, e_{k+1}, d)
\end{aligned} \tag{C.3}$$

当 $e_k < 0$ 时，有

$$\dot{e}_k = \dot{x}_k - \nabla\min S_{k-1}\dot{\bar{x}}_{k-1} \tag{C.4}$$

$$= g_{k+1}(\bar{x}_{k+1})(x_{k+1} - e_{k+1}) + f_i(\bar{x}_k, d) - \nabla\min S_{k-1}\dot{\bar{x}}_{k-1} + g_{k+1}(\bar{x}_{k+1})e_{k+1} \tag{C.5}$$

综上，有 $\phi_k(\bar{x}_k, \bar{w}_{k-1}^\infty, e_{k+1}, d) = f_k(\bar{x}_k, d) - \big((0.5 + 0.5\mathrm{sgn}(e_k))\nabla\max S_{k-1} + (0.5 - 0.5\mathrm{sgn}(e_k))\nabla\min S_{k-1}\big)\dot{\bar{x}}_{k-1} + g_{k+1}(\bar{x}_{k+1})e_{k+1}$。

由 κ_i 和 $S_i(i = 1, 2, \cdots, k-1)$ 的定义以及假设 5.1 能够直接证明性质(C.1)成立。当 $k = n$ 时，$x_{k+1} = u_k$ 和 $e_{k+1} = 0$。

现在证明性质(5.22)。在满足性质(C.1)的情况下，存在局部利普希茨的函数 $\psi_{\phi_i}^{e_1}$, $\psi_{\phi_i}^{e_2}, \cdots, \psi_{\phi_i}^{e_{i+1}}, \psi_{\phi_i}^{w_1}, \cdots, \psi_{\phi_i}^{w_{i-1}}, \psi_{\phi_i}^d \in \mathcal{K}_\infty$ 使得 $|\phi_i| \leqslant \sum\limits_{k=1}^{i+1} \psi_{\phi_i}^{e_k}(|e_k|) + \sum\limits_{k=1}^{i-1} \psi_{\phi_i}^{w_k}(\bar{w}_k^\infty) + \psi_{\phi_i}^d(|d|)$ 成立。

选取 $\kappa_i(r) = -\nu_i(|r|)r$，其中，$\nu_i : \mathbb{R}_+ \to \mathbb{R}_+$ 是正的、非减的、连续可导的函数，并且满足

$$c_i(1-b_i)\nu_i((1-b_i)s)s \geqslant \psi_{\phi_i}^{e_i}(s) + \sum_{k=1,2,\cdots,i-1,i+1} \psi_{\phi_i}^{e_k} \circ \left(\gamma_{e_i}^{e_k}\right)^{-1}(s)$$

$$+ \sum_{k=1}^{i-1} \psi_{\phi_i}^{w_k} \circ \left(\gamma_{e_i}^{w_k}\right)^{-1}(s) + \psi_{\phi_i}^d \circ \left(\gamma_{e_i}^d\right)^{-1}(s) + \ell_i s, \quad s \in \mathbb{R}_+, \ell_i > 0 \tag{C.6}$$

对于任意的常数 $0 < b_i < 1$、$\ell_i > 0$ 以及任意局部利普希茨的函数 $\psi_{\phi_i}^{e_1}, \psi_{\phi_i}^{e_2}, \cdots,$ $\psi_{\phi_i}^{e_{i+1}}, \psi_{\phi_i}^{w_1}, \psi_{\phi_i}^{w_2}, \cdots, \psi_{\phi_i}^{w_{i-1}}, \psi_{\phi_i}^d, \left(\gamma_{e_i}^{e_k}\right)^{-1}, \left(\gamma_{e_i}^{w_j}\right)^{-1}, \left(\gamma_{e_i}^d\right)^{-1} \in \mathcal{K}_\infty$，其中，$k = 1,$ $2, \cdots, i-1, i+1$，$j = 1, 2, \cdots, i-1$，文献 [366] 中引理 1 能够保证 ν_i 的存在性。

对于每个 $i = 1, 2, \cdots, n$，取 $V_i(e_i) = |e_i|$，并考虑

$$V_i(e_i) \geqslant \max_{k=1,2,\cdots,i-1} \left\{\gamma_{e_i}^{e_k}(V_k(e_k)), \gamma_{e_i}^{e_{i+1}}(V_{i+1}(e_{i+1})), \gamma_{e_i}^{w_k}(w_k^\infty), \gamma_{e_i}^{w_i}(w_i^\infty), \gamma_{e_i}^d(d^\infty)\right\} \tag{C.7}$$

性质(C.7)能够保证：对于每个 $k = 1, 2, \cdots, i-1, i+1$，有 $|e_k| \leqslant \left(\gamma_{e_i}^{e_k}\right)^{-1}(|e_i|)$；对于每个 $k = 1, 2, \cdots, i-1$，有 $w_k^\infty \leqslant \left(\gamma_{e_i}^{w_k}\right)^{-1}(|e_i|)$；$w_i^\infty \leqslant b_i|e_i|$；$d^\infty \leqslant \left(\gamma_{e_i}^d\right)^{-1}(|e_i|)$。

利用 e_i 的定义可直接证明，对于任意 $p_{i-1} \in S_{i-1}(\bar{x}_{i-1}, \bar{w}_{i-1}^\infty)$，有 $|x_i - p_{i-1}| \geqslant |e_i|$ 和 $\mathrm{sgn}(x_i - p_{i-1}) = \mathrm{sgn}(e_i)$。当 $w_i^\infty \leqslant b_i|e_i|$ 时，对于任意的 $p_{i-1} \in S_{i-1}(\bar{x}_{i-1}, \bar{w}_{i-1}^\infty)$ 和 $|a_i| \leqslant 1$，可知 $|x_i - p_{i-1} + a_i w_i^\infty| \geqslant (1-b_i)|e_i|$ 和 $\mathrm{sgn}(x_i - p_{i-1} + $

$a_i w_i^\infty) = \text{sgn}(e_i)$。因此，对于任意 $p_i \in S_i(\bar{x}_i, \bar{w}_i^\infty)$，可以证明 $|p_i| \geqslant \kappa_i((1-b_i)|e_i|)$ 和 $\text{sgn}(p_i) = \text{sgn}(e_i)$。那么对于任意 $p_i \in S_i(\bar{x}_i, \bar{w}_i^\infty)$，可得

$$
\begin{aligned}
-\text{sgn}(e_i)&(p_i + \phi_i) \\
&\leqslant -\text{sgn}(e_i)p_i + |\phi_i| \\
&= -|p_i| + |\phi_i| \\
&\leqslant -\kappa_i((1-b_i)|e_i|) + \sum_{k=1}^{i+1} \psi_{\phi_i}^{e_k}(|e_k|) + \sum_{k=1}^{i-1} \psi_{\phi_i}^{w_k}(\bar{w}_k^\infty) + \psi_{\phi_i}^d(d^\infty) \\
&\leqslant c_i(1-b_i)\nu_i((1-b_i)|e_i|)|e_i| + \sum_{k=1}^{i+1} \psi_{\phi_i}^{e_k} \circ (\gamma_{e_i}^{e_k})^{-1}(|e_i|) \\
&\quad + \psi_{\phi_i}^d \circ (\gamma_{e_i}^d)^{-1}(d^\infty) + \sum_{k=1}^{i-1} \psi_{\phi_i}^{w_k} \circ (\gamma_{e_i}^{w_k})^{-1}(|e_i|) \\
&\leqslant -\ell_i|e_i| \\
&= -\ell_i V_i(e_i)
\end{aligned} \tag{C.8}
$$

性质(5.22)证毕。

C.2   命题 5.2 的证明

首先通过合理选取 λ_i，将受控系统转化成包含多个输入到状态稳定子系统构成的关联系统，并且增益可设计。然后，利用多回路非线性小增益定理保证关联系统的稳定性。

1. e_i-子系统的输入到状态稳定性

条件(5.59)表明，控制律 λ_i 递减且在 $(0,\infty)$ 上连续可导。那么对于任意特定的 $\bar{x}_i$，有 $\max \Lambda_i(\bar{x}_i, \bar{w}_i^\infty) = \lambda_i(x_i - w_i^\infty - \max \Lambda_{i-1}(\bar{x}_{i-1}, \bar{w}_{i-1}^\infty))$ 和 $\min \Lambda_i(\bar{x}_i, \bar{w}_i^\infty) = \lambda_i(x_i + w_i^\infty - \min \Lambda_{i-1}(\bar{x}_{i-1}, \bar{w}_{i-1}^\infty))$。而且，$\max \Lambda_i(\bar{x}_i, \bar{w}_i^\infty)$ 和 $\min \Lambda_i(\bar{x}_i, \bar{w}_i^\infty)$ 关于 $\bar{x}_i$ 均连续可导。假设 5.2 保证

$$
|h_i(\bar{x}_i, \bar{x}_i^\theta, \bar{e}_{i+1})| \leqslant \psi_{h_i}\left(|\bar{x}_i| + |\bar{x}_i^\theta| + |e_{i+1}|\right) \tag{C.9}
$$

其中，$\psi_{h_i} \in \mathcal{K}_\infty$ 是局部利普希茨的函数。

对于 $k = 1, 2, \cdots, i-1$，e_{k+1} 的定义(5.60)保证了 $\min \Lambda_k \leqslant x_{k+1} - e_{k+1} \leqslant \max \Lambda_k$，并且存在局部利普希茨的 $\mathcal{K}_\infty$ 类函数 $\psi_{x_{k+1}}$（$k = 1, 2, \cdots, i-1$）使得

$$|x_{k+1}| \leqslant \psi_{x_{k+1}}(|\bar{e}_{k+1}| + \bar{w}_k^\infty) \tag{C.10}$$

性质(C.10)能够保证 $|x_{k+1}^\theta| \leqslant \psi_{x_{k+1}}(|\bar{e}_{k+1}^\theta| + \bar{w}_k^\infty)$。利用性质(C.9)和性质(C.10)能够证明存在局部利普希茨的 $\mathcal{K}_\infty$ 类函数 $\psi_{h_i}^{e_1}, \cdots, \psi_{h_i}^{e_{i+1}}$、$\psi_{h_i}^{w_1}, \cdots, \psi_{h_i}^{w_{i-1}}$ 和 $\hat{\psi}_{h_i}^{e_1}, \cdots, \hat{\psi}_{h_i}^{e_i}$ 使得

$$\left| h_i(\bar{x}_i, \bar{x}_i^\theta, \bar{e}_{i+1}) \right| \leqslant \sum_{k=1}^{i+1} \psi_{h_i}^{e_k}(|e_k|) + \sum_{k=1}^{i-1} \psi_{h_i}^{w_k}(w_k^\infty) + \sum_{k=1}^{i} \hat{\psi}_{h_i}^{e_k}(|e_k^\theta|) \tag{C.11}$$

存在正的、非减的、连续可导的函数 κ_i 使得

$$b_i(1-b_i)\kappa_i((1-b_i)s)s \geqslant \psi_{h_i}^{e_i}(s) + \sum_{k=1,2,\cdots,i-1,i+1} \psi_{h_i}^{e_k} \circ \left(\gamma_{e_i}^{e_k}\right)^{-1}(s)$$

$$+ \sum_{k=1}^{i-1} \psi_{h_i}^{w_k} \circ \left(\gamma_{e_i}^{w_k}\right)^{-1}(s)$$

$$+ \sum_{k=1}^{i} \hat{\psi}_{h_i}^{e_k} \circ \left(\hat{\gamma}_{e_i}^{e_k}\right)^{-1}(s) + \ell_i s, \quad s \in \mathbb{R}_+ \tag{C.12}$$

其中，$\ell_i > 0$，$0 < b_i < 1$，c_i 已在式(5.50)中定义，$\gamma_{(\cdot)}^{(\cdot)} \in \mathcal{K}_\infty$ 是连续可导的函数且其反函数是局部利普希茨的。

当 κ_i 满足条件(C.12)时，考虑 $V_i(e_i) = |e_i|$ 满足

$$V_i(e_i) \geqslant \max_{k=1,2,\cdots,i-1} \left\{ \gamma_{e_i}^{e_k}(V_k(e_k)), \gamma_{e_i}^{e_{i+1}}(V_{i+1}(e_{i+1})), \gamma_{e_i}^{w_k}(w_k^\infty), \right.$$

$$\left. \frac{1}{b_i} w_i^\infty, \hat{\gamma}_{e_i}^{e_k}(V_k(e_k^\theta)), \hat{\gamma}_{e_i}^{e_i}(V_i(e_i^\theta)) \right\} \tag{C.13}$$

因此，

$$w_k^\infty \leqslant \left(\gamma_{e_i}^{w_k}\right)^{-1}(|e_i|), \quad k = 1, 2, \cdots, i-1 \tag{C.14}$$

$$|e_k| \leqslant \left(\gamma_{e_i}^{e_k}\right)^{-1}(|e_i|), \quad k = 1, 2, \cdots, i-1, i+1 \tag{C.15}$$

$$|e_k^\theta| \leqslant \left(\hat{\gamma}_{e_i}^{e_k}\right)^{-1}(|e_i|), \quad k = 1, 2, \cdots, i \tag{C.16}$$

$$w_i^\infty \leqslant b_i |e_i| \tag{C.17}$$

由 e_i 的定义(5.60)可知，当 $e_i \neq 0$ 时,对于任意的 $\mu_{i-1} \in \Lambda_{i-1}$,有 $|x_i - \mu_{i-1}| \geqslant |e_i|$ 和 $\mathrm{sgn}(x_i - \mu_{i-1}) = \mathrm{sgn}(e_i)$，其说明 $\mathrm{sgn}(x_i - e_i - \mu_{i-1}) = \mathrm{sgn}(e_i)$。因此, 对

于 $i = 1, 2, \cdots, n$，式(5.58)中的每个 $\Lambda_i(\bar{x}_i, \bar{w}_i^\infty)$ 可等价地写作

$$\Lambda_i(\bar{x}_i, \bar{w}_i^\infty) = \{\lambda_i(e_i^d) : |a_i| \leqslant 1\} \tag{C.18}$$

其中，$e_i^d = e_i + a_i w_i^\infty + \text{sgn}(e_i)|w_{i0}|$，$w_{i0} = x_i - e_i - \mu_{i-1}$，$\mu_{i-1} \in \Lambda_{i-1}(\bar{x}_{i-1}, \bar{w}_{i-1}^\infty)$。在满足性质 $w_i^\infty \leqslant b_i|e_i|$ 的情况下，当 $e_i \neq 0$ 时，有

$$\text{sgn}(e_i^d) = \text{sgn}(e_i), \quad |e_i^d| \geqslant (1 - b_i)|e_i| \tag{C.19}$$

性质(C.19)的详细证明如下：首先考虑 $e_i > 0$ 的情况。在此情况下，可以证明 $e_i^d = e_i + a_i w_i^\infty + |w_{i0}| > e_i > (1-b_i)e_i > 0$。因此，$\text{sgn}(e_i^d) = \text{sgn}(e_i)$。对于 $e_i < 0$ 的情况，性质 $w_i^\infty \leqslant b_i|e_i|$ 说明 $e_i^d = e_i + a_i w_i^\infty - |w_{i0}| \leqslant (1 - a_i b_i)e_i - |w_{i0}| < 0$。因此，$|e_i^d| \geqslant (1 - a_i b_i)|e_i| + |w_{i0}| > (1-b_i)|e_i|$。综上可知，性质(C.19)成立。

利用性质(5.59)、性质(5.61)、性质(C.11)~性质(C.19)，可直接证明

$$\begin{aligned}
\nabla V_i(e_i)\dot{e}_i &= \text{sgn}(e_i)(h_i(\bar{x}_i, \bar{x}_i^\theta, \bar{e}_{i+1}) + g_i(\bar{x}_i, \bar{x}_i^\theta)(x_{i+1} - e_{i+1})) \\
&\leqslant \Big(\psi_{h_i}^{e_i}(|e_i|) + \sum_{k=1,2,\cdots,i-1,i+1} \psi_{h_i}^{e_k} \circ (\gamma_{e_i}^{e_k})^{-1}(|e_i|) \\
&\quad + \sum_{k=1}^{i-1} \psi_{h_i}^{w_k} \circ (\gamma_{e_i}^{w_k})^{-1}(|e_i|) + \sum_{k=1}^{i} \hat{\psi}_{h_i}^{e_k} \circ (\hat{\gamma}_{e_i}^{e_k})^{-1}(|e_i|) \\
&\quad - c_i(1-b_i)\kappa_i((1-b_i)|e_i|)|e_i| \Big) \\
&\leqslant -\ell_i|e_i| = -\ell_i V_i(e_i) \tag{C.20}
\end{aligned}$$

2. 非线性小增益集成

定义 $\bar{\gamma}_{e_i}^{e_k} = \max\{\gamma_{e_i}^{e_k}、\hat{\gamma}_{e_i}^{e_k}\}$，$\bar{\gamma}_{e_i}^{e_i} = \hat{\gamma}_{e_i}^{e_i}$，$\bar{\gamma}_{e_i}^{e_{i+1}} = \gamma_{e_i}^{e_{i+1}}$，其中 $\gamma_{e_i}^{e_k}$、$\gamma_{e_i}^{e_{i+1}}$、$\hat{\gamma}_{e_i}^{e_k}$、$\hat{\gamma}_{e_i}^{e_i}$（$1 \leqslant k \leqslant i-1$）已在式(C.13)中定义。合理选取 κ_i 能够设计输入到状态稳定增益 $\bar{\gamma}_{(\cdot)}^{(\cdot)}$ 使得

$$\begin{aligned}
\bar{\gamma}_{e_1}^{e_2} \circ \bar{\gamma}_{e_2}^{e_3} \circ \bar{\gamma}_{e_3}^{e_4} \circ \cdots \circ \bar{\gamma}_{e_{i-1}}^{e_i} \circ \bar{\gamma}_{e_i}^{e_1} &< \text{Id} \\
\bar{\gamma}_{e_2}^{e_3} \circ \bar{\gamma}_{e_3}^{e_4} \circ \cdots \circ \bar{\gamma}_{e_{i-1}}^{e_i} \circ \bar{\gamma}_{e_i}^{e_2} &< \text{Id} \\
&\vdots \\
\bar{\gamma}_{e_{i-1}}^{e_i} \circ \bar{\gamma}_{e_i}^{e_{i-1}} &< \text{Id} \\
\bar{\gamma}_{e_i}^{e_i} &< \text{Id}
\end{aligned} \tag{C.21}$$

对所有 $i = 1, 2, \cdots, n$ 都成立。

记 $v_i = V_i(e_i^\theta)$。考虑 e_i-子系统是一个无状态时延的系统。也就是说，考虑 v_k（$k = 1, 2, \cdots, i$）为外部输入。条件(C.21)保证 e_i-子系统构成的关联系统满足多回路小增益条件，并且整个关联系统具有如下一个输入到状态稳定李雅普诺夫函数：

$$V(e) = \max_{i=1,2,\cdots,n} \{\sigma_i(V_i(e_i))\} \tag{C.22}$$

其中，

$$\sigma_1(s) = s, \quad s \in \mathbb{R}_+ \tag{C.23}$$

$$\sigma_i(s) = \gamma_{e_1}^{e_2} \circ \cdots \circ \gamma_{e_{i-1}}^{e_i}(s), \quad i = 2, 3, \cdots, n, \quad s \in \mathbb{R}_+ \tag{C.24}$$

不难证明输入到状态稳定李雅普诺夫函数(C.22)满足性质(5.62)和

$$V(e) \geqslant \vartheta \Rightarrow \nabla V(e)F \leqslant -\alpha_e(V(e)), \quad \text{a.e.} \tag{C.25}$$

其中，

$$\vartheta = \max_{i=1,2,\cdots,n} \{\sigma_i(\max_{k=1,2,\cdots,i} \{\gamma_{e_i}^{w_k}(w_k^\infty)\}), \sigma_i(\max_{k=1,2,\cdots,i} \{\hat{\gamma}_{e_i}^{e_k}(|v_k|)\})\}$$

$$\underline{\alpha}(s) = \min_{i=1,2,\cdots,n} \sigma_i(s/\sqrt{n}), \quad s \in \mathbb{R}_+$$

$$\overline{\alpha}(s) = \max_{i=1,2,\cdots,n} \sigma_i(s), \quad s \in \mathbb{R}_+$$

$$\alpha_e(s) = \min_{i=1,2,\cdots,n} \{\frac{1}{3}\sigma_i'(\sigma_i^{-1}(s)) \cdot \ell_i\sigma_i^{-1}(s)\}, \quad s \in \mathbb{R}_+$$

其中，$\sigma_i'(s) = \mathrm{d}\sigma_i(s)/\mathrm{d}s$。当 $\|V_k(e_k)\|_{[t-\theta,t]}$ 替换 $|v_k|$ 时，条件(C.25)仍然成立。利用定义(C.22)能够直接证明 $\|V_k(e_k)\|_{[t-\theta,t]} \leqslant \sigma_k^{-1}(\|V(e)\|_{[t-\theta,t]})$。

定义

$$\gamma_e(s) = \max_{i=1,2,\cdots,n} \left\{\sigma_i(\max_{k=1,2,\cdots,i} \{\hat{\gamma}_{e_i}^{e_k} \circ \sigma_k^{-1}(s)\})\right\} \tag{C.26}$$

$$\gamma_w(s) = \max_{i=1,2,\cdots,n} \left\{\sigma_i(\max_{k=1,2,\cdots,i} \{\gamma_{e_i}^{w_k}(s)\})\right\} \tag{C.27}$$

那么性质(C.25)可等价地写作

$$V(e) \geqslant \max\left\{\gamma_e(\|V(e)\|_{[t-\theta,t]}), \gamma_w(w^\infty)\right\}$$

$$\Rightarrow \nabla V(e)F \leqslant -\alpha_e(V(e)), \quad \text{a.e.} \tag{C.28}$$

性质(5.62)和性质(5.63)证毕。

接下来证明性质(5.64)。考虑如下两种情况：

（1）当 $\gamma_e = \hat{\gamma}_{e_1}^{e_1}$ 时，利用性质(C.21)可以证明 $\gamma_e < \mathrm{Id}$。

（2）当 $\gamma_e = \sigma_i \circ \hat{\gamma}_{e_i}^{e_k} \circ \sigma_k^{-1}$（$2 \leqslant i \leqslant n$、$1 \leqslant k \leqslant i$）时，利用 $\sigma_{(\cdot)}$ 在式(C.23)和式(C.24)中的定义，可以证明

$$
\begin{aligned}
\sigma_i \circ \hat{\gamma}_{e_i}^{e_k} \circ \sigma_k^{-1} &= \gamma_{e_1}^{e_2} \circ \cdots \gamma_{e_{i-1}}^{e_i} \circ \hat{\gamma}_{e_i}^{e_k} \circ (\gamma_{e_1}^{e_2} \circ \cdots \gamma_{e_{k-1}}^{e_k})^{-1} \\
&= \gamma_{e_1}^{e_2} \circ \cdots \gamma_{e_{k-1}}^{e_k} \circ \gamma_{e_k}^{e_{k+1}} \circ \cdots \circ \gamma_{e_{i-1}}^{e_i} \\
&\quad \circ \hat{\gamma}_{e_i}^{e_k} \circ (\gamma_{e_1}^{e_2} \circ \cdots \gamma_{e_{k-1}}^{e_k})^{-1} \\
&:= \gamma_{e_1}^{e_2} \circ \cdots \gamma_{e_{k-1}}^{e_k} \circ \gamma_k \circ (\gamma_{e_1}^{e_2} \circ \cdots \circ \gamma_{e_{k-1}}^{e_k})^{-1}
\end{aligned}
\tag{C.29}
$$

在满足条件(C.21)的情况下，可直接证明 $\gamma_k < \mathrm{Id}$。因此，$\sigma_i \circ \hat{\gamma}_{e_i}^{e_k} \circ \sigma_k^{-1} < \mathrm{Id}$。基于上述两种情况的讨论，性质(5.64)得证。

因为式(C.13)中定义的增益 $\gamma_{e_i}^{e_{i+1}} \in \mathcal{K}_\infty$（$i = 1, 2, \cdots, n-1$）是局部利普希茨的、连续可导的函数，所以 $\underline{\alpha}, \overline{\alpha}, \gamma_e, \gamma_w \in \mathcal{K}_\infty$ 是局部利普希茨的函数，α_e 是正定函数。命题 5.2 证毕。

C.3　命题 5.3 的证明

由文献 [229] 中的引理 2.14 和文献 [327] 中引理 4.4 可知，性质(5.63)能够保证存在 $\beta_e \in \mathcal{KL}$ 使得

$$
|V(e(t))| \leqslant \max\left\{ \beta_e\left(V(e(0)), t\right), \gamma_e(\|V(e)\|_{[-\theta, t]}), \gamma_w(w^\infty) \right\}
\tag{C.30}
$$

其中，$\beta_e(s, 0) = s$。在满足 $\gamma_e < \mathrm{Id}$ 的情况下，文献 [300] 介绍的时延版非线性小增益定理能够证明存在 $\hat{\beta}_e \in \mathcal{KL}$ 使得

$$
|e(t)| \leqslant \max\left\{ \hat{\beta}_e\left(\|\xi_e\|_{[-\theta, 0]}, t\right), \hat{\gamma}_w(w^\infty) \right\}
\tag{C.31}
$$

其中，$e(s) = \xi_e(s), s \in [-\theta, 0]$，$\hat{\gamma}_w(s) = \underline{\alpha}^{-1} \circ \gamma_w(s)$。

利用状态 $e_1, e_2, \cdots, e_n$ 的定义(5.60)，不难证明存在局部利普希茨 $\mathcal{K}_\infty$ 类函数 $\alpha_e^x, \alpha_x^e, \alpha_x^w$ 使得 $|e| \leqslant \alpha_e^x(|x|)$ 和 $|x| \leqslant \max\{\alpha_x^e(|e|), \alpha_x^w(w^\infty)\}$ 都成立。那么利用性质(C.31)可得

$$
|x(t)| \leqslant \max\{\beta(\|\xi\|_{[-\theta, 0]}, t), \gamma_x^w(w^\infty)\}
\tag{C.32}
$$

其中，对于 $s \in \mathbb{R}_+$，有 $\beta(s, \cdot) = \alpha_x^e \circ \hat{\beta}_e(\alpha_e^x(s), \cdot)$ 和 $\gamma_x^w(s) = \max\{\alpha_x^e \circ \hat{\gamma}_w(s), \alpha_x^w(s)\}$。需要注意的是，$\beta$ 是 $\mathcal{KL}$ 类函数，$\gamma_x^w \in \mathcal{K}_\infty$ 是局部利普希茨的函数。命题 5.3 证毕。

C.4 命题 7.2 的证明

在满足条件(7.2)、条件(7.9)~条件(7.11)的情况下，对于任意初始时刻 $t_0 \geqslant 0$ 和任意初始条件 $x_0(t_0) \neq 0 \in \mathbb{R}$，有 $1 - \delta_0 \leqslant 1 + \dfrac{w_0}{x_0} \leqslant 1 + \delta_0$。因此，对于每个 $1 \leqslant i \leqslant n-2$，有 $\lambda_0 c_{i1}(1 - \delta_0) \leqslant |-\lambda_0 d_i(t)\left(1 + \dfrac{w_0}{x_0}\right)| \leqslant \lambda_0 c_{i2}(1 + \delta_0)$。而且，在满足假设 7.1 和假设(7.16)的情况下，有 $c_{n-11} \leqslant |\lambda_{n-1}(t, x_0, w_0)| \leqslant c_{n-12}$。综上所述，存在两个正的常数 k_{i1} 和 k_{i2} 使得性质(7.17)成立。

在满足假设 7.1 和假设 7.2 的情况下，由 σ-缩放技术(7.13)可得

$$
\begin{aligned}
|\bar{\phi}_i(t, x_0, w_0, x)| &\leqslant \frac{|[x_1, \cdots, x_i]^{\mathrm{T}}|}{|x_0^{n-i-1}|} \phi_i^d(x_0, \cdots, x_i, -\lambda_0(x_0 + w_0)) \\
&\quad + (\lambda_0 c_{02}(1 + \delta_0) + a_0)(n - i - 1)|z_i| \\
&\leqslant |[x_0^{i-1} z_1, \cdots, z_i]^{\mathrm{T}}| \\
&\quad \times \phi_i^d(x_0, x_0^{n-2} z_1, \cdots, x_0^{n-i-1} z_i, -\lambda_0(x_0 + w_0)) \\
&\quad + (\lambda_0 c_{02}(1 + \delta_0) + a_0)(n - i - 1)|z_i| \quad\quad\quad (\text{C.33})
\end{aligned}
$$

$|\bar{\phi}_i(t, x_0, w_0, x)|$ 的上界(C.33)说明存在一个已知的 $\bar{\psi}_i \in \mathcal{K}_\infty$ 使得性质(7.18)对所有 $x_0, z_1, \cdots, z_i$ 都成立。命题 7.2 证毕。

C.5 命题 7.3 的证明

记 $S_k := S_k(\bar{z}_k, \bar{w}_{kT})$ 和 $\bar{\phi}_i := \bar{\phi}_i(t, x_0, w_0, x)$。仅考虑 $e_i > 0$ 的情况。$e_i < 0$ 的证明与 $e_i > 0$ 一致。考虑 S_k 在式(7.23)中的递归定义。对于 $k = 1, 2, \cdots, i-1$，有

$$
\max S_k = \operatorname{sgn}(\lambda_k)\kappa_k(z_k - b_{k1}\max S_{k-1} + b_{k2}\min S_{k-1} - b_{k3}\bar{w}_{kT}) \quad (\text{C.34})
$$

$$
\min S_k = \operatorname{sgn}(\lambda_k)\kappa_k(z_k - b_{k1}\min S_{k-1} + b_{k2}\max S_{k-1} + b_{k3}\bar{w}_{kT}) \quad (\text{C.35})
$$

其中，$b_{k1} = (\operatorname{sgn}(\lambda_k) + 1)/2$，$b_{k2} = (\operatorname{sgn}(\lambda_k) - 1)/2$，$b_{k3} = \operatorname{sgn}(\lambda_k)$。

在满足条件(7.2)、条件(7.9)、条件(7.10)的情况下，可以证明 $\operatorname{sgn}(\lambda_i)$ 是常数。κ_k 的连续可导性保证 $\max S_k$ 关于 z_k、$\max S_{k-1}$、$\min S_{k-1}$（$k = 1, 2, \cdots, i-1$）的连续可导性。因为连续可导函数的复合函数 $\max S_{i-1}$ 和 $\min S_{i-1}$ 关于 $\bar{z}_{i-1}$ 连续可导，所以 $\nabla \max S_{i-1}$ 和 $\nabla \min S_{i-1}$ 关于 $\bar{z}_{i-1}$ 连续。当 $e_i > 0$ 时，e_i-子系

统可等价地写作

$$\dot{e}_i = \dot{z}_i - \nabla \max S_{i-1} \dot{z}_{i-1}$$

$$= \lambda_i z_{i+1} + \bar{\phi}_i - \nabla \max S_{i-1} \dot{z}_{i-1}$$

$$:= \lambda_i z_{i+1} + \Phi_i(t, x_0, w_0, x, \bar{z}_i) \tag{C.36}$$

其中，$\bar{z}_{i-1} = [\lambda_1 z_2 + \bar{\phi}_1, \lambda_2 z_3 + \bar{\phi}_2, \cdots, \lambda_{i-1} z_i + \bar{\phi}_{i-1}]^{\mathrm{T}}$。在满足条件(7.2)、条件(7.17)、条件(7.18)的情况下，存在 $\psi_{\Phi_i}^* \in \mathcal{K}_\infty$ 使得

$$|\Phi_i(t, x_0, w_0, x, \bar{z}_i)| \leqslant \psi_{\Phi_i}^*(|\bar{z}_i^{\mathrm{T}}, x_0|^{\mathrm{T}}) \tag{C.37}$$

对于 $k = 1, 2, \cdots, i-1$，下面证明存在 $\psi_{z_{k+1}} \in \mathcal{K}_\infty$ 使得 $|z_{k+1}| \leqslant \psi_{z_{k+1}}(|[\bar{e}_{k+1}^{\mathrm{T}}, \bar{w}_{kT}^{\mathrm{T}}]^{\mathrm{T}}|)$。对于 $k = 1, 2, \cdots, i-1$，利用 e_{k+1} 的定义(7.25)，可以证明 $\min S_k \leqslant z_{k+1} - e_{k+1} \leqslant \max S_k$。因此可得

$$|z_{k+1}| \leqslant \max\{|\max S_k|, |\min S_k|\} + |e_{k+1}| \tag{C.38}$$

对于每个 $k = 1, 2, \cdots, i-1$，重复利用式(C.38)、式(C.34)、式(C.35)能够证明存在 $\psi_{z_{k+1}} \in \mathcal{K}_\infty$ 使得 $|z_{k+1}| \leqslant \psi_{z_{k+1}}(|[\bar{e}_{k+1}^{\mathrm{T}}, \bar{w}_{kT}^{\mathrm{T}}]^{\mathrm{T}}|)$，其结合性质(C.37)共同保证性质(7.27)成立。

如果在式(7.18)中的 $\bar{\phi}_i$ 是局部利普希茨的函数，那么所有影响 ψ_{Φ_i} 的函数是 $\mathcal{K}_\infty$ 类函数且是局部利普希茨的，从而可以证明存在局部利普希茨的函数 $\psi_{\Phi_i} \in \mathcal{K}_\infty$。命题 7.3 证毕。

C.6   命题 7.4 的证明

由 e_i 的定义可知，当 $e_i \neq 0$ 时，对于任意 $p_{i-1} \in S_{i-1}(\bar{z}_{i-1}, \bar{w}_{(i-1)T})$，可以证明 $|z_i - p_{i-1}| \geqslant |e_i|$ 和 $\mathrm{sgn}(z_i - p_{i-1}) = \mathrm{sgn}(e_i)$，其说明 $\mathrm{sgn}(z_i - e_i - p_{i-1}) = \mathrm{sgn}(e_i)$。因此，对于 $i = 1, 2, \cdots, n-1$，式(7.23)中的 $S_i(\bar{z}_i, \bar{w}_{iT})$ 可等价地写作

$$S_i(\bar{z}_i, \bar{w}_{iT}) = \{\mathrm{sgn}(\lambda_i)\kappa_i(e_i^m) : |w_i| \leqslant w_{iT}\} \tag{C.39}$$

其中，$e_i^m = e_i + w_i + \mathrm{sgn}(e_i)|w_{i0}|$，$w_{i0} = z_i - e_i - p_{i-1}$，$p_{i-1} \in S_{i-1}(\bar{z}_{i-1}, \bar{w}_{(i-1)T})$。在满足条件(7.17)和条件(7.27)的情况下，存在局部利普希茨的函数 $\psi_{\Phi_i}^{e_1}, \cdots, \psi_{\Phi_i}^{e_{i+1}}$，$\psi_{\Phi_i}^{w_1}, \cdots, \psi_{\Phi_i}^{w_{i-1}}$，$\psi_{\Phi_i}^{x_0} \in \mathcal{K}_\infty$ 使得

$$|\Phi_i + \lambda_i e_{i+1}| \leqslant \sum_{k=1}^{i+1} \psi_{\Phi_i}^{e_k}(|e_k|) + \sum_{k=1}^{i-1} \psi_{\Phi_i}^{w_k}(w_{kT}) + \psi_{\Phi_i}^{x_0}(|x_0|)$$

选取式(7.24)中的 ν_i 满足

$$k_{i1}(1-b_i)\nu_i((1-b_i)s)s$$

$$\geqslant \psi_{\Phi_i}^{e_i}(s) + \sum_{k=1,2,\cdots,i-1,i+1} \psi_{\Phi_i}^{e_k} \circ \left(\gamma_{e_i}^{e_k}\right)^{-1}(s)$$

$$+ \sum_{k=1}^{i-1} \psi_{\Phi_i}^{w_k} \circ \left(\gamma_{e_i}^{w_k}\right)^{-1}(s) + \psi_{\Phi_i}^{x_0} \circ \left(\gamma_{e_i}^{x_0}\right)^{-1}(s) + \ell_i s, \quad s \in \mathbb{R}_+$$

其中，常数 $\ell_i > 0$，k_{i1} 已在命题 7.2 中定义，每个 $\gamma_{(\cdot)}^{(\cdot)} \in \mathcal{K}_\infty$ 是连续可微的函数且其反函数也是局部利普希茨的。

选取 $V_i(e_i) = |e_i|$。考虑如下情况：

$$V_i(e_i) \geqslant \max_{k=1,2,\cdots,i-1} \left\{ \gamma_{e_i}^{e_k}(V_k(e_k)), \gamma_{e_i}^{e_{i+1}}(V_{i+1}(e_{i+1})), \gamma_{e_i}^{w_k}(w_{kT}), \frac{1}{b_i}w_{iT}, \gamma_{e_i}^{x_0}(|x_0|) \right\} \tag{C.40}$$

在满足性质(C.40)的情况下，有

$$|w_{kT}| \leqslant \left(\gamma_{e_i}^{w_k}\right)^{-1}(|e_i|), \quad k=1,2,\cdots,i \tag{C.41}$$

$$|e_k| \leqslant \left(\gamma_{e_i}^{e_k}\right)^{-1}(|e_i|), \quad k=1,2,\cdots,i-1,i+1 \tag{C.42}$$

$$|x_0| \leqslant \left(\gamma_{e_i}^{x_0}\right)^{-1}(|e_i|) \tag{C.43}$$

$$|w_{iT}| \leqslant b_i|e_i| \tag{C.44}$$

由 e_i^m 的定义(C.39)可知，当 $e_i \neq 0$ 时，利用条件 $0 < b_i < 1$ 和性质(C.44)能够证明

$$\operatorname{sgn}(e_i^m) = \operatorname{sgn}(e_i), \quad |e_i^m| \geqslant (1-b_i)|e_i| \tag{C.45}$$

那么利用性质(C.41)~性质(C.45)，可直接证明

$$\nabla V_i(e_i)\dot{e}_i \leqslant \left(\psi_{\Phi_i}^{e_i}(|e_i|) + \sum_{k=1,2,\cdots,i-1,i+1} \psi_{\Phi_i}^{e_k} \circ \left(\gamma_{e_i}^{e_k}\right)^{-1}(|e_i|) \sum_{k=1}^{i-1} \psi_{\Phi_i}^{w_k} \circ \left(\gamma_{e_i}^{w_k}\right)^{-1}(|e_i|) \right.$$

$$\left. + \psi_{\Phi_i}^{x_0} \circ \left(\gamma_{e_i}^{x_0}\right)^{-1}(|e_i|) - k_{i1}(1-b_i)\nu_i((1-b_i)|e_i|)|e_i| \right)$$

$$\leqslant -\ell_i|e_i| = -\ell_i V_i(e_i)$$

命题 7.4 证毕。

C.7   命题 7.5 的证明

如果多回路小增益条件(7.35)成立，那么利用文献 [252] 中的技术为受控系统构造如下一个输入到状态稳定李雅普诺夫函数：

$$V(e) = \max_{i=1,2,\cdots,n} \{\sigma_i(V_i(e_i))\} \tag{C.46}$$

其中，$\sigma_1 = \mathrm{Id}$，$\sigma_i = \gamma_{e_1}^{e_2} \circ \gamma_{e_2}^{e_3} \circ \cdots \circ \gamma_{e_{i-1}}^{e_i}$。因为函数 $\gamma_{e_k}^{e_{k+1}} \in \mathcal{K}_\infty$（$k = 1, 2, \cdots, n-2$）是局部利普希茨的函数，所以函数 σ_i 和 σ_i^{-1}（$i = 1, 2, \cdots, n-1$）也是局部利普希茨的函数。

利用 V 的定义(C.46)可直接证明

$$\underline{\alpha}(|e|) \leqslant V(e) \leqslant \overline{\alpha}(|e|) \tag{C.47}$$

其中，$\underline{\alpha}(s) = \min_{i=1,2,\cdots,n} \sigma_i(s/\sqrt{n-1})$，$\overline{\alpha}(s) = \max_{i=1,2,\cdots,n} \sigma_i(s)$。不难验证 $\underline{\alpha}, \overline{\alpha} \in \mathcal{K}_\infty$ 是局部利普希茨的函数。

利用基于李雅普诺夫的多回路非线性小增益定理[252]，可得

$$V(e) \geqslant \vartheta \Rightarrow \max_{f \in F} \nabla V(e) f \leqslant -\alpha(V(e)), \quad \text{a.e.} \tag{C.48}$$

其中，$F := [F_1, \cdots, F_{n-1}]^\mathrm{T}$，

$$\vartheta = \max_{i=1,2,\cdots,n} \left\{ \sigma_i \left(\max_{k=1,2,\cdots,i} \{\gamma_{e_i}^{w_k}(w_{kT})\} \right), \sigma_i \circ \gamma_{e_i}^{x_0}(\|x_0\|_{[t_0,T)}) \right\}$$

定义 $\mathcal{K}_\infty$ 类函数

$$\gamma_e^w(s) = \max_{i=1,2,\cdots,n} \left\{ \sigma_i \left(\max_{k=1,2,\cdots,i} \{\gamma_{e_i}^{w_k}(s)\} \right) \right\} \tag{C.49}$$

$$\gamma_e^{x_0}(s) = \max_{i=1,2,\cdots,n} \left\{ \sigma_i \circ \gamma_{e_i}^{x_0}(s) \right\} \tag{C.50}$$

其中，γ_e^w 是局部利普希茨的函数。那么存在 $\beta_e \in \mathcal{KL}$ 使得

$$V(e(t)) \leqslant \max \left\{ \beta_e(V(e(t_0)), t), \gamma_e^w(|w_T|), \gamma_e^{x_0}(\|x_0\|_{[t_0,T)}) \right\}$$

对所有 $t_0 \leqslant t < T_{\max}$ 都成立，其与性质(C.47)共同保证

$$|e(t)| \leqslant \max \left\{ \underline{\alpha}^{-1} \circ \beta_e \left(\overline{\alpha}(|e(t_0)|), t \right), \underline{\alpha}^{-1} \circ \gamma_e^w(|w_T|), \underline{\alpha}^{-1} \circ \gamma_e^{x_0}(\|x_0\|_{[t_0,T)}) \right\} \tag{C.51}$$

对所有 $t_0 \leqslant t < T_{\max}$ 都成立。

由 $e_1, e_2, \cdots, e_{n-1}$ 的定义可知，若 $w_{iT} \geqslant 0$ $(i = 1, 2, \cdots, n-1)$，则 $|e_i| \leqslant |z_i - \kappa_{i-1}(e_{i-1})| \leqslant |z_i| + |\kappa_{i-1}(e_{i-1})|$。因此，存在 $\alpha_e^z \in \mathcal{K}_\infty$ 使得

$$|e| \leqslant \alpha_e^z(|z|) \tag{C.52}$$

另外，存在 $\alpha_z^e, \alpha_z^w \in \mathcal{K}_\infty$ 使得

$$|z| \leqslant \max\{\alpha_z^e(|e|), \alpha_z^w(w_T)\} \tag{C.53}$$

将式(C.52)和式(C.53)代入式(C.51)，可得

$$|z(t)| \leqslant \max\{\beta_z(|z(t_0)|, t), \gamma_z^w(w_T), \gamma_z^{x_0}(\|x_0\|_{[t_0, T_{\max})})\}$$

其中，$\beta_z \in \mathcal{KL}$，$\gamma_z^w, \gamma_z^{x_0} \in \mathcal{K}$。命题 7.5 证毕。

C.8 命题 8.4 的证明

通过选取式(8.37)和式(8.42)~式(8.45)中的函数 $\chi_{(\cdot)}^{(\cdot)}$ 满足多回路小增益条件[252]，能够直接证明命题 8.4 中的性质（1）成立[254]。

事件触发采样器(8.47)保证 $|w_1| \leqslant \mu_1$。由式(8.48)中定义的 $\mu_1 = \varphi_1(\eta_1)$，可得 $|w_1| \leqslant \varphi_1(\eta_1)$。

定义 $\vartheta(t) = V(\varsigma(t))$、$\vartheta_0(t) = \tilde{V}_{x_0}(x_0(t))$、$\vartheta_1(t) = \tilde{V}_{\zeta_1}(\zeta_1(t))$、$\vartheta_2(t) = \tilde{V}_{\bar{\zeta}_2}(\bar{\zeta}_2(t))$、$\vartheta_{i+2}(t) = \tilde{V}_{e_i}(e_i)$、$\vartheta_{n+2}(t) = \eta_1(t)$。$\tilde{\chi}_{\zeta_1}^{\bar{\zeta}_2}, \tilde{\chi}_{\zeta_1}^{e_1}, \tilde{\chi}_{\zeta_1}^{x_0} < \mathrm{Id}$ 和 $\tilde{\chi}_{\zeta_1}^{w_1} \circ \varphi_1 < \mathrm{Id}$ 能够保证如果 $\vartheta_1(t_T) = \vartheta(t_T)$，那么存在 $[\zeta_1, \bar{\zeta}_2^{\mathrm{T}}, e_1, x_0, \eta_1]^{\mathrm{T}}$ 的一个领域 Θ 使得

$$\tilde{V}_{\zeta_1}(p_1) \geqslant \max\left\{\tilde{\chi}_{\zeta_1}^{\bar{\zeta}_2}(\tilde{V}_{\bar{\zeta}_2}(p_2)), \tilde{\chi}_{\zeta_1}^{e_1}(\tilde{V}_{e_1}(p_3)), \tilde{\chi}_{\zeta_1}^{w_1} \circ \varphi_1(q_1), \tilde{\chi}_{\zeta_1}^{x_0}(\tilde{V}_{x_0}(p_4))\right\}$$

并且 $\nabla \tilde{V}_{\zeta_1}(p_1)$ 对所有 $[p_1, p_2^{\mathrm{T}}, p_3, p_4, q_1]^{\mathrm{T}} \in \Theta$ 都存在。

利用 $[\zeta_1, \bar{\zeta}_2^{\mathrm{T}}, e_1, x_0, \eta_1]^{\mathrm{T}}$ 的连续性可以证明存在 $t_T' > t_T$ 使得

$$\tilde{V}_{\zeta_1}(\zeta_1(t)) \geqslant \max\left\{\tilde{\chi}_{\zeta_1}^{\bar{\zeta}_2}(\tilde{V}_{\bar{\zeta}_2}(\bar{\zeta}_2(t))), \tilde{\chi}_{\zeta_1}^{e_1}(\tilde{V}_{e_1}(e_1(t))), \tilde{\chi}_{\zeta_1}^{w_1} \circ \varphi_1(\eta_1(t)), \tilde{\chi}_{\zeta_1}^{x_0}(\tilde{V}_{x_0}(x_0(t)))\right\}$$

对所有 $t \in (t_T, t_T')$ 都成立，其能够保证 $\nabla \tilde{V}_{\zeta_1} \dot{\zeta}_1(t) \leqslant -\tilde{\ell}_{\zeta_1}(\tilde{V}_{\zeta_1}(\zeta_1(t)))$ 对所有 $t \in (t_T, t_T')$ 都成立。因此，若 $\vartheta_1(t_T) = \vartheta(t_T)$，则 $D^+\vartheta_1(t_T) \leqslant -\alpha(\vartheta_1(t_T))$。

由以上讨论可知，对于任意 $i \in \{0, 2, \cdots, n+1\}$，若 $\vartheta_i(t_T) = \vartheta(t_T)$，则 $D^+\vartheta_i(t_T) \leqslant -\alpha(\vartheta_i(t_T))$。利用 α 的定义(8.53)，能够证明 $D^+\vartheta_{n+2}(t) \leqslant -\alpha(\vartheta_{n+2}(t))$ 对所有 $t \geqslant 0$ 都成立。

定义 $I(t) = \{i = 0, 1, \cdots, n+2 : \vartheta_i(t) = \vartheta(t)\}$。利用文献 [368] 中的引理 2.9，可得

$$D^+\vartheta(t) = \max\{D^+\vartheta_i(t) : i \in I(t)\}$$

$$\leqslant \max\{-\alpha(\vartheta_i(t)) : i \in I(t)\} = -\alpha(\vartheta(t))$$

命题 8.4 证毕。

C.9   引理 9.1 的证明

为分析由式(9.21)和式(9.22)构成的受控二阶积分器对测量误差 d_p、d_q 和执行器扰动 d_u 的鲁棒性，定义如下两个集值映射：

$$S_p(\bar{d}_p) = \left\{ d_p : |d_p| \leqslant \bar{d}_p \right\} \tag{C.54}$$

$$S_q(p, \bar{d}_p, \bar{d}_q, \bar{d}_u) = \Big\{ c(\phi(p + d_p) - d_q + \hat{k}_\varphi d_u) : c \in [c_1, c_2],$$

$$|d_p| \leqslant \bar{d}_p, |d_q| \leqslant \bar{d}_q, |d_u| \leqslant \bar{d}_u \Big\} \tag{C.55}$$

其中，常数 c_1、c_2、$\hat{k}_\varphi$ 分别满足 $0.9 < c_1 < 1$、$c_2 = k_\varphi/(2k_\phi)$、$\hat{k}_\varphi = 1/k_\varphi$，$\bar{d}_p = \|d_p\|_\infty$，$\bar{d}_q = \|d_q\|_\infty$，$\bar{d}_u = \|d_u\|_\infty$。为方便讨论，定义新的状态变量

$$\tilde{p} = d\left(p, S_p(\bar{d}_p)\right) \tag{C.56}$$

$$\tilde{q} = d\left(q, S_q(p, \bar{d}_p, \bar{d}_q, \bar{d}_u)\right) \tag{C.57}$$

此处，对于任意 $s \in \mathbb{R}$ 和任意紧集 $\Omega \subset \mathbb{R}$，定义 $d(s, \Omega) = s - \underset{s' \in \Omega}{\arg\min}\{|s - s'|\}$。

接下来首先分析 p-子系统和 q-子系统的动态行为，然后证明受控二阶积分器系统是局部输入到状态稳定的。

1. p-子系统的动态行为

由集值映射 S_q 和新状态 $\tilde{q}$ 的定义，可直接证明存在 $c \in [c_1, c_2]$、$|d_p| \leqslant \bar{d}_p$、$|d_q| \leqslant \bar{d}_q$、$|d_u| \leqslant \bar{d}_u$ 使得

$$q = c(\phi(p + d_p) - d_q + \hat{k}_\varphi d_u) + \tilde{q} \tag{C.58}$$

当 $\tilde{p} \neq 0$ 时，利用式(9.21)、式(C.54)、式(C.56)可得

$$\dot{\tilde{p}} = \dot{p} = q \tag{C.59}$$

考虑如下情况：

$$(1-a)c_1 k_\phi |\tilde{p}| \geqslant c_2(|\tilde{q}| + |d_q| + \hat{k}_\varphi |d_u|) \tag{C.60}$$

$$c_2(|\tilde{q}| + |d_q| + \hat{k}_\varphi |d_u|) \leqslant a_0(1-a)c_1\overline{\phi} \tag{C.61}$$

其中，常数 a 满足 $0 < a < 1$ 和 $0.8 < (1-a)c_1 < 1$，常数 a_0 满足 $0 < a_0 < 1$。上述情况可直接保证

$$(1-a)c_1|\phi(\tilde{p})| \geqslant c_2(|\tilde{q}| + |d_q| + \hat{k}_\varphi |d_u|) \tag{C.62}$$

在这种情况下，当 $\tilde{p} \neq 0$ 时，对于任意的 $c \in [c_1, c_2]$、$|d_p| \leqslant \bar{d}_p$、$|d_q| \leqslant \bar{d}_q$、$|d_u| \leqslant \bar{d}_u$，有

$$|c(\phi(p+d_p) - d_q + \hat{k}_\varphi d_u) + \tilde{q}| \geqslant c_1 |\phi(\tilde{p})| - c_2(|\tilde{q}| + |d_q| + \hat{k}_\varphi |d_u|)$$

$$\geqslant ac_1|\phi(\tilde{p})| \tag{C.63}$$

$$\text{sgn}(c(\phi(p+d_p) - d_q + \hat{k}_\varphi d_u) + \tilde{q}) = -\text{sgn}(\tilde{p}) \tag{C.64}$$

利用条件(C.58)、条件(C.59)、条件(C.63)、条件(C.64)可以证明，如果式(C.60)和式(C.61)成立且 $\tilde{p} \neq 0$，那么

$$\text{sgn}(\tilde{p})\dot{\tilde{p}} \leqslant -ac_1|\phi(\tilde{p})| \tag{C.65}$$

定义

$$k_{\tilde{p}} = \frac{c_2}{(1-a)c_1 k_\phi} \tag{C.66}$$

利用与文献 [229] 中引理 2.14 类似的讨论可知，存在一类 $\mathcal{KL}$ 函数 β_{S_p} 使得如果 $c_2(|\tilde{q}(t)| + \bar{d}_q + \hat{k}_\varphi \bar{d}_u) \leqslant a_0(1-a)c_1\overline{\phi}$ 对所有 $t \geqslant 0$ 都成立，那么

$$|\tilde{p}(t)| \leqslant \beta_{S_p}(|\tilde{p}(0)|, t) + k_{\tilde{p}}(\|\tilde{q}\|_{[0,\infty)} + \bar{d}_q + \hat{k}_\varphi \bar{d}_u) \tag{C.67}$$

对所有 $t \geqslant 0$ 都成立。此处，可选取如下形式的 β_{S_p}：

$$\beta_{S_p}(s, r) = se^{-ac_1 k_\phi r} + \beta'(s, r), \quad s, r \in \mathbb{R}_+ \tag{C.68}$$

其中

$$\beta'(s, r) = \begin{cases} 0, & s = 0 \\ m^{[i]}s - ac_1\overline{\phi}m^{[i]}(r - r_i), r \in [r_i, r_{i+1}), & s \neq 0 \end{cases}$$

其中，$s, r \in \mathbb{R}_+$，$i \in \mathbb{N}$，$0 < m < 1$，$r_{i+1} - r_i = s(1-m)/(ac_1\overline{\phi})$ 和 $r_0 = 0$。

2. q-子系统的动态行为

仅考虑 $\tilde{q} > 0$ 的情况。$\tilde{q} < 0$ 的证明与 $\tilde{q} > 0$ 时一致。利用函数 ϕ 的单调性，可得

$$\max S_q(p, \bar{d}_p, \bar{d}_q, \bar{d}_u) = \begin{cases} c_1(\phi(p - \bar{d}_p) + \bar{d}_q + \hat{k}_\varphi \bar{d}_u), & p \geqslant p^* \\ c_2(\phi(p - \bar{d}_p) + \bar{d}_q + \hat{k}_\varphi \bar{d}_u), & p < p^* \end{cases} \tag{C.69}$$

其中，p^* 满足 $\phi(p^* - \bar{d}_p) + \bar{d}_q + \hat{k}_\varphi \bar{d}_u = 0$。

为分析 q-子系统的动态行为，考虑如下两种情况：$|q(0)| > \overline{\phi} + 3k_\phi \overline{\phi}/(4k_\varphi)$ 和 $|q(0)| \leqslant \overline{\phi} + 3k_\phi \overline{\phi}/(4k_\varphi)$。

情况 (a): $|q(0)| > \overline{\phi} + 3k_\phi \overline{\phi}/(4k_\varphi)$。在 $\tilde{q} > 0$ 情况下，性质(C.69)能够保证 $q(0) > \overline{\phi} + 3k_\phi \overline{\phi}/(4k_\varphi)$，从而可得

$$q - (\phi(p + d_p) - d_q) \geqslant \frac{k_\phi \overline{\phi}}{2k_\varphi} \tag{C.70}$$

对所有 $q \in [\overline{\phi} + 3k_\phi \overline{\phi}/(4k_\varphi), q(0)]$ 都成立。利用 φ 的定义(9.27)和对 d_u 的限制(9.29)，性质(C.70)能够保证

$$\dot{q} = \varphi(q - (\phi(p + d_p) - d_q)) + d_u \leqslant -0.25 k_\phi \overline{\phi} \tag{C.71}$$

对所有 $q \in [\overline{\phi} + 3k_\phi \overline{\phi}/(4k_\varphi), q(0)]$ 都成立。那么，在 $q(0) > \overline{\phi} + 3k_\phi \overline{\phi}/(4k_\varphi)$ 的情况下，存在一个满足 $0 \leqslant T_q \leqslant (4q(0) - 4\overline{\phi} - 3k_\phi \overline{\phi}/k_\varphi)/(k_\phi \overline{\phi})$ 的有限时间 T_q 使得 $q(T_q) = \overline{\phi} + 3k_\phi \overline{\phi}/(4k_\varphi)$。因此，能够证明存在 $\beta_q \in \mathcal{KL}$ 使得

$$|q(t)| \leqslant \beta_q(|q(0)|, t) \tag{C.72}$$

对所有 $0 \leqslant t \leqslant T_q$ 都成立。此处，可选取如下形式的 $\beta_q \in \mathcal{KL}$：

$$\beta_q(s, r) = \begin{cases} 0, & s = 0 \\ m^{[i]}s - 0.2k_\phi \overline{\phi} m^{[i]}(r - r_i), r \in [r_i, r_{i+1}), & s \neq 0 \end{cases}$$

其中，$s, r \in \mathbb{R}_+$，$i \in \mathbb{N}$，$0 < m < 1$，$r_{i+1} - r_i = 5s(1 - m)/(k_\phi \overline{\phi})$ 且 $r_0 = 0$。

情况 (b): $|q(0)| \leqslant \overline{\phi} + 3k_\phi \overline{\phi}/(4k_\varphi)$。利用与性质(C.71)一样的证明思路，当 $q \leqslant -\overline{\phi} - 3k_\phi \overline{\phi}/(4k_\varphi)$ 时，可得

$$\dot{q} \geqslant 0.25 k_\phi \overline{\phi} \tag{C.73}$$

性质(C.71)和性质(C.73)共同保证 $\{q \in [-\bar{\phi} - 3k_\phi\bar{\phi}/(4k_\varphi), \bar{\phi} + 3k_\phi\bar{\phi}/(4k_\varphi)]\}$ 是一个不变集。因此,

$$|q - (\phi(p + d_p) - d_q)| \leqslant 2\bar{\phi} + \frac{k_\phi\bar{\phi}}{k_\varphi} \leqslant 2.5\bar{\phi} \tag{C.74}$$

因为 ϕ 几乎处处可微,所以 $S_q(p, \bar{d}_p, \bar{d}_q, \bar{d}_u)$ 的边界几乎处处可微。直接计算可得

$$\partial \max S_q(p, \bar{d}_p, \bar{d}_q, \bar{d}_u) = \begin{cases} \{0\}, & p \in \mathbb{R} \backslash [p_1, p_2] \\ [-c_j k_\phi, 0], & p = p_j \\ \{-c_j k_\phi\}, & p \in (p_j, p^*) \\ [-c_2 k_\phi, -c_1 k_\phi], & p = p^* \end{cases} \tag{C.75}$$

其中, $j = 1, 2$, $p_1 = \bar{d}_p + \bar{\phi}/k_\phi$, $p_2 = \bar{d}_p - \bar{\phi}/k_\phi$。此处 ∂ 表示广义梯度:对于一个局部利普希茨的函数 $f : \mathbb{R}^n \to \mathbb{R}$,函数 f 在 $x \in \mathbb{R}^n$ 处的广义梯度是 $\partial f(x) = \mathrm{co}\{\lim_{i \to \infty} \nabla f(x_i) : x_i \to x, x_i \notin \Omega_f\}$,其中, co 表示凸包, Ω_f 是不可微点构成的集合, $\{x_i \in \mathbb{R}^n\}$ 是一个收敛到 x 的序列且不属于 Ω_f。详细定义见文献 [369] 的第二章、文献 [370] 第 6.4 节及文献 [371] 第二章。

当 $\tilde{q} > 0$ 时,利用文献 [369] 中推论 1 和链式法则定理 I,由性质(C.57)、性质(C.69)、性质(C.75),可得

$$\partial \tilde{q} = \{\dot{q} - c^* \dot{p} : c^* \in \partial \max S_q(p, \bar{d}_p, \bar{d}_q, \bar{d}_u)\}$$

$$= \{\varphi(q + d_q - \phi(p + d_p)) + d_u - c^* q : c^* \in \partial \max S_q(p, \bar{d}_p, \bar{d}_q, \bar{d}_u)\} \tag{C.76}$$

利用性质(9.27)、性质(C.74)、性质(C.76),可直接证明

$$\max \partial \tilde{q} = \max\{\varphi(q + d_q - \phi(p + d_p)) + d_u - c^* q :$$

$$c^* \in \partial \max S_q(p, \bar{d}_p, \bar{d}_q, \bar{d}_u)\}$$

$$\leqslant \varphi(q + d_q - \phi(p + d_p)) + d_u + \frac{(1 + \mathrm{sgn}(q))c_2 k_\phi q}{2}$$

$$\leqslant -\tilde{k}_\varphi \Big(q - \frac{k_\varphi}{\tilde{k}_\varphi}(\phi(p + d_p)) - d_q + \hat{k}_\varphi d_u\Big) \tag{C.77}$$

其中, $\tilde{k}_\varphi = k_\varphi - (1 + \mathrm{sgn}(q))c_2 k_\phi/2$。

同理,当 $\tilde{q} < 0$ 时,也能够证明

$$\max \partial \tilde{q} = \max\{\varphi(q + d_q - \phi(p + d_p)) + d_u - c^* q :$$

$$c^* \in \partial \min S_q(p, \bar{d}_p, \bar{d}_q, \bar{d}_u)\}$$

$$\leqslant -\tilde{k}_\varphi \Big(q - \frac{k_\varphi}{\tilde{k}_\varphi}(\phi(p + d_p)) - d_q + \hat{k}_\varphi d_u\Big) \tag{C.78}$$

k_φ 和 k_ϕ 的定义说明 $0 < 4k_\phi \leqslant k_\varphi$。也就是说，$(4k_\phi k_\varphi - k_\varphi^2)/(4k_\phi) \leqslant 0$。那么可得 $k_\phi(k_\varphi/(2k_\phi))^2 - k_\varphi^2/(2k_\phi) + k_\varphi \leqslant 0$；即 $k_\varphi/(k_\varphi - k_\phi k_\varphi/(2k_\phi)) \leqslant k_\varphi/(2k_\phi)$。对于任意 $c \in [c_1, c_2]$，不难验证 $c_1 < k_\varphi/\tilde{k}_\varphi \leqslant c_2$。那么可得

$$\Big|q - \frac{k_\varphi}{\tilde{k}_\varphi}(\phi(p + d_p) - d_q + \hat{k}_\varphi d_u)\Big| \geqslant |\tilde{q}| \tag{C.79}$$

$$\mathrm{sgn}\Big(q - \frac{k_\varphi}{\tilde{k}_\varphi}(\phi(p + d_p) - d_q + \hat{k}_\varphi d_u)\Big) = \mathrm{sgn}(\tilde{q}) \tag{C.80}$$

利用性质(C.77)和性质(C.78)能够证明，如果 $\tilde{q} \neq 0$，那么

$$\max_{\tilde{q}^* \in \partial \tilde{q}} \mathrm{sgn}(\tilde{q})\tilde{q}^* \leqslant -\bar{k}_\varphi|\tilde{q}| \tag{C.81}$$

其中，$0 < \bar{k}_\varphi \leqslant k_\varphi/2$。

当 $q(0) \in [-\bar{\phi} - 3k_\phi\bar{\phi}/(4k_\varphi), \bar{\phi} + 3k_\phi\bar{\phi}/(4k_\varphi)]$ 时，利用性质(C.81)，可直接证明

$$|\tilde{q}(t)| \leqslant \mathrm{e}^{-\bar{k}_\varphi t}|\tilde{q}(0)| \tag{C.82}$$

对所有 $t \geqslant 0$ 都成立。

3. 受控系统局部输入到状态稳定性

考虑如下两种情况：(a) $|q(0)| > \bar{\phi} + 3k_\phi\bar{\phi}/(4k_\varphi)$；(b) $|q(0)| \leqslant \bar{\phi} + 3k_\phi\bar{\phi}/(4k_\varphi)$。

情况（a）：$|q(0)| > \bar{\phi} + 3k_\phi\bar{\phi}/(4k_\varphi)$。当 $0 \leqslant t \leqslant T_q$ 时，利用式(9.21)可直接证明

$$|p(t)| \leqslant |p(0)| + \int_0^t |q(\tau)|\mathrm{d}\tau \leqslant |p(0)| + \frac{4q^2(0)}{k_\phi\bar{\phi}} \tag{C.83}$$

其中，T_q 在式(C.72)中定义。定义一个 $\mathcal{KL}$ 类函数 β_p^k：

$$\beta_p^k(s, r) = \begin{cases} 0, & s = 0 \\ a_2^{[i]}a_1 s^{[k]} - a_2^{[i]}\dfrac{a_1 s^{[k]} - a_2 a_1 s^{[k]}}{T_1}(r - r_i), r \in [r_i, r_{i+1}), & s \neq 0 \end{cases}$$

其中，$s, r \in \mathbb{R}_+$，$i \in \mathbb{N}$，$a_1 > 2$，$0.5 < a_2 < 1$，$T_1 = 4(s+1)/(k_\phi\bar{\phi})$，$r_{i+1} - r_i = 4(s+1)/(k_\phi\bar{\phi})$，$r_0 = 0$。不难验证

$$\beta_p^1(|p(0)|, T_q) \geqslant |p(0)|, \quad \beta_p^2(|q(0)|, T_q) \geqslant |q^2(0)| \tag{C.84}$$

利用性质(C.83)和性质(C.84)，可得

$$|p(t)| \leqslant \beta_p(|Z(0)|, t), \quad 0 \leqslant t \leqslant T_q \tag{C.85}$$

其中，对于 $s, r \in \mathbb{R}_+$，有 $\beta_p(s, r) = \beta_p^1(s, r) + (4\beta_p^2(s, r))/(k_\phi \bar{\phi})$。显然，$\beta_p \in \mathcal{KL}$。

利用性质(C.72)和性质(C.85)，能够证明当 $|q(0)| > \bar{\phi} + 3k_\phi \bar{\phi}/(4k_\varphi)$ 时，可得

$$|Z(t)| \leqslant \beta_Z^1(|Z(0)|, t) \tag{C.86}$$

对所有 $0 \leqslant t \leqslant T_q$ 都成立，其中，对于 $s, r \in \mathbb{R}_+$，有 $\beta_Z^1(s, r) = \beta_q(s, r) + \beta_p(s, r)$。不难验证 $\beta_Z^1 \in \mathcal{KL}$。

情况(b)：$|q(0)| \leqslant \bar{\phi} + 3k_\phi \bar{\phi}/(4k_\varphi)$。首先考虑 $|\tilde{q}| \geqslant 0.5(1-a)c_1 \bar{\phi}/c_2 - \bar{d}_q - \hat{k}_\varphi \bar{d}_u$。$T_{\tilde{q}} = \max\{0, T_{\tilde{q}0}\}$ 是 $|\tilde{q}|$ 收敛到区域 $|\tilde{q}| \leqslant 0.5(1-a)c_1 \bar{\phi}/c_2 - \bar{d}_q - \hat{k}_\varphi \bar{d}_u$ 的时间，其中，$T_{\tilde{q}0} = (\ln(|\tilde{q}(0)|) - \ln(0.5(1-a)c_1 \bar{\phi}/c_2 - \bar{d}_q - \hat{k}_\varphi \bar{d}_u))/\bar{k}_\varphi$。

条件 $|\tilde{q}| \geqslant 0.5(1-a)c_1 \bar{\phi}/c_2 - \bar{d}_q - \hat{k}_\varphi \bar{d}_u$、$0 < \bar{d}_q \leqslant k_\phi \bar{\phi}/(4k_\varphi)$、$0 < \bar{d}_u \leqslant k_\phi \bar{\phi}/4$ 共同保证

$$\bar{\phi} \leqslant \frac{k_\varphi c_2}{0.5(1-a)c_1 k_\varphi - 0.5k_\phi c_2}|\tilde{q}|$$

$$:= b|\tilde{q}| \tag{C.87}$$

其中，$b = 2k_\varphi c_2/((1-a)c_1 k_\varphi - k_\phi c_2) > 0$。那么可得

$$|\dot{p}| \leqslant \frac{c_2 b(k_\varphi + k_\phi) + k_\varphi}{k_\varphi}|\tilde{q}|$$

$$:= c_0|\tilde{q}| \tag{C.88}$$

利用性质(C.82)和性质(C.88)可得

$$|\tilde{p}(t)| \leqslant |\tilde{p}(0)| + \int_0^t c_0|\tilde{q}(\tau)|\mathrm{d}\tau$$

$$\leqslant |\tilde{p}(0)| + \frac{c_0}{\bar{k}_\varphi}|\tilde{q}(0)| \tag{C.89}$$

对所有 $0 \leqslant t \leqslant T_{\tilde{q}}$ 都成立。

定义 β_0 是如下一个 $\mathcal{KL}$ 类函数：

$$\beta_0(s, r) = \frac{5(2c_0 + \bar{k}_\varphi)k_\varphi e^{-\bar{k}_\varphi r}s^2}{3k_\phi \bar{\phi}\bar{k}_\varphi}, \quad s, r \in \mathbb{R}_+ \tag{C.90}$$

其能够保证

$$\beta_0\left(\left|[\tilde{p}(0),\tilde{q}(0)]^{\mathrm{T}}\right|,T_{\tilde{q}}\right) \geqslant \frac{2c_0+\bar{k}_\varphi}{2\bar{k}_\varphi|\tilde{q}(0)|}\left(\tilde{p}^2(0)+\tilde{q}^2(0)\right)$$

$$\geqslant |\tilde{p}(0)|+\frac{c_0}{\bar{k}_\varphi}|\tilde{q}(0)| \tag{C.91}$$

由性质(C.89)和性质(C.91)可知，如果 $|\tilde{q}| \geqslant 0.5(1-a)c_1\bar{\phi}/c_2-\bar{d}_q-\hat{k}_\varphi\bar{d}_u$，那么

$$|\tilde{p}(t)| \leqslant \beta_0\left(\left|[\tilde{p}(0),\tilde{q}(0)]^{\mathrm{T}}\right|,T_{\tilde{q}}\right)$$

$$\leqslant \beta_0\left(\left|[\tilde{p}(0),\tilde{q}(0)]^{\mathrm{T}}\right|,t\right) \tag{C.92}$$

对所有 $0\leqslant t\leqslant T_{\tilde{q}}$ 都成立。

下面考虑 $|\tilde{q}(t)| \leqslant 0.5(1-a)c_1\bar{\phi}/c_2-\bar{d}_q-\hat{k}_\varphi\bar{d}_u$，其对应于 $t\geqslant T_{\tilde{q}}$。

利用文献 [240] 中小增益分析时取 $t_0=t/2$ 这一技术，结合性质(C.67)和性质(C.82)，总能够找到一个 $\mathcal{KL}$ 类函数 β_1 使得

$$|\tilde{p}(t)| \leqslant \beta_1\left(\left|[\tilde{p}(T_{\tilde{q}}),\tilde{q}(T_{\tilde{q}})]^{\mathrm{T}}\right|,t-T_{\tilde{q}}\right)+k_g(k_{\tilde{p}}\bar{d}_q+k_{\tilde{p}}\hat{k}_\varphi\bar{d}_u) \tag{C.93}$$

对所有 $t\geqslant T_{\tilde{q}}$ 都成立，其中，$k_g>1$。对于 $s,r\in\mathbb{R}_+$，选取

$$\beta_1(s,r)=2k_g'\beta_{S_p}\left(\max\left\{s,2k_g'k_{\tilde{p}}s\right\},\frac{r}{2}\right)+2k_g'(1+k_g)k_{\tilde{p}}se^{-\frac{\bar{k}_\varphi r}{4}} \tag{C.94}$$

其中，$k_g'=1+1/(k_g-1)$。见文献 [228] 中引理 4.7，定义

$$\beta_{\tilde{p}}(s,r)=\max\{\beta_0(s,t),\beta_1(s,r)\}\quad s,r\in\mathbb{R}_+ \tag{C.95}$$

不难验证 $\beta_{\tilde{p}}\in\mathcal{KL}$。对于任意初始状态 $p(0)\in\mathbb{R}$ 和 $q(0)\in[-\bar{\phi}-3k_\phi\bar{\phi}/(4k_\varphi),\bar{\phi}+3k_\phi\bar{\phi}/(4k_\varphi)]$，有

$$|\tilde{p}(t)| \leqslant \beta_{\tilde{p}}\left(\left|[\tilde{p}(0),\tilde{q}(0)]^{\mathrm{T}}\right|,t\right)+k_g(k_{\tilde{p}}\bar{d}_q+k_{\tilde{p}}\hat{k}_\varphi\bar{d}_u) \tag{C.96}$$

对所有 $t\geqslant 0$ 都成立。

利用性质(C.82)和性质(C.96)，可得

$$|\tilde{p}(t)|+|\tilde{q}(t)| \leqslant \beta_{\tilde{q}}\left(|\tilde{q}(0)|,t\right)+\beta_{\tilde{p}}\left(\left|[\tilde{p}(0),\tilde{q}(0)]^{\mathrm{T}}\right|,t\right)$$

$$+k_g(k_{\tilde{p}}\bar{d}_q+k_{\tilde{p}}\hat{k}_\varphi\bar{d}_u)$$

$$:= \tilde{\beta}\left(\left|[\tilde{p}(0),\tilde{q}(0)]^{\mathrm{T}}\right|,t\right)+k_g(k_{\tilde{p}}\bar{d}_q+k_{\tilde{p}}\hat{k}_\varphi\bar{d}_u) \tag{C.97}$$

对所有 $t \geqslant 0$ 都成立。

利用 $\tilde{p}$ 的定义(C.56),可直接证明

$$|\tilde{p}(t)| \leqslant |p(t)| \leqslant |\tilde{p}(t)| + \bar{d}_p \tag{C.98}$$

对所有 $t \geqslant 0$ 都成立。同理,利用 $\tilde{q}$ 的定义(C.57),也可直接证明

$$|\tilde{q}(t)| \leqslant |q(t) - \phi(p(t))| \leqslant |q(t)| + k_\phi |p(t)| \tag{C.99}$$

对所有 $t \geqslant 0$ 都成立。因此,条件(C.98)和条件(C.99)共同保证

$$\left| [\tilde{p}(0), \tilde{q}(0)]^{\mathrm{T}} \right| \leqslant \sqrt{2}(1 + k_\phi) \left| [p(0), q(0)]^{\mathrm{T}} \right| \tag{C.100}$$

利用 $\tilde{q}$ 的定义和性质(C.98),可得

$$|q(t)| \leqslant |\tilde{q}(t)| + \max_{q^* \in S_q(p, \bar{d}_p, \bar{d}_q, \bar{d}_u)} |q^*|$$
$$\leqslant |\tilde{q}(t)| + c_2 \left(|\phi(|p(t)| + \bar{d}_p)| + \bar{d}_q + \hat{k}_\varphi \bar{d}_u \right)$$
$$\leqslant |\tilde{q}(t)| + c_2 k_\phi |\tilde{p}(t)| + 2 c_2 k_\phi \bar{d}_p + c_2 \bar{d}_q + c_2 \hat{k}_\varphi \bar{d}_u \tag{C.101}$$

对所有 $t \geqslant 0$ 都成立。

选取在式(C.93)中定义的 k_g 满足 $k_g = 1.1$。对于任意的初始状态 $p(0) \in \mathbb{R}$ 和 $q(0) \in [-\overline{\phi} - 3k_\phi \overline{\phi}/(4k_\varphi), \overline{\phi} + 3k_\phi \overline{\phi}/(4k_\varphi)]$,利用性质(C.96)~性质(C.101),可直接证明

$$|Z(t)| \leqslant \max \left\{ \beta_Z^2 \left(|Z(0)|, t \right), k_d^p \bar{d}_p, k_d^q \bar{d}_q, k_d^u \bar{d}_u \right\} \tag{C.102}$$

对所有 $t \geqslant 0$ 都成立,其中,$\beta_Z^2(s, r) = 11(1 + c_2 k_\phi)\tilde{\beta}(\sqrt{2}(1 + k_\phi)s, r)$,

$$k_d^p = 2.7(1 + k_\varphi) \tag{C.103}$$

$$k_d^q = \frac{2.1 k_\varphi (k_\varphi + 2k_\phi + 2)}{k_\phi^2} \tag{C.104}$$

$$k_d^u = \frac{0.85(2(1 + k_\phi) + k_\varphi)}{k_\phi^2} \tag{C.105}$$

不难验证 $\beta_Z^2 \in \mathcal{KL}$。那么利用性质(C.86)和性质(C.102),可直接证明对于任意初始状态 $Z(0) \in \mathbb{R}^2$,有

$$|Z(t)| \leqslant \max \left\{ \beta \left(|Z(0)|, t \right), k_d^p \|d_p\|_\infty, k_d^q \|d_q\|_\infty, k_d^u \|d_u\|_\infty \right\} \tag{C.106}$$

对所有 $t \geqslant 0$ 都成立,其中,$\beta(s, r) = \max \left\{ \beta_Z^1(s, r), \beta_Z^2(s, r) \right\}$ 是 $\mathcal{KL}$ 类函数。

参 考 文 献

[1] Jury E I. Sampled-Data Control Systems[M]. New York: John Wiley & Sons, 1958.

[2] Åström K J, Wittenmark B. Computer-Controlled Systems: Theory and Design[M]. Englewood Cliffs, NJ: Prentice-Hall, 1996.

[3] Xue F, Guo L. On limitations of the sampled-data feedback for nonparametric dynamical systems[J]. Journal of Systems Science and Complexity, 2002, 15(3):225-250.

[4] Ren J L, Cheng Z B, Guo L. Further results on limitations of sampled-data feedback[J]. Journal of Systems Science and Complexity, 2014, 27:817-835.

[5] Grüne L, Hirche S, Junge O, et al. Event-based control[M]//Lunze J. Control Theory of Digitally Networked Dynamic Systems. Cham: Springer, 2014: 169-261.

[6] Nešić D, Teel A R. Input output stability properties of networked control systems[J]. IEEE Transactions on Automatic Control, 2004, 49(10):1650-1667.

[7] Tabuada P. Event-triggered real-time scheduling of stabilizing control tasks[J]. IEEE Transactions on Automatic Control, 2007, 52(9):1680-1685.

[8] Nešić D, Teel A R. Sampled-data control of nonlinear systems: An overview of recent results[M]//Moheimani S O R. Perspectives on Robust Control. London: Springer, 2001: 221-239.

[9] Laila D S, Nešić D, Astolfi A. Sampled-data control of nonlinear systems[M]//Loria A, Lamnabhi-Lagarrigue F, Panteley E. Advanced Topics in Control Systems Theory II. London: Springer, 2006: 91-138.

[10] Nešić D, Postoyan R. Nonlinear sampled-data systems[M]//Bailleul J, Samad T. Encyclopedia of Systems and Control. London: Springer, 2014: 1-7.

[11] Liu T F, Jiang Z P. A small-gain approach to robust event-triggered control of nonlinear systems[J]. IEEE Transactions on Automatic Control, 2015, 60(8):2072-2085.

[12] Lemmon M. Event-triggered feedback in control, estimation, and optimization[M]// Bemporad A, Heemels M, Johansson M. Networked Control Systems. London: Springer, 2010: 293-358.

[13] Heemels W P M H, Johansson K H, Tabuada P. An introduction to event-triggered and self-triggered control[C]. Proceedings of the 51st IEEE Conference on Decision and Control. Maui, 2012: 3270-3285.

[14] Heemels W P M H, Sandee J H, van den Bosch P P J. Analysis of event-driven controllers for linear systems[J]. International Journal of Control, 2008, 81(4):571-590.

[15] Wang X F, Lemmon M D. Event-triggering in distributed networked control systems[J]. IEEE Transactions on Automatic Control, 2011, 56(3):586-601.

[16]   Yu H, Antsaklis P J. Event-triggered output feedback control for networked control systems using passivity: Achieving $\mathcal{L}_2$ stability in the presence of communication delays and signal quantization[J]. Automatica, 2013, 49(1):30-38.

[17]   Theodosis D, Dimarogonas D V. Event-triggered control of nonlinear systems with updating threshold[J]. IEEE Control Systems Letters, 2019, 3(3):655-660.

[18]   Liu J X, Wu L G, Wu C W, et al. Event-triggering dissipative control of switched stochastic systems via sliding mode[J]. Automatica, 2019, 103:261-273.

[19]   Su X J, Xia F Q, Liu J X, et al. Event-triggered fuzzy control of nonlinear systems with its application to inverted pendulum systems[J]. Automatica, 2018, 94:1-13.

[20]   Chen Z Y, Han Q L, Yan L M, et al. How often should one update control and estimation: Review of networked triggering techniques[J]. Science China Information Sciences, 2020, 63:1-18.

[21]   Zhang W. Stability analysis of networked control systems[D]. Cleveland, Ohio: Case Western Reserve University, 2001.

[22]   Borgers D P, Heemels W P M H. Event-separation properties of event-triggered control systems[J]. IEEE Transactions on Automatic Control, 2014, 59(10):2644-2656.

[23]   Adaldo A, Alderisio F, Liuzza D, et al. Event-triggered pinning control of switching networks[J]. IEEE Transactions on Control of Network Systems, 2015, 2(2):204-213.

[24]   Liu T F, Jiang Z P. Event-based control of nonlinear systems with partial state and output feedback[J]. Automatica, 2015, 53:10-22.

[25]   Xie Y J, Lin Z L. Event-triggered global stabilization of general linear systems with bounded controls[J]. Automatica, 2019, 107:241-254.

[26]   Zhao Q T, Sun J, Bai Y Q. Dynamic event-triggered control for nonlinear systems: A small-gain approach[J]. Journal of Systems Science and Complexity, 2020, 33:930-943.

[27]   Kofman E, Braslavsky J H. Level crossing sampling in feedback stabilization under datarate constraints[C]. Proceedings of the 45th IEEE Conference on Decision and Control. San Diego, CA: IEEE, 2006: 4423-4428.

[28]   Liu W, Huang J. Event-triggered global robust output regulation for a class of non-linear system[J]. IEEE Transactions on Automatic Control, 2017, 62(11):5923-5930.

[29]   Xing L T, Wen C Y, Liu Z T, et al. Event-triggered output feedback control for a class of uncertain nonlinear systems[J]. IEEE Transactions on Automatic Control, 2019, 64(1):290-297.

[30]   Gawthrop P J, Wang L P. Event-driven intermittent control[J]. International Journal of Control, 2009, 82(12):2235-2248.

[31]   Xing L T, Wen C Y, Liu Z T, et al. Event-triggered adaptive control for a class of uncertain nonlinear systems[J]. IEEE Transactions on Automatic Control, 2017, 62(4):2071-2076.

[32]   Liu W, Huang J. Global robust practical output regulation for nonlinear systems in output feedback form by output-based event-triggered control[J]. International

Journal of Robust and Nonlinear Control, 2019, 29(6):2007-2025.

[33] Liu W, Huang J. Event-triggered cooperative robust practical output regulation for a class of linear multi-agent systems[J]. Automatica, 2017, 85:158-164.

[34] Huang Y X, Liu Y G. Switching event-triggered control for a class of uncertain nonlinear systems[J]. Automatica, 2019, 108:1-12.

[35] Su Y F, Xu L, Wang X H, et al. Event-based cooperative global practical output regulation of multi-agent systems with nonlinear leader[J]. Automatica, 2019, 107: 600-604.

[36] Wang W, Wen C Y, Huang J S, et al. Adaptive consensus of uncertain nonlinear systems with event triggered communication and intermittent actuator faults[J]. Automatica, 2020, 111:1-11.

[37] Zhu Q X. Stabilization of stochastic nonlinear delay systems with exogenous disturbances and the event-triggered feedback control[J]. IEEE Transactions on Automatic Control, 2019, 64(9):3764-3771.

[38] Ding D R, Wang Z D, Han Q L. A set-membership approach to event-triggered filtering for general nonlinear systems over sensor networks[J]. IEEE Transactions on Automatic Control, 2020, 65(4):1792-1799.

[39] Guo J, Diao J D. Prediction-based event-triggered identification of quantized input FIR systems with quantized output observations[J]. Science China Information Sciences, 2020, 63:1-12.

[40] Wang G M, Bi J, Jia Q S, et al. Event-driven model predictive control with deep learning for wastewater treatment process[J]. IEEE Transactions on Industrial Informatics, 2023, 19(5): 6398-6407.

[41] Postoyan R, Tabuada P, Nešić D, et al. A framework for the event-triggered stabilization of nonlinear systems[J]. IEEE Transactions on Automatic Control, 2015, 60(4): 982-996.

[42] Abdelrahim M, Postoyan R, Daafouz J, et al. Robust event-triggered output feedback controllers for nonlinear systems[J]. Automatica, 2017, 75:96-108.

[43] Postoyan R, Anta A, Heemels W P M H, et al. Periodic event-triggered control for nonlinear systems[C]. Proceedings of the 52nd IEEE Conference on Decision and Control. Florence, Italy: IEEE, 2013: 7397-7402.

[44] Heemels W P M H, Donkers M C F, Teel A R. Periodic event-triggered control for linear systems[J]. IEEE Transactions on Automatic Control, 2013, 58(4):847-861.

[45] Tallapragada P, Chopra N. Decentralized event-triggering for control of nonlinear systems[J]. IEEE Transactions on Automatic Control, 2014, 59(12):3312-3324.

[46] Selivanov A, Fridman E. Event-triggered $\mathcal{H}_\infty$ control: A switching approach[J]. IEEE Transactions on Automatic Control, 2016, 61(10):3221-3226.

[47] Heemels W P M H, Donkers M C F. Model-based periodic event-triggered control for linear systems[J]. Automatica, 2013, 49(3):698-711.

[48] Abdelrahim M, Postoyan R, Daafouz J, et al. Stabilization of nonlinear systems using event-triggered output feedback laws[J]. IEEE Transactions on Automatic Control,

2016, 61(9):2682-2687.

[49]   Postoyan R. Quadratic dissipation inequalities for nonlinear systems using event-triggered controllers[C]. Proceedings of the 54th IEEE Conference on Decision and Control. Osaka, Japan: IEEE, 2015: 914-919.

[50]   Borgers D P, Postoyan R, Anta A, et al. Periodic event-triggered control of nonlinear systems using overapproximation techniques[J]. Automatica, 2018, 94:81-87.

[51]   Fu A Q, Mazo M, Jr. Decentralized periodic event-triggered control with quantization and asynchronous communication[J]. Automatica, 2018, 94:294-299.

[52]   Hu W F, Liu L, Feng G. Cooperative output regulation of linear multi-agent systems by intermittent communication: A unified framework of time- and event-triggering strategies[J]. IEEE Transactions on Fuzzy Systems, 2018, 63(2):548-555.

[53]   Linsenmayer S, Dimarogonas D V, Allgöwer F. Periodic event-triggered control for networked control systems based on non-monotonic Lyapunov functions[J]. Automatica, 2019, 106:35-46.

[54]   Yu H, Hao F, Chen T W. A uniform analysis on input-to-state stability of decentralized event-triggered control systems[J]. IEEE Transactions on Automatic Control, 2019, 64(8):3423-3430.

[55]   Wang W, Postoyan R, Nešić D, et al. Periodic event-triggered control for nonlinear networked control systems[J]. IEEE Transactions on Automatic Control, 2020, 65(2): 620-635.

[56]   Zhang X M, Han Q L, Zhang B L. An overview and deep investigation on sampled-data-based event-triggered control and filtering for networked systems[J]. IEEE Transactions on Industrial Informatics, 2017, 13(1):4-16.

[57]   Luo B, Huang T W, Liu D R. Periodic event-triggered suboptimal control with sampling period and performance analysis[J]. IEEE Transactions on Cybernetics, 2021, 51(3):1253-1261.

[58]   Meng H F, Zhang H T, Gao J X, et al. Event-triggered robust output regulation for nonlinear systems: A time regularization approach[J]. International Journal of Robust and Nonlinear Control, 2022, 32(15):8211-8226.

[59]   Freeman R. Global internal stabilizability does not imply global external stabilizability for small sensor disturbances[J]. IEEE Transactions on Automatic Control, 1995, 40(12):2119-2122.

[60]   Freeman R A, Kokotović P V. Robust Nonlinear Control Design: State-Space and Lyapunov Techniques[M]. Boston: Birkhäuser, 1996.

[61]   Tsypkin Y Z. Relay Control Systems[M]. Cambridge: Cambridge University Press, 1984.

[62]   Polak E. Stability and graphical analysis of first-order pulse-width-modulated sampled-data regulator systems[J]. IRE Transactions on Automatic Control, 1961, 6(3): 276-282.

[63]   Hristu-Varsakelis D, Kumar P R. Interrupt-based feedback control over shared communication medium[R]. Maryland: University of Maryland, 2003: 1-6.

[64] Dodds S J. Adaptive, high precision, satellite attitude control for microprocessor implementation[J]. Automatica, 1981, 17(4):563-573.

[65] Hendricks E, Chevalier A, Jensen M. Event based engine control: Practical problems and solutions[J]. SAE Technical Paper, 1995. DOI: http://doi.org/10.4271/950008.

[66] Åström K J, Bernhardsson B. Comparison of periodic and event based sampling for first order stochastic systems[C]. Proceedings of the 14th IFAC World Congress. Beijing: IFAC, 1999.

[67] Åström K J, Bernhardsson B. Comparison of Riemann and Lebesgue sampling for first order stochastic systems[C]. Proceedings of the 41st IEEE Conference on Decision and Control. Las Vegas, NV, USA: IEEE, 2002: 2011-2016.

[68] Årzén K E. A simple event-based PID controller[C]. Proceedings of the 14th IFAC World Congress. Beijing, China: IFAC, 1999: 423-428.

[69] Årzén K E, Cervin A, Eker J, et al. An introduction to control and scheduling co-design[C]. Proceedings of the 39th IEEE Conference on Decision and Control. Sydney, NSW Australia: IEEE, 2000: 4865-4870.

[70] Zhao M Y, Zheng S Q, Ahn C K, et al. Periodic event-triggered control with multisource disturbances and quantized states[J]. International Journal of Robust and Nonlinear Control, 2021, 31(11):5404-5426.

[71] Cui K X, Tang S X, Huang Y, et al. Event-triggered active disturbance rejection control for a class of networked systems with unmatched uncertainties: Theoretic and experimental results[J]. Control Engineering Practice, 2021, 115:1-10.

[72] Hendricks E, Jensen M, Chevalier A, et al. Problems in event based engine control[C]. Proceedings of the 1994 American Control Conference. Baltimore, MD, USA: IEEE, 1994: 1585-1587.

[73] Guo F H, Wang L, Wen C Y, et al. Distributed voltage restoration and current sharing control in islanded DC microgrid systems without continuous communication[J]. IEEE Transactions on Industrial Electronics, 2020, 67(4):3043-3053.

[74] Han R K, Meng L X, Guerrero J M, et al. Distributed nonlinear control with event-triggered communication to achieve current-sharing and voltage regulation in DC microgrids[J]. IEEE Transactions on Power Electronics, 2018, 33(7):6416-6433.

[75] Sahoo S, Mishra S. An adaptive event-triggered communication-based distributed secondary control for DC microgrids[J]. IEEE Transactions on Smart Grid, 2018, 9(6):6674-6683.

[76] Kumar V, Mohanty S R, Kumar S. Event trigger super twisting sliding mode control for DC micro grid with matched/unmatched disturbance observer[J]. IEEE Transactions on Smart Grid, 2020, 11(5):3837-3849.

[77] Pullaguram D, Mishra S, Senroy N. Event-triggered communication based distributed control scheme for DC microgrid[J]. IEEE Transactions on Power Systems, 2018, 33(5):5583-5593.

[78] Shafiee P, Khayat Y, Batmani Y, et al. On the design of event-triggered consensus-based secondary control of DC microgrids[J]. IEEE Transactions on Power Systems,

2022, 37(5): 3834-3846.

[79] Choi J, Habibi S I, Bidram A. Distributed finite-time event-triggered frequency and voltage control of AC microgrids[J]. IEEE Transactions on Power Systems, 2022, 37(3):1979-1994.

[80] Lian Z J, Deng C, Wen C Y, et al. Distributed event-triggered control for frequency restoration and active power allocation in microgrids with varying communication time delays[J]. IEEE Transactions on Industrial Electronics, 2021, 68(9):8367-8378.

[81] Lu J H, Zhao M, Golestan S, et al. Distributed event-triggered control for reactive, unbalanced, and harmonic power sharing in islanded AC microgrids[J]. IEEE Transactions on Industrial Electronics, 2022, 69(2):1548-1560.

[82] Mohammadi K, Azizi E, Choi J, et al. Asynchronous periodic distributed event-triggered voltage and frequency control of microgrids[J]. IEEE Transactions on Power Systems, 2021, 36(5):4524-4538.

[83] Su X J, Liu X X, Song Y D. Event-triggered sliding-mode control for multi-area power systems[J]. IEEE Transactions on Industrial Electronics, 2017, 64(8):6732-6741.

[84] Wen S P, Yu X H, Zeng Z G, et al. Event-triggering load frequency control for multi-area power systems with communication delays[J]. IEEE Transactions on Industrial Electronics, 2016, 63(2):1308-1317.

[85] Shangguan X C, He Y, Zhang C K, et al. Control performance standards-oriented event-triggered load frequency control for power systems under limited communication bandwidth[J]. IEEE Transactions on Control Systems Technology, 2022, 30(2):860-868.

[86] Peng C, Zhang J, Yan H C. Adaptive event-triggering $\mathcal{H}_\infty$ load frequency control for network-based power systems[J]. IEEE Transactions on Industrial Electronics, 2018, 65(2):1685-1694.

[87] 杨飞生, 汪璟, 潘泉, 等. 网络攻击下信息物理融合电力系统的弹性事件触发控制[J]. 自动化学报, 2019, 45(1):110-119.

[88] Jin X, Tang Y, Shi Y, et al. Event-triggered formation control for a class of uncertain euler-lagrange systems: Theory and experiment[J]. IEEE Transactions on Control Systems Technology, 2022, 30(1): 336-343.

[89] Guerrero-Castellanos J F, Vega-Alonzo A, Durand S, et al. Leader-following consensus and formation control of VTOL-UAVs with event-triggered communications[J]. Sensors, 2019, 19(24):1-26.

[90] Shen Y H, Chen M. Event-triggering-learning-based ADP control for post-stall pitching maneuver of aircraft[J]. IEEE Transactions on Cybernetics, 2024, 54(1): 423-434.

[91] Zhang P P, Liu T F, Jiang Z P. Systematic design of robust event-triggered state and output feedback controllers for uncertain nonholonomic systems[J]. IEEE Transactions on Automatic Control, 2021, 66(1):213-228.

[92] Postoyan R, Bragagnolo M C, Galbrun E, et al. Event-triggered tracking control of unicycle mobile robots[J]. Automatica, 2015, 52:302-308.

[93]   Sun Z Q, Dai L, Xia Y Q, et al. Event-based model predictive tracking control of nonholonomic systems with coupled input constraint and bounded disturbances[J]. IEEE Transactions on Automatic Control, 2018, 63(2):608-615.

[94]   Zhang P P, Liu T F, Jiang Z P. Tracking control of unicycle mobile robots with event-triggered and self-triggered feedback[J]. IEEE Transactions on Automatic Control, 2023, 68(4): 2261-2276.

[95]   Santos C, Mazo M, Jr, Espinosa F. Adaptive self-triggered control of a remotely operated robot[M]// Herrmann G, Studley M, Pearson M, et al. Advances in Autonomous Robotics. Berlin, Heidelberg: Springer, 2012: 61-72.

[96]   Liu T F, Zhang P P, Wang M X, et al. New results in stabilization of uncertain nonholonomic systems: An event-triggered control approach[J]. Journal of Systems Science and Complexity, 2021, 34:1953-1972.

[97]   van Horssen E P, van Hooijdonk J A A, Antunes D, et al. Event- and deadline-driven control of a self-localizing robot with vision-induced delays[J]. IEEE Transactions on Industrial Electronics, 2020, 67(2):1212-1221.

[98]   Xie C, Fan Y, Qiu J B. Event-based tracking control for nonholonomic mobile robots[J]. Nonlinear Analysis: Hybrid Systems, 2020, 38:1-14.

[99]   Zhang T Y, Liu G P. Tracking control of wheeled mobile robots with communication delay and data loss[J]. Journal of Systems Science and Complexity, 2018, 31:927-945.

[100]   Issa S A, Kar I. Design and implementation of event-triggered adaptive controller for commercial mobile robots subject to input delays and limited communications[J]. Control Engineering Practice, 2021, 114:1-10.

[101]   Santos C, Mazo M, Jr, Espinosa F. Adaptive self-triggered control of a remotely operated P3-DX robot: Simulation and experimentation[J]. Robotics and Autonomous Systems, 2014, 62(6):847-854.

[102]   Budde gen. Dohmann P, Hirche S. Distributed control for cooperative manipulation with event-triggered communication[J]. IEEE Transactions on Robotics, 2020, 36(4): 1038-1052.

[103]   王旭东, 费中阳, 杨柳. 基于双通道事件触发机制的水面无人艇同时故障检测与控制[J]. 控制理论与应用, 2022, 39(4):593-601.

[104]   张国庆, 姚明启, 杨婷婷, 等. 考虑事件触发输入的船舶自适应动力定位控制[J]. 控制理论与应用, 2021, 38(10):1597-1606.

[105]   王锐, 司昌龙, 马慧, 等. 不对称欠驱动水面机器人事件触发全局渐近镇定控制[J]. 控制理论与应用, 2021, 38(6):748-756.

[106]   苏博, 王洪斌, 高静. 事件触发策略下多 AUV 抗干扰固定时间编队控制[J]. 控制理论与应用, 2021, 38(7):1113-1123.

[107]   Lv M G, Peng Z H, Wang D, et al. Event-triggered cooperative path following of autonomous surface vehicles over wireless network with experiment results[J]. IEEE Transactions on Industrial Electronics, 2022, 69(11):11479-11489.

[108]   Åström K J. Event based control[M]//Astolfi A, Marconi L. Analysis and Design of Nonlinear Control Systems. Berlin, Heidelberg: Springer, 2008: 127-147.

[109] Lunze J, Lehmann D. A state-feedback approach to event-based control[J]. Automatica, 2010, 46(1):211-215.

[110] Yue D, Tian E G, Han Q L. A delay system method for designing event-triggered controllers of networked control systems[J]. IEEE Transactions on Automatic Control, 2013, 58(2):475-481.

[111] Peng C, Han Q L. A novel event-triggered transmission scheme and $\mathcal{L}_2$ control co-design for sampled-data control systems[J]. IEEE Transactions on Automatic Control, 2013, 58(10):2620-2626.

[112] Liu T F, Zhang P P, Jiang Z P. Robust Event-Triggered Control of Nonlinear Systems[M]. Singapore: Springer, 2020.

[113] 王敏, 黄龙旺, 杨辰光. 基于事件触发的离散 MIMO 系统自适应评判容错控制[J]. 自动化学报, 2022, 48(5):1234-1245.

[114] 黄玲, 孙晓宇, 蔺小娜, 等. 具有 DoS 攻击非线性网络的动态事件触发控制[J]. 控制理论与应用, 2022, 39(6):1033-1042.

[115] 蔡旭, 楼旭阳, 崔宝同. 输入饱和下非线性系统的事件触发控制器设计[J]. 控制理论与应用, 2022, 39(4):613-622.

[116] 王敏, 胡锐, 辛学刚, 等. 严格反馈系统的事件触发学习控制[J]. 控制理论与应用, 2021, 38(10):1577-1586.

[117] 龙离军, 王凤兰. 任意相对阶下非线性切换系统的事件触发漏斗控制[J]. 控制理论与应用, 2021, 38(11):1717-1726.

[118] 相赟, 林崇, 陈兵. 自适应事件触发网络化非线性系统滤波器设计[J]. 控制理论与应用, 2021, 38(1):1-12.

[119] 李会, 刘允刚, 黄亚欣. 不确定非线性系统自适应动态事件触发输出反馈镇定[J]. 控制理论与应用, 2019, 36(11):1871-1878.

[120] Zhang X M, Han Q L. Event-triggered h_∞ control for a class of nonlinear networked control systems using novel integral inequalities[J]. International Journal of Robust and Nonlinear Control, 2017, 27(4):679-700.

[121] Li Y X, Yang G H. Model-based adaptive event-triggered control of strict-feedback nonlinear systems[J]. IEEE Transactions on Neural Networks and Learning Systems, 2018, 29(4):1033-1045.

[122] Wang L J, Chen C L D, Li H Y. Event-triggered adaptive control of saturated nonlinear systems with time-varying partial state constraints[J]. IEEE Transactions on Cybernetics, 2020, 50(4):1485-1497.

[123] Yang X, He H B. Adaptive critic designs for event-triggered robust control of nonlinear systems with unknown dynamics[J]. IEEE Transactions on Cybernetics, 2019, 49(6): 2255-2267.

[124] Lian J, Li C. Event-triggered control for a class of switched uncertain nonlinear systems[J]. Systems & Control Letters, 2020, 135:1-9.

[125] Lei Y, Wang Y W, Guan Z H, et al. Event-triggered adaptive output regulation for a class of nonlinear systems with unknown control direction[J]. IEEE Transactions on Systems, Man, and Cybernetics: Systems, 2020, 50(9):3181-3188.

[126] Li X D, Li P. Input-to-state stability of nonlinear systems: Event-triggered impulsive

control[J]. IEEE Transactions on Automatic Control, 2022, 67(3): 1460-1465.

[127] Li H, Liu Y G, Huang Y X. Event-triggered controller via adaptive output-feedback for a class of uncertain nonlinear systems[J]. International Journal of Control, 2021, 94(9):2575-2583.

[128] Wang M Z, Sun J, Chen J. Stabilization of perturbed continuous-time systems using event-triggered model predictive control[J]. IEEE Transactions on Cybernetics, 2022, 52(5):4039-4051.

[129] Yang X, He H B, Wei Q L. An adaptive critic approach to event-triggered robust control of nonlinear systems with unmatched uncertainties[J]. International Journal of Robust and Nonlinear Control, 2018, 28(10):3501-3519.

[130] Xie Y X, Ma Q. Adaptive event-triggered neural network control for switching nonlinear systems with time delays[J]. IEEE Transactions on Neural Networks and Learning Systems, 2023, 34(2): 729-738.

[131] Yu H, Hao F, Chen X. On event-triggered control for integral input-to-state stable systems[J]. Systems & Control Letters, 2019, 123:24-32.

[132] Chen W L, Wang J H, Ma K M, et al. Adaptive event-triggered neural control for nonlinear uncertain system with input constraint[J]. International Journal of Robust and Nonlinear Control, 2020, 30(10):3801-3815.

[133] Li F Z, Liu Y G. Global adaptive stabilization via asynchronous event-triggered output-feedback[J]. Automatica, 2022, 139:1-12.

[134] Jin X, Li Y X, Tong S C. Adaptive event-triggered control design for nonlinear systems with full state constraints[J]. IEEE Transactions on Fuzzy Systems, 2021, 29(12):3803-3811.

[135] Wei Y, Zhou P F, Xie W C, et al. Event-triggered adaptive output-feedback control for nonlinear state-constrained systems using tangent-type nonlinear mapping[J]. Asian Journal of Control, 2022, 24(5):2189-2201.

[136] Wang H Q, Ling S, Liu P X, et al. Control of high-order nonlinear systems under error-to-actuator based event-triggered framework[J]. International Journal of Control, 2022, 95(10):2758-2770.

[137] Wang M, Huang L W, Zhao Z J, et al. Observer-based adaptive neural output-feedback event-triggered control for discrete-time nonlinear systems using variable substitution[J]. International Journal of Robust and Nonlinear Control, 2021, 31(12):5541-5562.

[138] Pan H H, Chang X P, Zhang D. Event-triggered adaptive control for uncertain constrained nonlinear systems with its application[J]. IEEE Transactions on Industrial Informatics, 2020, 16(6):3818-3827.

[139] Zhang C H, Yang G H. Event-triggered adaptive output feedback control for a class of uncertain nonlinear systems with actuator failures[J]. IEEE Transactions on Cybernetics, 2020, 50(1):201-210.

[140] Shi D W, Xue J, Wang J Z, et al. A high-gain approach to event-triggered control with applications to motor systems[J]. IEEE Transactions on Industrial Electronics,

2019, 66(8):6281-6291.

[141] Li B, Wang Z D, Ma L F, et al. Observer-based event-triggered control for nonlinear systems with mixed delays and disturbances: The input-to-state stability[J]. IEEE Transactions on Cybernetics, 2019, 49(7):2806-2819.

[142] Liu L, Cui Y J, Liu Y J, et al. Adaptive event-triggered output feedback control for nonlinear switched systems based on full state constraints[J]. IEEE Transactions on Circuits and Systems II: Express Briefs, 2022, 69(9):3779-3783.

[143] Wang Y C, Zheng W X, Zhang H G. Dynamic event-based control of nonlinear stochastic systems[J]. IEEE Transactions on Automatic Control, 2017, 62(12):6544-6551.

[144] Wu L G, Gao Y B, Liu J X, et al. Event-triggered sliding mode control of stochastic systems via output feedback[J]. Automatica, 2017, 82:79-92.

[145] Gao Y F, Sun X M, Wen C Y, et al. Event-triggered control for stochastic nonlinear systems[J]. Automatica, 2018, 95:534-538.

[146] Luo S X, Deng F Q. On event-triggered control of nonlinear stochastic systems[J]. IEEE Transactions on Automatic Control, 2020, 65(1):369-375.

[147] Li F Z, Liu Y G. Event-triggered stabilization for continuous-time stochastic systems[J]. IEEE Transactions on Automatic Control, 2020, 65(10):4031-4046.

[148] Cao X Y, Zhang C H, Zhao D D, et al. Event-triggered consensus control of continuous-time stochastic multi-agent systems[J]. Automatica, 2022, 137: 1-8.

[149] Aggoune W, Toledo B C, Gennaro S D. Self-triggered robust control of nonlinear stochastic systems[M]// Djemai M, Defoort M. Hybrid Dynamical Systems. Cham: Springer, 2015: 277-292.

[150] 王桐, 邱剑彬, 高会军. 随机非线性系统基于事件触发机制的自适应神经网络控制[J]. 自动化学报, 2019, 45(1):226-233.

[151] Yao Y G, Tan J Q, Wu J, et al. Event-triggered fixed-time adaptive fuzzy control for state-constrained stochastic nonlinear systems without feasibility conditions[J]. Nonlinear Dynamics, 2021, 105:403-416.

[152] Chen Y, Meng X Y, Wang Z D, et al. Event-triggered recursive state estimation for stochastic complex dynamical networks under hybrid attacks[J]. IEEE Transactions on Neural Networks and Learning Systems, 2023, 34(3): 1465-1477.

[153] Karafyllis I, Krstic M, Chrysafi K. Adaptive boundary control of constant-parameter reaction-diffusion PDEs using regulation-triggered finite-time identification[J]. Automatica, 2019, 103:166-179.

[154] Katz R, Fridman E, Selivanov A. Boundary delayed observer-controller design for reaction-diffusion systems[J]. IEEE Transactions on Automatic Control, 2021, 66(1): 275-282.

[155] Katz R, Fridman E, Selivanov A. Network-based boundary observer-controller design for 1D heat equation[C]. Proceedings of the 58th IEEE Conference on Decision and Control. Nice, France: IEEE, 2019: 2151-2156.

[156] Rathnayake B, Diagne M, Karafyllis I. Sampled-data and event-triggered boundary

control of a class of reaction-diffusion PDEs with collocated sensing and actuation[J]. Automatica, 2022, 137: 1-10.

[157] Espitia N, Karafyllis I, Krstic M. Event-triggered boundary control of constant-parameter reaction-diffusion PDEs: A small-gain approach[J]. Automatica, 2021, 128:1-10.

[158] Espitia N, Girard A, Marchand N, et al. Event-based boundary control of a linear 2×2 hyperbolic system via backstepping approach[J]. IEEE Transactions on Automatic Control, 2018, 63(8):2686-2693.

[159] Wang J, Krstic M. Event-triggered output-feedback backstepping control of sand-wiched hyperbolic PDE systems[J]. IEEE Transactions on Automatic Control, 2022, 67(1): 220-235.

[160] Tallapragada P, Chopra N. On event triggered tracking for nonlinear systems[J]. IEEE Transactions on Automatic Control, 2013, 58(9):2343-2348.

[161] Huang Y X, Liu Y G. Practical tracking via adaptive event-triggered feedback for uncertain nonlinear systems[J]. IEEE Transactions on Automatic Control, 2019, 64 (9):3920-3927.

[162] Li T, Wen C Y, Yang J, et al. Event-triggered tracking control for nonlinear systems subject to time-varying external disturbances[J]. Automatica, 2020, 119:1-9.

[163] Khan G D, Chen Z Y, Zhu L J. A new approach for event triggered stabilization and output regulation of nonlinear systems[J]. IEEE Transactions on Automatic Control, 2020, 65(8):3592-3599.

[164] Qian Y Y, Liu L, Feng G. Event-triggered robust output regulation of uncertain linear systems with unknown exosystems[J]. IEEE Transactions on Systems, Man, and Cybernetics: Systems, 2021, 51(7):4139-4148.

[165] Liang D, huang J. Robust output regulation of linear systems by event-triggered dynamic output feedback control[J]. IEEE Transactions on Automatic Control, 2021, 66(5):2415-2422.

[166] Sarafraz M S, Proskurnikov A V, Tavazoei M S, et al. Robust output regulation: Optimization-based synthesis and event-triggered implementation[J]. IEEE Transactions on Automatic Control, 2022, 67(7): 3529-3536.

[167] Xia J W, Li B M, Su S F, et al. Finite-time command filtered event-triggered adaptive fuzzy tracking control for stochastic nonlinear systems[J]. IEEE Transactions on Fuzzy Systems, 2021, 29(7):1815-1825.

[168] Jiao J F, Wang G. Event driven tracking control algorithm for marine vessel based on backstepping method[J]. Neurocomputing, 2016, 207:669-675.

[169] Li H F, Liu Q R, Zhang X F. On designing event-triggered output feedback tracking controller for feedforward nonlinear systems[J]. IEEE Transactions on Circuits and Systems II: Express Briefs, 2021, 68(2):677-681.

[170] Xie Y K, Ma Q, Wang Z. Adaptive fuzzy event-triggered tracking control for nonstrict nonlinear systems[J]. IEEE Transactions on Fuzzy Systems, 2022, 30(9):3527-3536.

[171] Dimarogonas D V, Johansson K H. Event-triggered control for multi-agent sys-

tems[C]. Proceedings of the 48th IEEE Conference on Decision and Control and 28th Chinese Control Conference. Shanghai, China: IEEE, 2009: 7131-7136.

[172] Dimarogonas D V, Frazzoli E, Johansson K H. Distributed event-triggered control for multi-agent systems[J]. IEEE Transactions on Automatic Control, 2012, 57(5): 1291-1297.

[173] You X, Hua C C, Guan X P. Event-triggered leader-following consensus for nonlinear multiagent systems subject to actuator saturation using dynamic output feedback method[J]. IEEE Transactions on Automatic Control, 2018, 63(12):4391-4396.

[174] Dong Y, Lin Z L. An event-triggered observer and its applications in cooperative control of multi-agent systems[J]. IEEE Transactions on Automatic Control, 2022, 67(7): 3647-3654.

[175] Zhu W, Jiang Z P, Feng G. Event-based consensus of multi-agent systems with general linear models[J]. Automatica, 2014, 50(2):552-558.

[176] Zhu W, Jiang Z P. Event-based leader-following consensus of multi-agent systems with input time delay[J]. IEEE Transactions on Automatic Control, 2015, 60(5): 1362-1367.

[177] Cheng B, Li Z K. Fully distributed event-triggered protocols for linear multiagent networks[J]. IEEE Transactions on Automatic Control, 2019, 64(4):1655-1662.

[178] Wang Q, Chen J, Xin B, et al. Distributed optimal consensus for euler-lagrange systems based on event-triggered control[J]. IEEE Transactions on Systems, Man, and Cybernetics: Systems, 2021, 51(7):4588-4598.

[179] Qian Y Y, Wan Y. Design of distributed adaptive event-triggered consensus control strategies with positive minimum inter-event times[J]. Automatica, 2021, 133:1-9.

[180] Chen C, Lewis F L, Li X L. Event-triggered coordination of multi-agent systems via a Lyapunov-based approach for leaderless consensus[J]. Automatica, 2022, 136: 1-4.

[181] Yang J Y, Xiao F, Chen T W. Event-triggered formation tracking control of non-holonomic mobile robots without velocity measurements[J]. Automatica, 2020, 112: 1-11.

[182] Yi X L, Yang T, Wu J F, et al. Distributed event-triggered control for global consensus of multi-agent systems with input saturation[J]. Automatica, 2019, 100:1-9.

[183] Yang D P, Ren W, Liu X D, et al. Decentralized event-triggered consensus for linear multi-agent systems under general directed graphs[J]. Automatica, 2016, 69:242-249.

[184] Zhou Y Q, Li D W, Xi Y G, et al. Event-triggered distributed robust model predictive control for a class of nonlinear interconnected systems[J]. Automatica, 2022, 136:1-8.

[185] Zhao H B, Meng X Y, Wu S T. Distributed edge-based event-triggered coordination control for multi-agent systems[J]. Automatica, 2021, 132:1-7.

[186] Long J, Wang W, Wen C Y, et al. Output feedback based adaptive consensus tracking for uncertain heterogeneous multi-agent systems with event-triggered communication[J]. Automatica, 2022, 136:1-9.

[187] Dai H, Fang X P, Chen W S. Distributed event-triggered algorithms for a class of convex optimization problems over directed networks[J]. Automatica, 2020, 122:1-12.

[188] Li X W, Tang Y, Karimi H R. Consensus of multi-agent systems via fully distributed

event-triggered control[J]. Automatica, 2020, 116:1-9.

[189] Zaini A H, Xie L H. Distributed drone traffic coordination using triggered communication[J]. Unmanned Systems, 2020, 8(1):1-20.

[190] Yang R H, Liu L, Feng G. An overview of recent advances in distributed coordination of multi-agent systems[J]. Unmanned Systems, 2021, 10(3):1-19.

[191] 杨彬, 周琪, 曹亮, 等. 具有指定性能和全状态约束的多智能体系统事件触发控制[J]. 自动化学报, 2019, 45(8):1527-1535.

[192] 赵光同, 曹亮, 周琪, 等. 具有未建模动态的互联大系统事件触发自适应模糊控制[J]. 自动化学报, 2021, 47(8):1932-1942.

[193] 杨涛, 徐磊, 易新蕾, 等. 基于事件触发的分布式优化算法[J]. 自动化学报, 2022, 48(1):133-143.

[194] 杨若涵, 张皓, 严怀成. 基于事件触发的拓扑切换异构多智能体协同输出调节[J]. 自动化学报, 2017, 43(3):472-477.

[195] 尚宇, 刘成林, 曹科才. 切换拓扑下多自主体系统的事件触发一致性控制[J]. 控制理论与应用, 2021, 38(10):1522-1530.

[196] 刘远山, 杨洪勇, 刘凡, 等. 事件触发下多智能体系统一致性的干扰主动控制[J]. 控制理论与应用, 2020, 37(5):969-977.

[197] 苏旭, 邹媛媛, 牛玉刚, 等. 事件触发双模分布式预测控制[J]. 控制理论与应用, 2016, 33(9):1139-1146.

[198] 陈世明, 邵赛. 基于事件触发非线性多智能体系统的固定时间一致性[J]. 控制理论与应用, 2019, 36(10):1606-1614.

[199] 胡斌斌, 张海涛. 依赖方位角测量的多智能体系统事件触发协同定位[J]. 控制理论与应用, 2021, 38(11):1845-1854.

[200] 周托, 刘全利, 王东, 等. 积分事件触发策略下的线性多智能体系统领导跟随一致性[J]. 控制与决策, 2022, 37(5):1258-1266.

[201] Li Y F, Liu L, Hua C C, et al. Event-triggered/self-triggered leader-following control of stochastic nonlinear multiagent systems using high-gain method[J]. IEEE Transactions on Cybernetics, 2021, 51(6):2969-2978.

[202] Ding L, Han Q L, Ge X H, et al. An overview of recent advances in event-triggered consensus of multiagent systems[J]. IEEE Transactions on Cybernetics, 2018, 48(4):1110-1123.

[203] Meng H F, Zhang H T, Wang Z, et al. Event-triggered control for semiglobal robust consensus of a class of nonlinear uncertain multiagent systems[J]. IEEE Transactions on Automatic Control, 2020, 65(4):1683-1690.

[204] Yang Y, Yue D. NNs-based event-triggered consensus control of a class of uncertain nonlinear multi-agent systems[J]. Asian Journal of Control, 2019, 21(2):660-673.

[205] Wang J Q, Sheng A D, Xu D B, et al. Event-based practical output regulation for a class of multiagent nonlinear systems[J]. IEEE Transactions on Cybernetics, 2019, 49(10):3689-3698.

[206] Li H F, Xia S X, Mu R, et al. On designing a distributed event-triggered output feedback consensus protocol for nonlinear multiagent systems[J]. International Journal of Robust and Nonlinear Control, 2021, 31(15):7173-7185.

[207] Bai W Q, Dong H R, Lü J H, et al. Event-triggering communication based distributed coordinated control of multiple high-speed trains[J]. IEEE Transactions on Vehicular Technology, 2021, 70(9):8556-8566.

[208] Cao R, Cheng L. Distributed dynamic event-triggered control for euler-lagrange multiagent systems with parametric uncertainties[J]. IEEE Transactions on Cybernetics, 2023, 53(2): 1272-1284.

[209] Xu W, Ho D W C, Cao J. Event-Triggered Cooperative Control: Analysis and Synthesis[M]. Singapore: Springer, 2023.

[210] Ma L, Zhang Y, Su Z X, et al. Event-triggered consensus control for a class of two-time-scale multi-agent systems[J]. International Journal of Control, 2023, 96(4): 975-986.

[211] Zhan J Y, Jiang Z P, Wang Y B, et al. Distributed model predictive consensus with self-triggered mechanism in general linear multiagent systems[J]. IEEE Transactions on Industrial Informatics, 2019, 15(7):3987-3997.

[212] 柴天佑, 李少远, 王宏. 网络信息模式下复杂工业过程建模与控制[J]. 自动化学报, 2013, 39(5):469-470.

[213] Liu T F, Zhang P P, Jiang Z P. Event-triggered input-to-state stabilization of nonlinear systems subject to disturbances and dynamic uncertainties[J]. Automatica, 2019, 108:1-9.

[214] Zhang P P, Liu T F, Jiang Z P. Robust event-triggered control subject to external disturbance[C]. Proceedings of the 20th IFAC World Congress. Toulouse, France: IFAC, 2017: 8171-8176.

[215] Zhang P P, Liu T F, Jiang Z P. Robust event-triggered control of nonlinear systems with partial state feedback[C]. Proceedings of the 56th IEEE Conference on Decision and Control. Melbourne, Australia: IEEE, 2017: 6076-6081.

[216] Zhang P P, Liu T F, Jiang Z P. Input-to-state stabilization of nonlinear discrete-time systems with event-triggered controllers[J]. Systems & Control Letters, 2017, 103: 16-22.

[217] Zhang P P, Liu T F, Jiang Z P. Robust event-triggered control of nonlinear systems under a global sector-bound condition[J]. Guidance, Navigation and Control, 2022, 2(2):1-21.

[218] Zhang P P, Liu T F, Chen J, et al. Recent developments in event-triggered control of nonlinear systems: An overview[J]. Unmanned Systems, 2023, 11(1): 27-56.

[219] Xu Z H, Liu T F, Jiang Z P. Nonlinear integral control with event-triggered feedback: Unknown decay rates, zeno-freeness, and asymptotic convergence[J]. Automatica, 2022, 137:1-5.

[220] Liu T F, Jiang Z P, Zhang P P. Decentralized event-triggered control of large-scale nonlinear systems[J]. International Journal of Robust and Nonlinear Control, 2020, 30(4):1451-1466.

[221] Liu T F, Jiang Z P. Event-triggered control of nonlinear systems with state quantization[J]. IEEE Transactions on Automatic Control, 2019, 64(2):797-803.

[222] 张朋朋. 不确定非线性系统的事件触发控制[D]. 沈阳: 东北大学, 2021.

[223] 张志晨, 秦正雁, 张朋朋, 等. 基于事件触发的多智能体分布式编队控制[J]. 控制工程, 2021, 28(2):319-26.

[224] Zhang P P, Liu T F, Jiang Z P. Event-triggered stabilization of a class of nonlinear time-delay systems[J]. IEEE Transactions on Automatic Control, 2021, 66(1):421-428.

[225] Zhao F Y, Gao W N, Liu T F, et al. Adaptive optimal output regulation of linear discrete-time systems based on event-triggered output-feedback[J]. Automatica, 2022, 137:1-10.

[226] Lyapunov A M. The General Problem of the Stability of Motion[M]. Kharkiv: Mathematical Society of Kharkov, 1892.

[227] Hahn W. Stability of Motion[M]. Berlin: Springer-Verlag, 1967.

[228] Khalil H K. Nonlinear Systems[M]. Upper Saddle River: Prentice-Hall, 2002.

[229] Sontag E D, Wang Y. On characterizations of the input-to-state stability property[J]. Systems & Control Letters, 1995, 24(5):351-359.

[230] Sontag E D. Remarks on stabilization and input-to-state stability[C]. Proceedings of the 28th IEEE Conference on Decision and Control. Tampa, FL, USA: IEEE, 1989: 1376-1378.

[231] Sontag E D. Comments on integral variants of ISS[J]. Systems & Control Letters, 1998, 34(1-2):93-100.

[232] Sontag E D, Wang Y. New characterizations of input-to-state stability[J]. IEEE Transactions on Automatic Control, 1996, 41(9):1283-1294.

[233] Sontag E D. Input to state stability: Basic concepts and results[M]//Nistri P, Stefani G. Nonlinear and Optimal Control Theory. Berlin: Springer-Verlag, 2007: 163-220.

[234] Jiang Z P, Wang Y. Input-to-state stability for discrete-time nonlinear systems[J]. Automatica, 2001, 37(6):857-869.

[235] Jiang Z P, Lin Y, Wang Y. Input-to-state stability of switched systems with time delays[M]//Karafyllis I, Malisoff M, Mazenc F, et al. Recent Results on Nonlinear Delay Control Systems. Cham: Springer, 2016: 225-241.

[236] Bao A D Y, Liu T F, Jiang Z P. An IOS small-gain theorem for large-scale hybrid systems[J]. IEEE Transactions on Automatic Control, 2019, 64(3):1295-1300.

[237] Dashkovskiy S, Rüffer B S, Wirth F R. An ISS small-gain theorem for general networks[J]. Mathematics of Control, Signals and Systems, 2007, 19:93-122.

[238] Dashkovskiy S, Rüffer B S, Wirth F R. Small gain theorems for large scale systems and construction of ISS Lyapunov functions[J]. SIAM Journal on Control and Optimization, 2010, 48(6):4089-4118.

[239] Hill D J. A generalization of the small-gain theorem for nonlinear feedback systems[J]. Automatica, 1991, 27(6):1043-1045.

[240] Jiang Z P, Teel A R, Praly L. Small-gain theorem for ISS systems and applications[J]. Mathematics of Control, Signals and Systems, 1994, 7(2):95-120.

[241] Jiang Z P, Mareels I M Y, Wang Y. A Lyapunov formulation of the nonlinear small-gain theorem for interconnected ISS systems[J]. Automatica, 1996, 32(8):1211-1215.

[242] Jiang Z P, Wang Y. Small gain theorems on input-to-output stability[J]. Dynamics of

　　　　Continuous, Discrete and Impulsive Systems Series B: Applications and Algorithms, 2003, 220-224.

[243]　Jiang Z P, Liu T F. Small-gain theory for stability and control of dynamical networks: A survey[J]. Annual Reviews in Control, 2018, 46:58-79.

[244]　Jiang Z P, Wang Y. A generalization of the nonlinear small-gain theorem for large-scale complex systems[C]. Proceedings of the 7th World Congress on Intelligent Control and Automation. Chongqing, China: IEEE, 2008: 1188-1193.

[245]　Karafyllis I, Jiang Z P. A small-gain theorem for a wide class of feedback systems with control applications[J]. SIAM Journal on Control and Optimization, 2007, 46(4): 1483-1517.

[246]　Karafyllis I, Jiang Z P. A vector small-gain theorem for general nonlinear control systems[J]. IMA Journal of Mathematical Control and Information, 2011, 28(3): 309-344.

[247]　Karafyllis I, Krstic M. Small-gain stability analysis of certain hyperbolic-parabolic PDE loops[J]. Systems & Control Letters, 2018, 118:52-61.

[248]　Karafyllis I, Jiang Z P. Stability and Stabilization of Nonlinear Systems[M]. London: Springer, 2011.

[249]　Laila D S, Nešić D. Discrete-time Lyapunov-based small-gain theorem for parameterized discrete-time interconnected ISS systems[J]. IEEE Transactions on Automatic Control, 2003, 48(10):1783-1788.

[250]　Liberzon D, Nešić D. Stability analysis of hybrid systems via small-gain theorems[M]// Hespanha J P, Tiwari A. Proceedings of the 9th International Workshop on Hybrid Systems: Computation and Control, Lecture Notes in Computer Science. Berlin: Springer, 2006: 421-435.

[251]　Liberzon D, Nešić D, Teel A R. Lyapunov-based small-gain theorems for hybrid systems[J]. IEEE Transactions on Automatic Control, 2014, 59(6):1395-1410.

[252]　Liu T F, Hill D J, Jiang Z P. Lyapunov formulation of ISS cyclic-small-gain in continuous-time dynamical networks[J]. Automatica, 2011, 47(9):2088-2093.

[253]　Liu T F, Hill D J, Jiang Z P. Lyapunov formulation of the large-scale, ISS cyclic-small-gain theorem: The discrete-time case[J]. Systems & Control Letters, 2012, 61(1):266-272.

[254]　Liu T F, Jiang Z P, Hill D J. Lyapunov formulation of the ISS cyclic-small-gain theorem for hybrid dynamical networks[J]. Nonlinear Analysis: Hybrid Systems, 2012, 6(4):988-1001.

[255]　Liu T F, Jiang Z P, Hill D J. Nonlinear Control of Dynamic Networks[M]. Boca Raton: CRC Press, 2014.

[256]　刘腾飞, 姜钟平. 信息约束下的非线性控制[M]. 北京: 科学出版社, 2018.

[257]　钱学森. 工程控制论[M]. 北京: 科学出版社, 1958.

[258]　Lyapunov A M. The general problem of motion stability[D]. Moscow: University of Moscow, 1892.

[259]　Slotine J J, Li W. Applied Nonlinear Control[M]. Englewood Cliffs, New Jersey: Prentice Hall, 1991.

[260] 秦元勋, 王慕秋, 王联. 运动稳定性理论与应用[M]. 北京: 科学出版社, 1981.

[261] 黄琳. 稳定性理论[M]. 北京: 北京大学出版社, 1992.

[262] Bacciotti A, Rosier L. Liapunov Functions and Stability in Control Theory[M]. Berlin: Springer-Verlag, 2005.

[263] Sontag E D. Smooth stabilization implies coprime factorization[J]. IEEE Transactions on Automatic Control, 1989, 34(4):435-443.

[264] Sontag E D, Teel A R. Changing supply functions in input/state stable systems[J]. IEEE Transactions on Automatic Control, 1995, 40(8):1476-1478.

[265] Krichman M, Sontag E D, Wang Y. Input-output-to-state stability[J]. SIAM Journal on Control and Optimization, 2001, 39(6):1874-1928.

[266] Sontag E D, Wang Y. Notions of input to output stability[J]. Systems & Control Letters, 1999, 38(4-5):351-359.

[267] Sontag E D, Wang Y. Lyapunov characterizations of input to output stability[J]. SIAM Journal on Control and Optimization, 2000, 39(1):226-249.

[268] Angeli D, Sontag E D, Wang Y. A characterization of integral input-to-state stability[J]. IEEE Transactions on Automatic Control, 2000, 45(6):1082-1097.

[269] Edwards H A, Lin Y D, Wang Y. On input-to-state stability for time varying nonlinear systems[C]. Proceedings of the 39th IEEE Conference on Decision and Control. Sydney, Australia, 2000: 3501-3506.

[270] Tsinias J, Karafyllis I. ISS property for time-varying systems and application to partial-static feedback stabilization and asymptotic tracking[J]. IEEE Transactions on Automatic Control, 1999, 44(11):2173-2184.

[271] Malisoff M, Mazenc F. Further remarks on strict input-to-state stable Lyapunov functions for time-varying systems[J]. Automatica, 2005, 41(11):1973-1978.

[272] Angeli D. Intrinsic robustness of global asymptotic stability[J]. Systems & Control Letters, 1999, 38(4-5):297-307.

[273] Jiang Z P, Wang Y. A converse Lyapunov theorem for discrete time systems with disturbances[J]. Systems & Control Letters, 2002, 45(1):49-58.

[274] Kazakos D, Tsinias J. The input-to-state stability condition and global stabilization of discrete-time systems[J]. IEEE Transactions on Automatic Control, 1994, 39(10): 2111-2113.

[275] Liberzon D, Sontag E D, Wang Y. Universal construction of feedback laws achieving ISS and integral-ISS disturbance attenuation[J]. Systems & Control Letters, 2002, 46(2):111-127.

[276] Deng H, Krstic M. Output-feedback stablization of stochastic nonlinear systems driven by noise of unknown covariance[J]. Systems & Control Letters, 2000, 39(3): 173-182.

[277] Deng H, Krstic M, Williams R J. Stabilization of stochastic nonlinear systems driven by noise of unknown covariance[J]. IEEE Transactions on Automatic Control, 2001, 46(8):1237-1253.

[278] Tsinias J. Stochastic input-to-state stability and applications to global feedback stabilization[J]. International Journal of Control, 1998, 71(5):907-930.

[279] Sanchez E N, Perez J P. Input-to-state stability analysis for dynamic neural networks[J]. IEEE Transactions Circuits and Systems I: Fundamental Theory and Applications, 1999, 46(11):1395-1398.

[280] Tanner H G, Pappas G J, Kumar V. Input-to-state stability on formation graphs[C]. Proceedings of the 41st IEEE Conference on Decision and Control, Las Vegas, NV, USA: IEEE, 2002: 2439-2444.

[281] Tanner H G, Pappas G J, Kumar V. Leader-to-formation stability[J]. IEEE Transactions on Robotics and Automation, 2004, 20(3):443-455.

[282] Ogren P, Leonard N E. Obstacle avoidance in formation[C]. Proceedings of IEEE Conference Robotics and Automation, Taibei: IEEE, 2003: 2492-2497.

[283] Krstić M, Li Z H. Inverse optimal design of input-to-state stabilizing nonlinear controllers[J]. IEEE Transactions on Automatic Control, 1998, 43(3):336-350.

[284] Nesic D, Laila D S. A note on input-to-state stabilization for nonlinear sampled-data systems[J]. IEEE Transactions on Automatic Control, 2002, 47(7):1153-1158.

[285] Limon D, Alamo T, Salas F, et al. Input to state stability of min-max MPC controllers for nonlinear systems with bounded uncertainties[J]. Automatica, 2006, 42(5):797-803.

[286] Yu S Y, Reble M, Chen H, et al. Inherent robustness properties of quasi-infinite horizon nonlinear model predictive control[J]. Automatica, 2014, 50(9):2269-2280.

[287] Desoer C A, Vidyasagar M. Feedback Systems: Input-Output Properties[M]. New York: Academic Press, 1975.

[288] Willems J C. Dissipative dynamical systems Part I: General theory[J]. Archive for Rationale Mechanics Analysis, 1972, 45:321-351.

[289] Willems J C. Dissipative dynamical systems Part II: Linear systems with quadratic supply rates[J]. Archive for Rationale Mechanics Analysis, 1972, 45:352-393.

[290] Mareels I M Y, Hill D J. Monotone stability of nonlinear feedback systems[J]. Journal of Mathematical Systems, Estimation, and Control, 1992, 2(3):275-291.

[291] Isidori A. Nonlinear Control Systems II[M]. London: Springer-Verlag, 1999.

[292] Battista F, Pepe P. Small-gain theorems for nonlinear discrete-time systems with uncertain time-varying delays[C]. Proceedings of the 57th IEEE Conference on Decision and Control. Miami, FL, USA: IEEE, 2018: 2029-2034.

[293] Gielen R H, Lazar M, Teel A R. Small-gain results for discrete-time networks of systems with delay[C]. Proceedings of the 50th IEEE Conference on Decision and Control and European Control Conference. Orlando, FL, USA: IEEE, 2011: 4239-4244.

[294] Nešić D, Liberzon D. A small-gain approach to stability analysis of hybrid systems[C]. Proceedings of the 44th IEEE Conference on Decision and Control. Seville, Spain: IEEE, 2005: 5409-5414.

[295] Nešić D, Teel A R. A Lyapunov-based small-gain theorem for hybrid ISS systems[C]. Proceedings of the 47th IEEE Conference on Decision and Control. Cancun, Mexico: IEEE, 2008: 3380-3385.

[296] Dashkovskiy S, Kosmykov M, Mironchenko A, et al. Stability of interconnected im-

pulsive systems with and without time delays, using Lyapunov methods[J]. Nonlinear Analysis: Hybrid Systems, 2012, 6(3):899-915.

[297] Ito H, Pepe P, Jiang Z P. A small-gain condition for iISS of interconnected retarded systems based on Lyapunov-Krasovskii functionals[J]. Automatica, 2010, 46(10): 1646-1656.

[298] Ito H, Jiang Z P, Pepe P. Construction of Lyapunov-Krasovskii functionals for networks of iISS retarded systems in small-gain formulation[J]. Automatica, 2013, 49(11): 3246-3257.

[299] Karafyllis I. The non-uniform in time small-gain theorem for a wide class of control systems with outputs[J]. European Journal of Control, 2004, 10(4):307-323.

[300] Tiwari S, Wang Y, Jiang Z P. Nonlinear small-gain theorems for large-scale time-delay systems[J]. Dynamics of Continuous, Discrete and Impulsive Systems Series A: Mathematical Analysis, 2012, 19(1):27-63.

[301] Polushin I G, Tayebi A, Marquez H J. Control schemes for stable teleoperation with communication delay based on IOS small gain theorem[J]. Automatica, 2006, 42(6): 905-915.

[302] Polushin I G, Marquez H J, Tayebi A, et al. A multichannel IOS small gain theorem for systems with multiple time-varying communication delays[J]. IEEE Transactions on Automatic Control, 2009, 54(2):404-409.

[303] Teel A R. Connections between razumikhin-type theorems and the ISS nonlinear small gain theorem[J]. IEEE Transactions on Automatic Control, 1998, 43(7):960-964.

[304] Karafyllis I, Krstic M. Predictor Feedback for Delay Systems: Implementations and Approximations[M]. Cham: Birkhäuser, 2017.

[305] Karafyllis I, Krstic M. Small-gain-based boundary feedback design for global exponential stabilization of 1-D semilinear parabolic PDEs[J]. SIAM Journal of Control and Optimization, 2019, 57(3):2016-2036.

[306] Karafyllis I, Krstic M. Input-to-State Stability for PDEs[M]. Cham: Springer, 2018.

[307] Angeli D, Sontag E D. Forward completeness, unboundedness observability, and their Lyapunov characterizations[J]. Systems & Control Letters, 1999, 38(4-5):209-217.

[308] Goebel R, Sanfelice R G, Teel A R. Hybrid dynamical systems: Robust stability and control for systems that combine continuous-time and discrete-time dynamics[J]. IEEE Control Systems Magazine, 2009, 29(2):28-93.

[309] Goebel R, Sanfelice R G, Teel A R. Hybrid Dynamical Systems: Modeling, Stability, and Robustnesss[M]. Princeton: Princeton University Press, 2012.

[310] Anta A, Tabuada P. To sample or not to sample: Self-triggered control for nonlinear systems[J]. IEEE Transactions on Automatic Control, 2010, 55(9):2030-2042.

[311] Mazo M, Jr, Anta A, Tabuada P. An ISS self-triggered implementation of linear controllers[J]. Automatica, 2010, 46(8):1310-1314.

[312] Wang X F, Lemmon M D. Self-triggered feedback control systems with finite-gain $\mathcal{L}_2$-stability[J]. IEEE Transactions on Automatic Control, 2009, 54(3):452-467.

[313] Kishida M. Event-triggered control with self-triggered sampling for discrete-time uncertain systems[J]. IEEE Transactions on Automatic Control, 2019, 64(3):1273-1279.

[314] Anta A, Tabuada P. Exploiting isochrony in self-triggered control[J]. IEEE Transactions on Automatic Control, 2012, 57(4):950-962.

[315] Fan Y, Liu L, Feng G, et al. Self-triggered consensus for multi-agent systems with zeno-free triggers[J]. IEEE Transactions on Automatic Control, 2015, 60(10):2779-2784.

[316] 张凯, 周彬. 离散输入受限系统的增益调度事件触发和自触发控制[J]. 控制与决策, 2022, 37(6):1489-1496.

[317] Zhang K, Zhou B, Jiang H Y, et al. Event-triggered and self-triggered gain scheduling control of input constrained systems with applications to the spacecraft rendezvous[J]. International Journal of Robust and Nonlinear Control, 2021, 31:4629-4646.

[318] Chen C T. Linear System Theory and Design[M]. New York: Oxford University Press, 1999.

[319] Donkers M C F, Heemels W P M H. Output-based event-triggered control with guaranteed $\mathcal{L}_\infty$-gain and improved and decentralized event-triggering[J]. IEEE Transactions on Automatic Control, 2012, 57(6):1362-1376.

[320] Girard A. Dynamic triggering mechanisms for event-triggered control[J]. IEEE Transactions on Automatic Control, 2015, 60(7):1992-1997.

[321] Dolk V S, Borgers D P, Heemels W P M H. Output-based and decentralized dynamic event-triggered control with guaranteed $\mathcal{L}_p$-gain performance and zeno-freeness[J]. IEEE Transactions on Automatic Control, 2017, 62(1):34-49.

[322] Yi X L, Liu K, Dimarogonas D V, et al. Dynamic event-triggered and self-triggered control for multi-agent systems[J]. IEEE Transactions on Automatic Control, 2019, 64(8):3300-3307.

[323] Liu D, Yang G H. Dynamic event-triggered control for linear time-invariant systems with $\mathcal{L}_2$-gain performance[J]. International Journal of Robust and Nonlinear Control, 2019, 29(2):507-518.

[324] Filippov A F. Differential Equations with Discontinuous Righthand Sides[M]. Dordrecht: Springer, 1988.

[325] Stewart S. Calculus: Concepts and Contexts[M]. New York: Brooks/Cole Pub Co, 2000: 298-304.

[326] Krstić M, Kanellakopoulos I, Kokotović P V. Nonlinear and Adaptive Control Design[M]. New York: John Wiley & Sons, 1995.

[327] Lin Y D, Sontag E D, Wang Y. A smooth converse Lyapunov theorem for robust stability[J]. SIAM Journal on Control and Optimization, 1996, 34(1):124-160.

[328] Lorenz E N. Deterministic nonperiodic flow[J]. Journal of the Atmospheric Sciences, 1963, 20(2):130-141.

[329] Sontag E D. Clocks and insensitivity to small measurement errors[J]. ESAIM: Control, Optimisation and Calculus of Variations, 1999, 4:537-557.

[330] Jiang Z P, Mareels I M Y, Hill D J. Robust control of uncertain nonlinear systems via measurement feedback[J]. IEEE Transactions on Automatic Control, 1999, 44(4):807-812.

[331] Aris R. Introduction to the Analysis of Chemical Reactors[M]. Englewood Cliffs, NJ:

Prentice-Hall, 1965.

[332] Mounier H, Rudolph J. Flatness-based control of nonlinear delay systems: A chemical reactor example[J]. International Journal of Control, 1998, 71(5):871-890.

[333] Hayes R E, Mmbaga J P. Introduction to Chemical Reactor Analysis[M]. Englewood Cliffs, NJ: Prentice-Hall, 2012.

[334] Mazenc F, Bliman P A. Backstepping design for time-delay nonlinear systems[J]. IEEE Transactions on Automatic Control, 2006, 51(1):149-154.

[335] Yoo S J, Park J B, Choi Y H. Adaptive dynamic surface control for stabilization of parametric strict-feedback nonlinear systems with unknown time delays[J]. IEEE Transactions on Automatic Control, 2007, 52(12):2360-2365.

[336] Ge S S, Hong F, Lee T H. Robust adaptive control of nonlinear systems with unknown time delays[J]. Automatica, 2005, 41(7):1181-1190.

[337] Sipahi R, Vyhlídal T, Niculescu S, et al. Time Delay Systems: Methods, Applications and New Trends[M]. Berlin, Heidelberg: Springer, 2012.

[338] Li D J, Li D P. Adaptive tracking control for nonlinear time-varying delay systems with full state constraints and unknown control coefficients[J]. Automatica, 2018, 93: 444-453.

[339] Hua C C, Feng G, Guan X P. Robust controller design of a class of nonlinear time delay systems via backstepping method[J]. Automatica, 2008, 44(2):567-573.

[340] Sharma N, Bhasin S, Wang Q, et al. RISE-based adaptive control of a control affine uncertain nonlinear system with unknown state delays[J]. IEEE Transactions on Automatic Control, 2012, 57(1):255-259.

[341] Zhang X, Lin Y. Global stabilization of high-order nonlinear time-delay systems by state feedback[J]. Systems & Control Letters, 2014, 65:89-95.

[342] Karafyllis I, Jiang Z P. Necessary and sufficient Lyapunov-like conditions for robust nonlinear stabilization[J]. ESAIM: Control, Optimisation and Calculus of Variations, 2010, 16(4):887-928.

[343] Zhou S S, Feng G, Nguang S K. Comments on "Robust stabilization of a class of time-delay nonlinear systems"[J]. IEEE Transactions on Automatic Control, 2002, 47(9):1586-1586.

[344] Guan X P, Hua C C, Duan G R. Comments on "Robust stabilization of a class of time-delay nonlinear systems"[J]. IEEE Transactions on Automatic Control, 2003, 48(5):907-908.

[345] Li G W, Zang C Z, Liu X P. Comments on "Robust stabilization of a class of time-delay nonlinear systems"[J]. IEEE Transactions on Automatic Control, 2003, 48(5): 908.

[346] Sun Z Y, Zhang X H, Xie X J. Continuous global stabilisation of high-order time-delay nonlinear systems[J]. International Journal of Control, 2013, 86(6):994-1007.

[347] Polyakov A, Efimov D, Perruquetti W, et al. Implicit Lyapunov-Krasovski functionals for stability analysis and control design of time-delay systems[J]. IEEE Transactions on Automatic Control, 2015, 60(12):3344-3349.

[348] Huang J S, Wang W, Wen C Y, et al. Adaptive event-triggered control of nonlinear

systems with controller and parameter estimator triggering[J]. IEEE Transactions on Automatic Control, 2020, 65(1):318-324.

[349] Huang Y, Wang J Z, Shi D W, et al. Toward event-triggered extended state observer[J]. IEEE Transactions on Automatic Control, 2018, 63(6):1842-1849.

[350] 邢兰涛. 量化和事件触发控制若干问题研究[D]. 杭州: 浙江大学, 2018.

[351] Nguang S K. Robust stabilization of a class of time-delay nonlinear systems[J]. IEEE Transactions on Automatic Control, 2000, 45(4):756-762.

[352] Pepe P. On stability preservation under sampling and approximation of feedbacks for retarded systems[J]. SIAM Journal on Control and Optimization, 2016, 54(4): 1895-1918.

[353] Durand S, Marchand N, Guerrero-Castellanos J F. General formula for event-based stabilization of nonlinear systems with delays in the state[M]// Seuret A, Hetel L, Daafouz J, et al. Delays and Networked Control Systems. Cham: Springer, 2016: 59-77.

[354] Hale J K, Lunel S M V. Introduction to Functional Differential Equations[M]. New York: Springer-Verlag, 1993.

[355] Jiang Z P, Repperger D W, Hill D J. Decentralized nonlinear output feedback stabilization with disturbance attenuation[J]. IEEE Transactions on Automatic Control, 2001, 46(10):1623-1629.

[356] Murray R M, Sastry S S. Nonholonomic motion planning: Steering using sinusoids[J]. IEEE Transactions on Automatic Control, 1993, 38(5):700-716.

[357] Neimark J I, Fufaev N A. Dynamics of Nonholonomic Systems[M]. Providence: American Mathematical Society, 2004.

[358] Brockett R. Asymptotic stability and feedback stabilization[M]// Brockett R W, Millman R S, Sussmann H J. Differential Geometric Control Theory. Boston, MA: Birkhauser, 1983: 181-191.

[359] Jiang Z P. Robust exponential regulation of nonholonomic systems with uncertainties[J]. Automatica, 2000, 36(2):189-209.

[360] Astolfi A. Discontinuous control of nonholonomic systems[J]. Systems & Control Letters, 1996, 27(1):37-45.

[361] Hespanha J P, Liberzon D, Morse A S. Towards the supervisory control of uncertain nonholonomic systems[C]. Proceedings of the 1999 American Control Conference, San Diego, CA, USA: IEEE, 1999: 3520-3524.

[362] d'Andréa-Novel B, Bastin G, Campion G. Dynamic feedback linearization of nonholonomic wheeled mobile robots[C]. Proceedings of the 1992 IEEE International Conference on Robotics and Automation, Nice, France: IEEE, 1992: 2527-2532.

[363] Oriolo G, De Luca A, Vendittelli M. WMR control via dynamic feedback linearization: Design, implementation, and experimental validation[J]. IEEE Transactions on Control Systems Technology, 2002, 10(6):835-852.

[364] Marconi L, Isidori A. Robust global stabilization of a class of uncertain feedforward nonlinear system[J]. Systems & Control Letters, 2000, 41(4):281-290.

[365] Isidori A, Marconi L, Serrani A. Robust Autonomous Guidance: An Internal Model

Approach[M]. London: Springer-Verlag, 2003.

[366] Jiang Z P, Mareels I M Y. A small-gain control method for nonlinear cascade systems with dynamic uncertainties[J]. IEEE Transactions on Automatic Control, 1997, 42(3): 292-308.

[367] Liu T F, Jiang Z P, Hill D J. Decentralized output-feedback control of large-scale nonlinear systems with sensor noise[J]. Automatica, 2012, 48(10):2560-2568.

[368] Giorgi G, Komlósi S. Dini derivatives in optimization-Part I[J]. Decisions in Economics and Finance, 1992, 15:3-30.

[369] Clarke F H. Optimization and Nonsmooth Analysis[M]. New York: Wiley, 1983.

[370] Aubin J P, Frankowska H. Set-Valued Analysis[M]. Boston: Birkhäuser, 1990.

[371] Clarke F H, Ledyaev Y S, Stern R J, et al. Nonsmooth Analysis and Control Theory[M]. New York: Springer, 1998.

索　引